Packt>

精通Selenium WebDriver 3.0

第2版

[印度] 马克·柯林（Mark Collin）著

赵卓 穆晓梅 译

人民邮电出版社

北 京

图书在版编目（ＣＩＰ）数据

精通Selenium WebDriver 3.0 : 第2版 / （印）马克·
柯林（Mark Collin）著；赵卓，穆晓梅译. -- 北京 :
人民邮电出版社，2019.9
ISBN 978-7-115-51547-6

Ⅰ．①精… Ⅱ．①马… ②赵… ③穆… Ⅲ．①软件工
具—自动检测 Ⅳ．①TP311.5

中国版本图书馆CIP数据核字(2019)第128354号

版权声明

◆ 著   [印度]马克·柯林（Mark Collin）

   译   赵　卓 穆晓梅

   责任编辑 谢晓芳

   责任印制 焦志炜

◆ 人民邮电出版社出版发行   北京市丰台区成寿寺路 11 号

   邮编 100164   电子邮件 315@ptpress.com.cn

   网址 http://www.ptpress.com.cn

   三河市君旺印务有限公司印刷

◆ 开本：800×1000 1/16

   印张：20.75

   字数：410 千字   2019 年 9 月第 1 版

   印数：1 – 2 400 册   2019 年 9 月河北第 1 次印刷

   著作权合同登记号   图字：01-2018-8404 号

定价：79.00 元

读者服务热线：**(010)81055410** 印装质量热线：**(010)81055316**
反盗版热线：**(010)81055315**
广告经营许可证：京东工商广登字 20170147 号

内容提要

本书通过大量测试代码、界面截图和操作步骤，介绍了如何使用 Selenium WebDriver 3.0 实现 Web 自动化测试。主要内容包括如何构建测试框架、如何处理失败的测试、Selenium 生成的各种异常的含义、自动化测试失败的原因、页面对象的使用方法、高级用户交互 API 的使用方法、JavascriptExecutor 类的使用方法、Selenium 的缺点、如何在 Selenium 中使用 Docker 等。

本书有助于读者快速掌握并在实际工作中使用 Selenium WebDriver 3.0，适合测试人员、开发人员以及相关专业人士阅读。

译者简介

赵卓，新蛋科技有限公司电子商务研发团队项目经理，从事过多年测试工作和开发工作，精通各类开发和测试技术。编写过的图书有《Selenium 自动化测试指南》，翻译过的图书有《Visual Studio 2010 软件测试指南》和《快速编码：高效使用 Microsoft Visual Studio》。

穆晓梅，新蛋科技有限公司产品服务团队高级测试工程师，负责美国新蛋网与 tt 海购网的测试与移动应用程序的质量把控工作，具有丰富的网站及移动端应用测试经验。

译者序

记得我最早接触 Selenium 是在 2011 年，那时 QTP（Quick Test Professional）仍然是业界主流工具，我用 QTP 来进行 Web 自动化测试，遇到了诸多阻力。

QTP 不但价格不菲，而且只能安装在 Windows 系统上，其安装包很大，安装过程也非常麻烦，支持的编程语言只有 VBS（Microsoft Visual Basic Script Edition），支持的浏览器寥寥无几。这无疑使 Web 自动化的推进充满艰辛，人们只好另寻他法。

当时在 Web 功能测试领域，一款名为 Selenium 的测试工具已经开始崭露头角，它可以对多个浏览器（如 Safari、Chrome、手机浏览器等）进行测试，支持各种语言（如 Java、C#、Python、Ruby 等），跨平台（如 Windows 系统、Linux 系统等），开源并且免费。我一接触到这款惊艳的工具，便毫不犹豫地将其推广到公司中使用，效果非常显著。Selenium 的优势显而易见，后续发展必定势不可挡。

时至今日，Selenium WebDriver 3.0（简称 Selenium）已然发展成 Web 功能测试领域最强大的工具之一，而业界也对自动化提出了更高的要求，如何使用 Selenium 已不再是人们关注的重点，重点在于，如何更好地用 Selenium 来实施自动化测试，如何真正让自动化变得越来越有成效。

本书恰好能完美地解答这些问题。本书讲解了 Selenium 高级层面的许多应用，其中所包含的理念并不局限于 Selenium 工具本身，甚至适用于所有的自动化测试。作者不仅讲述如何用好 Selenium 这款工具，还揭示了如何正确地推进自动化测试，如何更好地保证软件质量。相信所有的读者都能从中受益匪浅。

本书在介绍 Selenium 的同时，还介绍了一些非常热门的技术或实践（如持续集成/持续部署、Docker 等），并将它们应用到 Selenium 上，最大限度地发挥 Selenium 的作用。另外，本书还对 Selenium 的未来进行了剖析，讲述了机器学习和人工智能的应用，这些内容着实令人叹为观止。

在翻译过程中，作者深厚的技术功底和丰富的经验让我由衷折服，使我受益良多，他的思维总是灵活的，不被常识束缚，总是持有怀疑精神。我明显感觉到了他实事求是的态度：对于任何事物，只有适合我们的才是正确的，如果找不到更合适的，我们也要想办法来扬长避短。

由衷感谢本书的作者 Mark Collin，正是由于他敢于探索、乐于分享的精神才造就了如此精彩的图书。

我的同事穆晓梅也参与了本书的翻译，这样才顺利完成了本书的翻译工作。

最后，感谢谢晓芳编辑在本书翻译过程中给予我的信任、支持和鼓励。

由于水平所限，本书翻译中的疏漏或不当之处在所难免，敬请广大读者及同行批评指正。

赵卓

审校者简介

Pinakin Chaubal 是 PMP 认证专家，并获得过 ISTQB 基础级认证，同时还获得过 HP0-M47 QTP 11 认证。他在 IT 行业拥有 17 年以上的工作经验，曾在 Patni、Accenture 和 L&T Infotech 等公司任职。他是 YouTube 上 Automation Geek 频道的创始人，该频道教授 PMP、ISTQB、Selenium WebDriver（与 Jenkins 集成）、使用 Cucumber 的页面对象模型，以及 JavaScript（包括 ES6）。

Nilesh Kulkarni 是一名软件工程师，目前就职于 PayPal。他拥有相当丰富的 Selenium 经验，曾用不同的编程语言在 WebDriver 上开发过多套框架，同时他还是一名开源贡献者。他一直在积极推进 PayPal 的开源 UI 自动化框架 nemo.js。他不仅对质量充满热情，还致力于研发各种开发人员生产力工具。在 Stack Overflow 上经常可见他的身影。

前言

本书将着重介绍 Selenium 高级层面的一些应用。它将帮助你更好地理解 Selenium 这款测试工具，同时会提供一系列策略来帮助你创建可靠且可扩展的测试框架。

在自动化测试领域，行之有效的实现方式并非只有一种。本书将介绍一系列极简的实现方式，它们非常灵活，可根据你的特定需求进行自定义。

本书不介绍如何编写那些厚重的测试框架，以隐藏 Selenium 的细节。相反，本书将展示如何通过实用的附加功能来扩展 Selenium，这些附加功能可以融入 Selenium 提供的丰富且精心设计的 API 中。

本书读者对象

如果你是一名软件测试工程师或开发工程师，同时使用过 Selenium、了解 Java 并且对自动化测试感兴趣，还希望提升测试技能，那么本书非常适合你。

本书内容

为了让你能够快速入门，第 1 章先讲解如何建立一个基本的测试框架。之后会重点介绍如何通过 Maven 来设置项目，以下载依赖项。然后，使用 TestNG 在同一个浏览器中运行多个实例，展示并行执行测试的优势。接下来，讨论如何使用 Maven 插件自动下载驱动程序文件，使测试代码变得可移植，以及如何在后台模式下不间断地执行测试。

第 2 章探讨当测试执行失败时的应对方案。该章会深入分析测试可靠性为何十分重要，如何在 Maven 配置文件中设置测试的执行方式。你将了解持续集成、持续交付和持续部署的相关概念，并在持续集成服务器中设置测试构建。你还将学习如何连接到 Selenium-Grid，如何在测试失败时截屏，以及如何通过读取栈追踪信息来分析测试失败的原因。

对于自动化测试出错的案例，第 3 章提出大量见解。该章探索 Selenium 能够产生的各类异常，介绍它们的意义。此外，你会更好地理解 WebElement 引用 DOM 元素的原理，了解 Selenium 的基本体系结构，并了解它如何向浏览器发送命令。

第 4 章讲述自动化测试失败的常见原因，以及各种等待解决方案。你将学习 Selenium 中等待策略的运作方式，了解如何使用等待策略来确保测试的稳定性和可靠性。

第 5 章探讨页面对象的定义，讲解如何有效使用这些对象避免失效。同时，该章还将介绍如何复用页面对象，精简代码以减少冗余，增强自动化测试的可读性。最后，该章展示如何创建流式页面对象。

第 6 章讲解如何使用高级用户交互 API。你将学习如何挑战一些高难度的自动化场景，如悬停菜单和可拖曳控件。同时，该章还将探讨使用高级用户交互 API 可能遇到的一些问题。

第 7 章介绍 JavascriptExecutor 类的用法。该章将探讨如何使用 JavaScript 来解决复杂的自动化问题，还将讨论如何执行异步脚本，在执行完成时使用回调函数来通知 Selenium。

第 8 章展示 Selenium 本身的局限性。接下来将探讨在各种场景下如何使用外部库和应用程序来扩展 Selenium，以便你可以使用合适的工具和手段来完成任务。

第 9 章展示如何将 Docker 和 Selenium 结合在一起。你会发现在 Docker 中启动 Selenium-Grid 是多么容易的一件事，还将了解如何将 Docker 集成到构建过程中。

第 10 章首先讲述机器学习和人工智能，然后讨论如何通过 Applitools Eyes 使用人工智能技术。

附录 A 讲述有助于改善 Selenium 项目的各种途径。

附录 B 探讨从 TestNG 切换到 JUnit 所需的转变。

附录 C 讲述如何创建基于 Appium 的测试框架。

如何充分阅读本书

本书所使用的软件如下：

- Oracle JDK8；
- Maven 3；
- IntelliJ IDEA 2018；
- JMeter；
- Zed Attack Proxy；
- Docker；
- Mozilla Firefox；
- Google Chrome。

一般情况下，安装的浏览器种类越多越好。如果要完成本书中的所有练习，则至少需要安装 Mozilla Firefox 和 Google Chrome。

IntelliJ IDEA 社区版是免费的，要使用其完整功能，需要购买旗舰版。可以根据自己的喜好，使用旧版本的 IntelliJ IDEA 或者其他 IDE。本书的代码都是用 IntelliJ IDEA 2018 编写的。

下载示例代码

你可以用自己的账号从 packtpub 网站下载本书的示例代码文件。如果你通过其他途径购买本书，可以访问 packtpub 网站并注册，文件将直接通过电子邮件发送给你。

可以通过以下几个步骤下载代码。

（1）在 packtpub 网站上注册或登录。

（2）选择 SUPPORT 选项卡。

（3）单击 Code Downloads & Errata 按钮。

（4）在搜索框中输入图书名称，然后按照屏幕上的说明进行操作。

下载文件后，请确保使用下列工具的最新版本来解压文件：

- WinRAR/7-Zip Windows 版；
- Zipeg/iZip/UnRarX Mac 版；
- 7-Zip/PeaZip Linux 版。

本书所涉及的代码包也在 GitHub 上进行托管，请访问 GitHub 官方网站，在搜索栏输入“Mastering Selenium WebDriver 3.0，Second Edition”进行搜索。如果有代码变更，将直接更新到已有的 GitHub 库中。

我们还提供了额外的代码包，这些代码包源于各式各样的图书和视频。如果你已访问 GitHub 官方网站并进入了本书的相关页面，只要单击左上角的 PacktPublishing 链接就可以访问这些图书和视频。

本书约定

本书采用了一些版式约定。

代码段的格式如下。

```
public class BasicTest {

    private ExpectedCondition<Boolean> pageTitleStartsWith(final
    String searchString) {
        return driver -> driver.getTitle().toLowerCase().
        startsWith(searchString.toLowerCase());
    }
```

命令行的输入/输出会按如下格式书写。

mvn clean verify -Dwebdriver.gecko.driver=<PATH_TO_GECKODRIVER_BINARY>

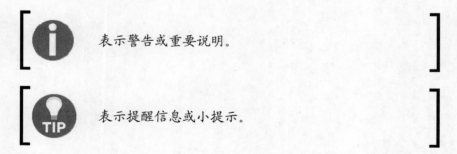

表示警告或重要说明。

表示提醒信息或小提示。

联系方式

我们始终欢迎读者的反馈意见。

常规反馈：发送电子邮件至 feedback@packtpub.com，邮件标题中请带上书名。如果对于本书有任何疑问，请发电子邮件至 questions@packtpub.com。

勘误表：虽然我们已经全力确保内容的正确性，但错误仍旧难以完全避免。如果你在本书中发现任何错误，我们将非常感谢你的反馈。请访问 packtpub 网站，选择图书名称，单击 Errata Submission Form 链接，并录入详细信息。

盗版： 如果你在网上发现盗版的 packt 图书，无论它们是以什么形式在互联网上传播的，请把地址或网站名称提供给我们，我们将不胜感激。请通过 copyright@packtpub.com 与我们联系，并提供相关链接。

投稿： 如果你具备相关专业知识，有意愿主导或参与图书撰写，请访问 packtpub 网站。

评论

请不吝点评。在你阅读本书后，为什么不在下单的网站评论一番呢？你的客观意见将为那些正在观望的读者提供参考，帮助他们决定是否购买本书，也可以帮助我们了解你对本书的看法，同时有利于作者了解你对本书的反响。非常感谢！

有关 Packt 的更多信息，请访问 packtpub 网站。

资源与支持

本书由异步社区出品，社区（https://www.epubit.com/）为您提供相关资源和后续服务。

配套资源

本书配套资源包括源代码。

要获得以上配套资源，请在异步社区本书页面中单击 配套资源 ，跳转到下载界面，按提示进行操作即可。注意，为保证购书读者的权益，该操作会给出相关提示，要求输入提取码进行验证。

如果您是教师，希望获得教学配套资源，请在社区本书页面中直接联系本书的责任编辑。

提交勘误

作者和编辑尽最大努力来确保书中内容的准确性，但难免会存在疏漏。欢迎您将发现的问题反馈给我们，帮助我们提升图书的质量。

当您发现错误时，请登录异步社区，按书名搜索，进入本书页面，单击"提交勘误"，输入勘误信息，单击"提交"按钮即可，如下图所示。本书的作者和编辑会对您提交的勘误进行审核，确认并接受后，您将获赠异步社区的 100 积分。积分可用于在异步社区兑换优惠券、样书或奖品。

与我们联系

我们的联系邮箱是 contact@epubit.com.cn。

如果您对本书有任何疑问或建议，请您发邮件给我们，并请在邮件标题中注明本书书名，以便我们更高效地做出反馈。

如果您有兴趣出版图书、录制教学视频，或者参与图书翻译、技术审校等工作，可以发邮件给我们；有意出版图书的作者也可以到异步社区在线提交投稿（直接访问 www.epubit.com/selfpublish/submission 即可）。

如果您所在的学校、培训机构或企业想批量购买本书或异步社区出版的其他图书，也可以发邮件给我们。

如果您在网上发现有针对异步社区出品图书的各种形式的盗版行为，包括对图书全部或部分内容的非授权传播，请您将怀疑有侵权行为的链接发邮件给我们。您的这一举动是对作者权益的保护，也是我们持续为您提供有价值的内容的动力之源。

关于异步社区和异步图书

"异步社区"是人民邮电出版社旗下 IT 专业图书社区，致力于出版精品 IT 技术图书和相关学习产品，为作译者提供优质出版服务。异步社区创办于 2015 年 8 月，提供大量精品 IT 技术图书和电子书，以及高品质技术文章和视频课程。更多详情请访问异步社区官网 https://www.epubit.com。

"异步图书"是由异步社区编辑团队策划出版的精品 IT 专业图书的品牌，依托于人民邮电出版社近 30 年的计算机图书出版积累和专业编辑团队，相关图书在封面上印有异步图书的 LOGO。异步图书的出版领域包括软件开发、大数据、AI、测试、前端、网络技术等。

异步社区

微信服务号

目录

第 1 章
如何加快测试速度

你或许有所耳闻，Selenium 的主要问题之一便是运行完所有测试要花多久的时间。据我所闻，测试时间短则几小时，长则几天。本章将介绍如何提升运行速度，使你写出的测试能快速、定期地运行。

你可能会遇到的另一个问题是其他人如何运行你的测试。问题的原因通常在于，要在其他计算机上配置项目并使其可以运行简直是一种痛苦，对他们来说，这太费劲了。除了要提升测试速度外，还要让其他人很容易获取你的代码并自己运行。

如何通过创建快速反馈循环来做到这一点？

首先，解释一下快速反馈循环的含义。当开发人员更改或重构代码时，他们可能会出现失误，改错某些东西。一旦他们提交了代码，反馈循环就会启动，并在结束时告知这些代码变更是对还是错的。我们希望反馈循环尽可能快，在理想情况下，开发人员在签入代码之前就可以运行所有可用的测试。如此一来，在测试代码之前，就能够知道对代码的修改是否有错。

最终，我们想要达到的目的是找出开发人员做的哪些更新会导致测试失败，毕竟功能发生了变化。这些最终版本的代码会使测试转变为实时文档，第 2 章将会讨论这方面的更多内容。

本章将从创建一个基本的测试框架开始讲解。需要哪些软件呢？在编写本章代码时，所使用的软件和浏览器版本如下。

- Java SDK 8
- Maven 3.5.3
- Chrome 66

- Firefox 60

请确保你的软件至少已更新至上述版本，以确保一切能正常运作。

1.1　使开发人员易于运行测试

理想情况下，每当有人向中央代码库推送代码时，我们希望测试能够运行。这样做的一部分原因是可以让测试的运行变得十分容易。如果只签出代码库然后执行命令就可以让所有测试运行起来，这就意味着开发人员更可能运行测试。

我们将使用 Apache Maven 来简化这个过程。引用 Maven 文档里的一句说明：

> "Maven 试图将模式应用到项目构建的基础设施中，提供明确的途径来使用最佳实践，以提高理解力和生产力。"

Maven 是一种用于构建和管理 Java 项目的工具（包括下载所需的任何依赖项），在许多公司中都作为标准企业基础设施的一部分。Maven 并不是解决这个问题的唯一方法（例如，Gradle 是一个非常强大的替代方案，在许多领域它与 Maven 的功能一样强大，甚至在一些方面超过了它），但 Maven 是最有可能在周围看到的一个工具。大多数 Java 开发人员将在其职业生涯的某个阶段使用这个工具。

Maven 的一个主要优点是它鼓励开发人员使用标准化的项目结构，使熟悉 Maven 的人可以轻松浏览源代码。Maven 还易于接入 CI 系统（如 Jenkins 或 TeamCity），因为所有主要的系统都能理解 Maven POM 文件。

Maven 是如何让开发人员轻松运行测试的呢？当我们使用 Maven 设置项目时，它可以签出测试代码，只需要在终端窗口中键入 mvn clean verify，即可自动下载所有的依赖项，设置类的路径，并运行所有的测试。

没有比这更容易的事了。

1.2　使用 Apache Maven 构建测试项目

全面讲解 Maven 的安装和运行并不属于本书探讨的范围。Apache 软件基金会已经提供了一个 Maven 设置指南，只需要 5min 便可以完成设置。请访问 Maven 官方网站，单击左侧菜单中的 Users Centre 选项，页面跳转后 Users Centre 会展开，再单击其下的子选项 Maven in 5 Minutes。

如果你正在使用的是 Debian 版的 Linux，可以轻松使用如下命令。

```
sudo apt-get install maven
```

如果你在使用 Homebrew 运行 Mac，则只需要以下代码。

```
brew install maven
```

一旦完成安装并运行 Maven 后，就可以使用基本的 POM 文件来启动 Selenium 项目了。首先创建一个基本的 Maven 目录结构，然后在里面新建一个名为 pom.xml 的文件。查看下方的截图。

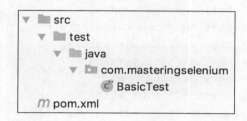

在 Java 环境中，你可能会接触到两种主流测试框架——JUnit 和 TestNG。TestNG 更易于上手，而且能够开箱即用，但是 JUnit 的可扩展性更好。在 Selenium 的邮件列表中，许多人都在询问关于 TestNG 的问题，TestNG 无疑更受大众欢迎，而关于 JUnit 的问题却不常见。

这里不建议将其中任何一个作为正确之选，因为它们都是业界里极其出色的框架。由于 TestNG 似乎更受大众欢迎，因此本章重点介绍 TestNG 的实现方式。

如果你更喜欢 JUnit，那么可以参考附录 B。在那里将实现相同的基础项目，但使用的是 JUnit 而不是 TestNG。这意味着你可以同时参阅 TestNG 的实现方式和 JUnit 的实现方式，而不是纠结用哪个最好。你也可以在之后选择自己喜欢的那个，并阅读相关章节。

首先看一下基于 TestNG 的 Maven 项目，它的基础 POM 代码如下。

```
<?xml version="1.0" encoding="UTF-8"?>
<project xmlns="http://maven.apache.org/POM/4.0.0"
        xmlns:xsi="http://www.w3.org/2001/XMLSchema-instance"
        xsi:schemaLocation="http://maven.apache.org/POM/4.0.0
        http://maven.apache.org/xsd/maven-4.0.0.xsd">

    <groupId>com.masteringselenium.demo</groupId>
```

```xml
<artifactId>mastering-selenium-testng</artifactId>
<version>DEV-SNAPSHOT</version>
<modelVersion>4.0.0</modelVersion>

<name>Mastering Selenium TestNG</name>
<description>A basic Selenium POM file</description>
<url>http://www.epubit.com</url>

<properties>
    <project.build.sourceEncoding>UTF-
    8</project.build.sourceEncoding>
    <project.reporting.outputEncoding>UTF-
    8</project.reporting.outputEncoding>
    <java.version>1.8</java.version>
    <!-- Dependency versions -->
    <selenium.version>3.12.0</selenium.version>
    <testng.version>6.14.3</testng.version>
    <!-- Plugin versions -->
    <maven-compiler-plugin.version>3.7.0</maven-
    compilerplugin.version>
    <maven-failsafe-plugin.version>2.21.0</maven-
    failsafeplugin.version>
    <!-- Configurable variables -->
    <threads>1</threads>
</properties>

<build>
    <plugins>
        <plugin>
            <groupId>org.apache.maven.plugins</groupId>
            <artifactId>maven-compiler-plugin</artifactId>
            <configuration>
                <source>${java.version}</source>
                <target>${java.version}</target>
            </configuration>
            <version>${maven-compiler-plugin.version}</version>
        </plugin>
    </plugins>
</build>
```

```
<dependencies>
    <dependency>
        <groupId>org.seleniumhq.selenium</groupId>
        <artifactId>selenium-java</artifactId>
        <version>${selenium.version}</version>
        <scope>test</scope>
    </dependency>
    <dependency>
        <groupId>org.seleniumhq.selenium</groupId>
        <artifactId>selenium-remote-driver</artifactId>
        <version>${selenium.version}</version>
        <scope>test</scope>
    </dependency>
    <dependency>
        <groupId>org.testng</groupId>
        <artifactId>testng</artifactId>
        <version>${testng.version}</version>
        <scope>test</scope>
    </dependency>
</dependencies>

</project>
```

这里看到的主要是 Maven 模板代码。其中 groupId、artifactId 和 version 都遵循如下标准的命名规范。

- groupId 应当是你拥有或控制的域，通过反向方式输入。

- 由于 artifactId 的名称将会分配给 JAR 文件，因此请注意将其命名为需要的 JAR 文件名。

- version 应始终是一个数字，其末尾带有 "-SNAPSHOT"，这表明它当前是一个进行中的任务。

这里添加了 Maven 编译器插件，以便可以指定编译代码所需的 Java 版本。这里选择的是 Java 8，因为这是 Selenium 目前支持的最低 Java 版本。

接下来引用代码所依赖的库，它们保存在依赖项区块中。首先为 Selenium 和 TestNG 分别添加了一个依赖项。请注意，只给它们指定测试所需的范围，这将确保这些依赖项只加载到测试运行时的类路径中，而绝不会打包在作为构建过程的一部分而生成的任何工件中。

使用 Maven 属性来设置依赖项版本。这不是必需的，却是一种常见的 Maven 规范。要点在于，如果它们都在一个地方声明，那么后续更新 POM 中各项内容的版本会更加容易。XML 可能非常冗长，而且要通过 POM 查找将要更新的各个依赖项或插件的版本非常艰难，要花很长的时间，尤其是在你刚开始使用 Maven 配置文件时。

现在可以用自己的 IDE 打开 POM 文件。（在本书中，假设你使用的是 IntelliJ IDEA，不过任何主流的 IDE 应该都能够打开 POM 文件并从中创建项目。）

现在我们有了 Selenium 项目的基础。下一步便是创建一个基本的测试，使其可以通过 Maven 运行。首先，创建一个 `src/test/java` 目录。你的 IDE 应该能自动将该目录识别为测试源码目录。然后，在该目录中创建一个名为 com.masteringselenium 的包。最后，在这个包中，创建一个名为 BasicTest.java 的文件，在这个文件中将编写如下代码。

```java
package com.masteringselenium;

import org.openqa.selenium.By;
import org.openqa.selenium.WebDriver;
import org.openqa.selenium.WebElement;
import org.openqa.selenium.firefox.FirefoxDriver;
import org.openqa.selenium.support.ui.ExpectedCondition;
import org.openqa.selenium.support.ui.WebDriverWait;
import org.testng.annotations.Test;

public class BasicTest {

    private ExpectedCondition<Boolean> pageTitleStartsWith(final
    String searchString) {
        return driver -> driver.getTitle().toLowerCase().
        startsWith(searchString.toLowerCase());
    }

     private void googleExampleThatSearchesFor(final
    String searchString) {

        WebDriver driver = new FirefoxDriver();
```

```java
driver.get("http://www.baidu.com");

WebElement searchField = driver.findElement(By.name("q"));

searchField.clear();
searchField.sendKeys(searchString);

System.out.println("Page title is: " + driver.getTitle());

searchField.submit();

WebDriverWait wait = new WebDriverWait(driver, 10, 100);
wait.until(pageTitleStartsWith(searchString));

System.out.println("Page title is: " + driver.getTitle());

driver.quit();
}

@Test
public void googleCheeseExample() {
    googleExampleThatSearchesFor("Cheese!");
}

@Test
public void googleMilkExample() {
    googleExampleThatSearchesFor("Milk!");
}
}
```

相信读者都非常熟悉这两个测试，它们都是基本的 Google 搜索场景，所有复杂的操作都被抽象到了一个方法中，可以传入不同的搜索关键字来多次调用该方法。万事俱备，只欠运行测试。要启动它们，只需要在终端窗口中输入如下命令。

`mvn clean verify`

Maven 会从 Maven Central 下载所有 Java 依赖项。这一步完成后，就会构建项目，接着运行测试。

如果你在下载依赖项时遇到问题，请尝试在命令末尾添加-U，这将强制 Maven 检查 Maven 中央仓库以获取更新后的库。

接下来将看到 Firefox 成功启动，不过测试无法正常运行。原因在于 Selenium 3 中所有的驱动文件都不再默认与 Selenium 绑定，现在必须单独下载相关的驱动文件才能运行测试。

先下载该文件，然后将一个环境变量传给 JVM，以便能顺利运行首个测试。稍后还将介绍一个稍微简化的方法，用来自动下载所需的驱动文件。

由于正在对 Firefox 运行测试，因此需要下载 geckodriver 文件。要获取最新版本，可以访问 GitHub 官方网站，在搜索栏中输入 geckodriver 进行搜索，在搜索结果中选择 `mozilla/geckodriver` 后进入项目页面，然后单击 releases 选项卡。

既然有了一个可用的驱动文件，就需要告诉 Selenium 在哪里找到它。幸运的是，Selenium 团队已经提供了一种方法。当 Selenium 启动并尝试实例化驱动对象时，它将查找一个系统属性，该属性用于保存测试所需的可执行文件路径。这些系统属性的格式为 `WebDriver.<DRIVER_TYPE>.driver`。为了让测试顺利运转，需要在命令行上传入这个系统属性。

```
mvn clean verify -Dwebdriver.gecko.driver=<PATH_TO_GECKODRIVER_BINARY>
```

这次，Firefox 应该能正确加载，顺利运行测试且不带任何错误，最终的测试状态为通过。

> 如果仍有问题，请检查你正在使用的 Firefox 版本。本章中的代码是针对 Firefox 60 编写的。如果你使用的是早期版本，geckodriver 可能无法完全支持，也许会遇到一些错误。

现在我们已拥有一个非常基础的项目，可以用 Maven 来运行几个非常基础的测试。目前来说，一切都运行得非常快，但当你开始向项目中添加更多的测试时，速度就会开始放缓。为了解决该问题，我们将并行执行测试，充分利用计算机的所有性能。

1.3　并行执行测试

"并行执行测试"对不同的人来说会有不同的理解，因为它可能表示以下任意一种情况。

- 同时在多个浏览器上执行所有测试。
- 在同一个浏览器的多个实例上执行所有测试。

我们应该把并行执行测试作为提高测试覆盖范围的手段吗？

当然，在你编写自动化测试时，为了确保当前正在测试的网站能够正常运作，最初都会告知你网站必须要支持所有的浏览器。实际上，这是不现实的，浏览器种类太多了，不可能全都支持。例如，对于拥有许多奇异对象的 AJAX 密集型站点，它难道能在 Lynx 浏览器上运行吗？

 Lynx 是一个基于文本的 Web 浏览器，可以在 Linux 终端窗口中使用，并且在 2014 年还在积极开发中。

接下来你可能会听到："好吧，那我们将支持 Selenium 所支持的每个浏览器。"这些初衷都是好的，但还会遇到麻烦。大多数人没有意识到的是，Selenium 核心团队官方支持的浏览器是当前版本的浏览器，以及发布 Selenium 版本时先前版本的浏览器。实际上，它也可能适用于较旧的浏览器，核心团队会做很多工作来确保他们不会破坏对旧浏览器的支持。然而，如果要在 Internet Explorer 6、Internet Explorer 7 或 Internet Explorer 8 上运行一系列测试，这些运行测试的浏览器并未得到官方支持。

我们讨论下一组问题。Internet Explorer 仅能在 Windows 计算机上运行，而且在 Windows 计算机上同时只能安装一个版本的 Internet Explorer。

 要在同一台计算机上安装多个版本的 Internet Explorer，可以使用一些高科技，不过这样就无法获得准确的测试情况。最好预装并运行多个操作系统，但每个系统只安装某一版本的 Internet Explorer。

Safari 仅支持 OS X 计算机，且同时只能安装一个版本。

 原来一个旧版本的 Safari 是支持 Windows 系统的，但现在 Windows 系统不再支持该版本，请勿使用该版本。

显而易见，即使我们希望针对 Selenium 支持的每个浏览器都执行全部测试，也无法在同一台计算机上实现此操作。

目前，人们更倾向于修改测试框架，使其可以接收要运行的浏览器列表。开发人员编写了一些代码，用来检测或指定计算机上可用的浏览器。一旦完成这项工作，他们就能够开始在少数几台计算机上并行执行所有测试，最后得到一个类似于下图的矩阵。

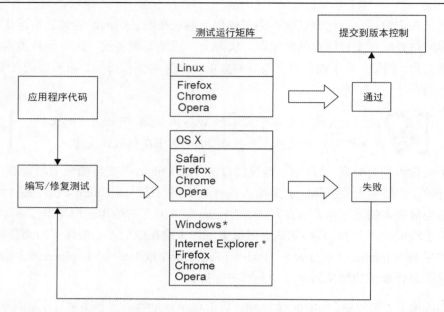

这个办法非常好，但它并没有彻底解决一直存在的难题：总有一两个浏览器无法在本地计算机上运行，因此你永远无法得到完全跨浏览器的测试覆盖率。使用多种不同的驱动程序实例（可能在多个线程中）在不同的浏览器上运行，只略微提高了覆盖率。我们仍然没有实现完全跨浏览器的覆盖率。

这样做也会有一些副作用。不同浏览器的运行速度不尽相同，因为各个浏览器中的JavaScript 引擎不一样。在将代码推送到源码库之前，检查代码是否正常工作的过程可能会因此非常缓慢。

最终，这样做只会使我们更难诊断问题。一旦测试失败，要逐个排查是哪一个浏览器出的问题并定位失败的原因。这看上去只占用你 1min 的时间，但所有这些时间加起来就很多了。

为什么我们不暂且只在某一种浏览器上运行测试呢？让它在一种浏览器上运行得又稳又快，然后再考虑跨浏览器的兼容性。

在开发用的计算机上先选择某一种浏览器来运行测试可能是个好办法。然后可以使用 CI 服务器来弥补这个不足，将浏览器的覆盖率纳入考虑范围，作为构建流水线的一部分。先为本地计算机挑选一个带有快速JavaScript 引擎的浏览器也许同样是一个好办法。

1.4 使用 TestNG 进行并行测试

本章中的 TestNG 示例使用的 TestNG 版本为 6.14.3，Maven Failsafe 插件版本为 2.21.0。如果你用的是这些组件更旧的版本，部分功能可能会无法使用。

首先，更改 POM 文件，添加一个 threads 属性，该属性用于决定运行测试的并行线程的数量。然后，使用 Maven Failsafe 插件来配置 TestNG。

```
<properties>
    <project.build.sourceEncoding>UTF-8</project.build.sourceEncoding>
    <project.reporting.outputEncoding>UTF-8</project.reporting.outputEncoding>
    <java.version>1.8</java.version>
    <!-- Dependency versions -->
    <selenium.version>3.12.0</selenium.version>
    <testng.version>6.14.3</testng.version>
    <!-- Plugin versions -->
    <maven-compiler-plugin.version>3.7.0
    </maven-compiler-plugin.version>
    <maven-failsafe-plugin.version>2.21.0
    </maven-failsafe-plugin.version>
    <!-- Configurable variables -->
    <threads>1</threads>
</properties>

<build>
    <plugins>
        <plugin>
            <groupId>org.apache.maven.plugins</groupId>
            <artifactId>maven-compiler-plugin</artifactId>
            <configuration>
                <source>${java.version}</source>
                <target>${java.version}</target>
            </configuration>
            <version>${maven-compiler-plugin.version}</version>
        </plugin>
        <plugin>
            <groupId>org.apache.maven.plugins</groupId>
            <artifactId>maven-failsafe-plugin</artifactId>
            <version>${maven-failsafe-plugin.version}</version>
            <configuration>
                <parallel>methods</parallel>
```

```
            <threadCount>${threads}</threadCount>
        </configuration>
        <executions>
            <execution>
                <goals>
                    <goal>integration-test</goal>
                    <goal>verify</goal>
                </goals>
            </execution>
        </executions>
    </plugin>
</plugins>
</build>
```

当使用 Maven Failsafe 插件时，设置为 integration-test 的 goal 节点将确保测试在集成测试阶段执行。设置为 verify 的 goal 节点将确保 Failsafe 插件可验证在 integration-test 阶段执行检查的结果，如果某些内容未通过则无法进行构建。如果没有设置 verify 的 goal 节点，则构建不会失败。

TestNG 支持开箱即用的并行线程，这里只需要告诉它如何使用这些线程。这就是 Maven Failsafe 插件发挥作用的地方。我们将使用它为测试配置并行执行的环境。如果你将 TestNG 作为依赖项，则此配置将应用于 TestNG，无须做任何特别的事情。

本例所关注的是 parallel 和 threadCount 这两项配置。我们已经将 parallel 节点设置为 methods。这将在项目中搜索有 @Test 注释的方法，并将它们全部收集到一个巨大的测试池中。然后，Failsafe 插件会从这个池中取出测试并运行它们。并发运行的测试数量取决于有多少线程可用。我们将使用 threadCount 属性来控制线程数。

需要注意的是，该方法不能控制测试运行的先后顺序。

我们配置 threadCount 来控制并行运行的测试数量，你可能注意到，这里没有指定一个数字。相反，这里使用的是 Maven 变量 ${threads}，这将获取在 properties 块中定义的 Maven 属性 threads 的值，并将其传递给 threadCount。

因为 threads 是 Maven 属性，所以可以使用 -D 开关在命令行上重写它的值。如果不重写它的值，它将使用在 POM 中设置的值作为默认值。

因此，如果运行以下命令，它将使用在 POM 文件中的默认值 1。

```
mvn clean verify -Dwebdriver.gecko.driver=<PATH_TO_GECKODRIVER_BINARY>
```

然而，如果使用这个命令，它将覆盖存储在 POM 文件中的值 1，并使用值 2 替代。

```
mvn clean verify -Dthreads=2 -
Dwebdriver.gecko.driver=<PATH_TO_GECKODRIVER_BINARY>
```

如你所见，这使我们能够调整用于运行测试的线程的数量，而无须对代码进行任何修改。

我们已经使用 Maven 和 Maven Failsafe 插件的强大功能来设置并行运行测试时使用的线程数量，但是还有更多工作要做。

如果你现在运行测试，将会发现，即使我们为代码提供了多个线程，所有的测试也仍然只在一个线程中运行。由于 Selenium 不具备线程安全，因此还需要编写一些额外代码，以确保各个 Selenium 实例在其独立的线程中运行，而不会在其他线程中运行。

以前在每个测试中都会创建一个 `FirefoxDirver` 实例。我们要将它从测试中提取出来，并将实例化浏览器部分放到其归属类 `DriverFactory` 中。然后，添加一个名为 `DriverBase` 的类，它将处理线程的封送。

现在，我们要构建的项目具有下图所示结构。

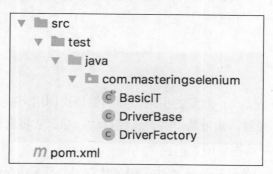

```
▼ 📁 src
    ▼ 📁 test
        ▼ 📁 java
            ▼ 📁 com.masteringselenium
                🅲 BasicIT
                🅲 DriverBase
                🅲 DriverFactory
    𝑚 pom.xml
```

首先，创建 `DriverFactory` 类，使用的代码如下。

```java
package com.masteringselenium;

import org.openqa.selenium.firefox.FirefoxDriver;
import org.openqa.selenium.remote.RemoteWebDriver;

public class DriverFactory {

    private RemoteWebDriver webDriver;

    private final String operatingSystem =
```

```
System.getProperty("os.name").toUpperCase();
private final String systemArchitecture =
System.getProperty("os.arch");

RemoteWebDriver getDriver() {
    if (null == webDriver) {
        System.out.println(" ");
        System.out.println("Current Operating System: " +
        operatingSystem);
        System.out.println("Current Architecture: " +
        systemArchitecture);
        System.out.println("Current Browser Selection:
        Firefox");
        System.out.println(" ");
        webDriver = new FirefoxDriver();
    }
    return webDriver;
}

void quitDriver() {
    if (null != webDriver) {
        webDriver.quit();
        webDriver = null;
    }
}
}
```

这个类持有对 WebDriver 对象的引用，并确保每次调用 getDriver()时都返回一个有效的 WebDriver 实例。如果某个实例已经启动，那么它将会获取现有的那个。如果需要的实例还没启动，则会先启动一个。

它还提供了一个 quitDriver()方法，用于执行 WebDriver 对象的 quit()方法，并将类中定义的 WebDriver 对象设置为 null。这可以防止与已关闭的 WebDriver 对象进行交互，从而产生错误。

> 我们使用的是 driver.quit()而不是 driver.close()。
> 按照一般经验，不应该使用 driver.close()来进行清理。
> 如果在测试期间出现的一些情况导致 WebDriver 实例提前关
> 闭，则将会抛出错误。WebDriver API 中的"关闭并清理"
> 命令是 driver.quit()。如果在测试时打开了多个窗口，而
> 你只想关闭其中一些窗口，那么通常使用 driver.close()。

接下来，使用如下命令创建 DriverBase 类。

```java
package com.masteringselenium;

import org.openqa.selenium.remote.RemoteWebDriver;
import org.testng.annotations.AfterMethod;
import org.testng.annotations.AfterSuite;
import org.testng.annotations.BeforeSuite;

import java.util.ArrayList;
import java.util.Collections;
import java.util.List;

public class DriverBase {

    private static List<DriverFactory> webDriverThreadPool =
    Collections.synchronizedList(new ArrayList<DriverFactory>());
    private static ThreadLocal<DriverFactory> driverThread;

    @BeforeSuite(alwaysRun = true)
    public static void instantiateDriverObject() {
        driverThread = new ThreadLocal<DriverFactory>() {
            @Override
            protected DriverFactory initialValue() {
                DriverFactory webDriverThread = new DriverFactory();
                webDriverThreadPool.add(webDriverThread);
                return webDriverThread;
            }
        };
    }

    public static RemoteWebDriver getDriver() {
        return driverThread.get().getDriver();
    }

    @AfterMethod(alwaysRun = true)
    public static void clearCookies() {
        getDriver().manage().deleteAllCookies();
    }

    @AfterSuite(alwaysRun = true)
    public static void closeDriverObjects() {
        for (DriverFactory webDriverThread : webDriverThreadPool) {
            webDriverThread.quitDriver();
        }
```

```
    }
}
```

这是一个微型的类，用于封装一个驱动对象池。可以使用 ThreadLocal 对象在各个独立的线程中实例化 WebDriverThread 对象。我们还创建了一个 getDriver() 方法，该方法使用 DriverFactory 对象上的 getDriver() 方法来将各个测试传递给可用的 WebDriver 实例。

这样做是为了隔离 WebDriver 的各个实例，以确保测试之间不会交叉污染。当开始并行运行测试时，我们不想看到不同的测试都开始向同一个浏览器窗口发送命令。现在，WebDriver 中的每个实例都已安全地锁定在自己的线程中。

因为使用工厂类启动所有的浏览器实例，所以还要确保能正确关闭它们。为此，创建了一个带有 @AfterMethod 注释的方法，用于在测试运行后销毁驱动程序。如果测试在运行中没有正常触发代码行 driver.quit()，则这种清理方式将发挥作用，例如，测试在运行时出错了，导致测试失败并提前结束测试。

注意，@AfterMethod 和 @BeforeSuite 注释有一个参数 alwaysRun = true，其作用是确保标记的方法总会运行。本例中使用 @AfterMethod 注释可以确保无论如何都会调用到 driver.quit() 方法，即使测试失败。这样能保证正确关闭驱动实例，而驱动实例又会关闭浏览器。如果部分测试失败了，那么运行结束时常会有一些正打开的浏览器窗口残留在那里，这种措施将有助于减少这种现象。

现在剩下的就是清理 basicTest 类的代码，并将其更名为 BasicIT。为什么要更改测试的名称？因为我们将使用 maven-failsafe-plugin 在 integration-test 阶段运行测试，而该插件在默认情况下会选取以 IT 结尾的文件。如果类名以 TEST 结尾，它将会被另一个插件 maven-surefire-plugin 选取。我们不希望 maven-surefire-plugin 选到这些测试，实际上该插件是用来进行单元测试的，我们想使用的是 maven-failsafe-plugin，因此将使用以下代码。

```java
package com.masteringselenium;

import org.openqa.selenium.By;
import org.openqa.selenium.WebDriver;
import org.openqa.selenium.WebElement;
import org.openqa.selenium.support.ui.ExpectedCondition;
import org.openqa.selenium.support.ui.WebDriverWait;
import org.testng.annotations.Test;

public class BasicIT extends DriverBase {
```

```java
private ExpectedCondition<Boolean> pageTitleStartsWith(final
String searchString) {
    return driver -> driver.getTitle().toLowerCase()
    .startsWith(searchString.toLowerCase());
}
private void googleExampleThatSearchesFor(final String
searchString) {

    WebDriver driver = DriverBase.getDriver();
    driver.get("http://www.baidu.com");

    WebElement searchField = driver.findElement(By.name("q"));

    searchField.clear();
    searchField.sendKeys(searchString);

    System.out.println("Page title is: " + driver.getTitle());

    searchField.submit();

    WebDriverWait wait = new WebDriverWait(driver, 10, 100);
    wait.until(pageTitleStartsWith(searchString));

    System.out.println("Page title is: " + driver.getTitle());
}

@Test
public void googleCheeseExample() {
    googleExampleThatSearchesFor("Cheese!");
}

@Test
public void googleMilkExample() {
    googleExampleThatSearchesFor("Milk!");
}
}
```

我们编辑了之前的那个基础测试，使其继承于 DriverBase。在测试中，我们并没有实例化一个新的 FirefoxDriver，而是调用 DriverBase.getDriver() 来获得一个有效的 WebDriver 实例。最后，我们从公共方法中删除了 driver.quit()，因为这些操作已在基类 DriverBase 中实现。

如果用以下代码重新启动测试，则会发现这和之前没有任何区别。

```
mvn clean verify -Dwebdriver.gecko.driver=<PATH_TO_GECKODRIVER_BINARY>
```

然而，如果你运行接下来的代码，并指定一些线程，将会看到这一次打开了两个 Firefox
浏览器，有两个测试在并行运行，最后两个浏览器都会关闭。

```
mvn clean verify -Dthreads=2 -
Dwebdriver.gecko.driver=<PATH_TO_GECKODRIVER_BINARY>
```

如果你想证实每个测试都是在各自独立的线程中运行的，
那么可以在 DriverFactory 类的 getDriver() 方法中
添加 System.out.println("Current thread: " +
Thread. currentThread().getId());。
这将会显示当前线程 ID，这样你就能看到 Firefox-
Driver 的各实例是在不同的线程中运行的。

只看到一个浏览器启动？根据 maven-failsafe-
plugin 的配置，会默认搜索出所有以 IT.java 结尾
的文件。如果文件名是以 Test 开头或结尾的，则它们
将被 maven-surefire 插件优先选取，因此线程配置
将被忽略。请仔细检查，确保你的 failsafe 配置是
正确的。

你也许已经注意到，只运行两个规模非常小的测试，根本感觉不到运行整个套件的时
间缩短了多少。这是因为大部分时间都花在编译代码和加载浏览器上了。但是随着越来越
多的测试添加进来，运行测试的时间将明显缩短。

这可能是调整 BasicIT.java 的好时机。可以尝试添加
更多的测试，用不同的关键字来搜索，试试不同数量的线
程，看看可以同时启动和运行多少个并发浏览器。请确保
你已记录了执行时间，看看实际速度获得了多少增长（这
在本章后面会有作用）。到某一点时，它将会达到计算机
硬件的极限，此时添加更多线程会拖慢速度，起不到任何
加速作用。对测试进行调优，使其能合理利用硬件环境，
这是多线程运行测试的一个重要部分。

怎样才能加快速度呢？因为启动 Web 浏览器是一项计算量很大的任务，所以可以选择在每次测试之后暂不关闭浏览器。这显然有一些副作用，例如，当前页面并不是该应用程序的常规入口页，而且还可能带有一些多余的会话信息。

如果这种办法存在风险，并会有副作用，为什么我们还是要考虑这种办法？很简单，原因就是速度。假设有一套数量为 50 的测试，如果每次运行测试都要花费 10s 加载和关闭浏览器，那么合理重用这些浏览器将极大地缩短所花费的时间。如果对于这 50 个测试，我们总共只花 10s 来启动和关闭浏览器，那么总测试时间就缩短了 490s。

我们看看它是如何运作的。首先尝试处理会话问题。因为 WebDriver 提供了一个命令来清除 Cookie，所以在每次测试结束时触发它即可。接下来将添加一个新的 @AfterSuite 注释，以便在所有测试都执行完成后关闭浏览器。查看以下代码。

```java
package com.masteringselenium;

import com.masteringselenium.config.DriverFactory;
import org.openqa.selenium.remote.RemoteWebDriver;
import org.testng.annotations.AfterMethod;
import org.testng.annotations.AfterSuite;
import org.testng.annotations.BeforeSuite;

import java.util.ArrayList;
import java.util.Collections;
import java.util.List;

public class DriverBase {

    private static List<DriverFactory> webDriverThreadPool =
    Collections.synchronizedList(new ArrayList<DriverFactory>());
    private static ThreadLocal<DriverFactory> driverThread;

    @BeforeSuite(alwaysRun = true)
    public static void instantiateDriverObject() {
        driverThread = new ThreadLocal<DriverFactory>() {
            @Override
            protected DriverFactory initialValue() {
                DriverFactory webDriverThread = new DriverFactory();
                webDriverThreadPool.add(webDriverThread);
                return webDriverThread;
            }
```

```
    };
}

public static RemoteWebDriver getDriver() {
    return driverThread.get().getDriver();
}
@AfterMethod(alwaysRun = true)
public static void clearCookies() {
    try {
        getDriver().manage().deleteAllCookies();
    } catch (Exception ex) {
        System.err.println("Unable to delete cookies: " + ex);
    }
}

@AfterSuite(alwaysRun = true)
public static void closeDriverObjects() {
    for (DriverFactory webDriverThread : webDriverThreadPool) {
        webDriverThread.quitDriver();
    }
}
}
```

在代码中，首先添加了一个同步列表，用于存储 WebDriverThread 的所有实例。然后，修改了 initialValue() 方法，将创建的每个 WebDriverThread 实例添加到这个新的同步列表中。这样做的目的是跟踪线程。

接下来，重命名了带 @AfterSuite 的方法，以确保方法名尽可能一目了然。修改后的名称为 closeDriverObjects()，这个方法并不像之前一样仅关闭当前使用的 WebDriver 实例。相反，它对 webDriverThreadPool 列表进行了遍历，关闭了所跟踪的每个线程的实例。

实际上，我们并不清楚运行了多少个线程，因为这是由 Maven 控制的。但这不是问题，毕竟编写这段代码就是为了解决这个问题。我们所能知道的是，当测试结束后，每个 WebDriver 实例将彻底关闭，不会有任何错误。这都归功于 webDriverThreadPool 列表的运用。

最后，给名为 clearCookies() 的方法添加了 @AfterMethod，用于在每次测试之后清除浏览器的 Cookie。这样就可以在不关闭浏览器的情况下将浏览器重置为中性状态，接下来就能放心地开始另一个测试了。

可以尝试调整 `BasicIT.java`, 添加更多测试来搜索不同的关键词。基于之前的实验，你可能已经对当前硬件的最佳平衡点有了粗略的了解。当所有测试都结束运行且浏览器全部关闭时，再次执行这些测试，并记下耗费的时长，算算执行时间是否有所减少。

1.5 不存在银弹

就像所有事情一样，在运行测试期间，始终保持浏览器窗口打开的这一做法并不是十全十美的，不会每次都有效。

有时候，有些站点设置了 Selenium 无法识别的服务器端 Cookie。在这种情况下，清除本地 Cookie 可能没有任何效果，你可能会发现关闭浏览器才是确保各个测试都有一个纯净环境的唯一方法。

如果你用的是 `InternetExplorerDriver`, 则可能会发现当使用稍旧版本的 Internet Explorer（如 Internet Explorer 8 和 Internet Explorer 9）时，测试会运行得越来越慢，最终停止运行。很遗憾，旧版本的 IE 并不完美，它们确实存在一些内存泄露问题。

使用 `InternetExplorerDriver` 会加剧这些问题，因为它确实给浏览器带来了压力。因此，它遭到了很多不公正的评价。其实它拥有很出色的代码，修复了大量的瑕疵。

这并不是说不能用这种方法了，也许你正在测试的应用程序中就看不到任何问题。当然，可以使用多种策略，将测试分为多个阶段；可以将能够重用浏览器的这部分测试放在第一阶段，而将那些需要重启浏览器的测试放到第二阶段。

对于在各个测试之间关闭和重启浏览器所耗费的时间，如果能将其移除，则会对测试运行的速度产生巨大的影响。根据个人经验，在任何可能的情况下，建议尽量让浏览器保持打开状态，以减少测试的耗时。

总体来说，要验证这些办法是否行之有效，唯一的途径就是结合实验和客观数据。记住，要先调查研究，然后根据各个浏览器/计算机的组合情况，调整线程的使用；或者，你应该设置一个基线，让它适用于当前环境中的所有情况。

1.6 多浏览器支持

到目前为止，我们已经将测试并行化，以便能同时运行多个浏览器实例。然而，目前我们仍然只用过一种驱动，即 FirefoxDriver。前一节提到过 Internet Explorer 浏览器的问题，但是现在还没明确讲述使用 Internet Explorer 运行测试的方法。我们看看如何解决这个问题。

首先，在 Failsafe 插件的配置文件中添加一个名为 systemPropertyVariables 的新配置，并在其中建立一个名为 browser 的 Maven 属性。这和文档的描述差不多，在 systemPropertyValues 中定义的所有内容都将成为 Selenium 测试可用的系统属性。我们将使用 Maven 变量来引用 Maven 属性，这样就可以在命令行上动态修改该值。

需要对 POM 文件进行的修改已包含在以下代码中。

```
<properties>
    <project.build.sourceEncoding>UTF-
    8</project.build.sourceEncoding>
    <project.reporting.outputEncoding>UTF-
    8</project.reporting.outputEncoding>
    <java.version>1.8</java.version>
    <!-- Dependency versions -->
    <selenium.version>3.12.0</selenium.version>
    <testng.version>6.14.3</testng.version>
    <!-- Plugin versions -->
    <maven-compiler-plugin.version>3.7.0
    </maven-compiler-plugin.version>
    <maven-failsafe-plugin.version>2.21.0
    </maven-failsafe-plugin.version>
    <!-- Configurable variables -->
    <threads>1</threads>
    <browser>firefox</browser>
</properties>

<build>
    <plugins>
        <plugin>
            <groupId>org.apache.maven.plugins</groupId>
            <artifactId>maven-compiler-plugin</artifactId>
            <configuration>
                <source>${java.version}</source>
```

```
                <target>${java.version}</target>
            </configuration>
            <version>${maven-compiler-plugin.version}</version>
        </plugin>
        <plugin>
            <groupId>org.apache.maven.plugins</groupId>
            <artifactId>maven-failsafe-plugin</artifactId>
            <version>${maven-failsafe-plugin.version}</version>
            <configuration>
                <parallel>methods</parallel>
                <threadCount>${threads}</threadCount>
                <systemPropertyVariables>
                    <browser>${browser}</browser>
                </systemPropertyVariables>
            </configuration>
            <executions>
                <execution>
                    <goals>
                        <goal>integration-test</goal>
                        <goal>verify</goal>
                    </goals>
                </execution>
            </executions>
        </plugin>
    </plugins>
</build>
```

现在需要创建一个包来放置驱动配置代码。在这个包中，将添加一个新的接口和一个新的枚举。我们还会将 DriverFactory 类转移到这个包中，以保持规范整洁（参见下面的截图）。

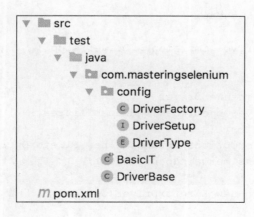

DriverSetup 是一个非常简单的接口，后续将由 DriverType 类来实现，代码如下。

```
package com.masteringselenium.config;

import org.openqa.selenium.remote.DesiredCapabilities;
import org.openqa.selenium.remote.RemoteWebDriver;

public interface DriverSetup {
    RemoteWebDriver getWebDriverObject(DesiredCapabilities capabilities);
}
```

DriverType 类是完成所有工作的地方，代码如下。

```
package com.masteringselenium.config;

import org.openqa.selenium.chrome.ChromeDriver;
import org.openqa.selenium.chrome.ChromeOptions;
import org.openqa.selenium.edge.EdgeDriver;
import org.openqa.selenium.edge.EdgeOptions;
import org.openqa.selenium.firefox.FirefoxDriver;
import org.openqa.selenium.firefox.FirefoxOptions;
import org.openqa.selenium.ie.InternetExplorerDriver;
import org.openqa.selenium.ie.InternetExplorerOptions;
import org.openqa.selenium.opera.OperaDriver;
import org.openqa.selenium.opera.OperaOptions;
import org.openqa.selenium.remote.CapabilityType;
import org.openqa.selenium.remote.DesiredCapabilities;
import org.openqa.selenium.remote.RemoteWebDriver;
import org.openqa.selenium.safari.SafariDriver;
import org.openqa.selenium.safari.SafariOptions;

import java.util.HashMap;

public enum DriverType implements DriverSetup {

    FIREFOX {
        public RemoteWebDriver
        getWebDriverObject(DesiredCapabilities
        capabilities) {
            FirefoxOptions options = new FirefoxOptions();
            options.merge(capabilities);

            return new FirefoxDriver(options);
        }
```

```java
    },
CHROME {
    public RemoteWebDriver
    getWebDriverObject(DesiredCapabilities
    capabilities) {
        HashMap<String, Object> chromePreferences = new
        HashMap<>
        ();
        chromePreferences.put("profile.password_manager_enabled"
        ,false);

        ChromeOptions options = new ChromeOptions();
        options.merge(capabilities);
        options.addArguments("--no-default-browser-check");
        options.setExperimentalOption("prefs",
        chromePreferences);

        return new ChromeDriver(options);
    }
},
IE {
    public RemoteWebDriver
    getWebDriverObject(DesiredCapabilities
    capabilities) {
        InternetExplorerOptions options = new
        InternetExplorerOptions();
        options.merge(capabilities);
        options.setCapability(CapabilityType.ForSeleniumServer.
        ENSURING_CLEAN_SESSION, true);
        options.setCapability(InternetExplorerDriver.
        ENABLE_PERSISTENT_HOVERING, true);
        options.setCapability(InternetExplorerDriver.
        REQUIRE_WINDOW_FOCUS, true);

        return new InternetExplorerDriver(options);
    }
},
EDGE {
    public RemoteWebDriver
    getWebDriverObject(DesiredCapabilities
    capabilities) {
        EdgeOptions options = new EdgeOptions();
        options.merge(capabilities);
```

```
                return new EdgeDriver(options);
            }
        },
        SAFARI {
            public RemoteWebDriver
            getWebDriverObject(DesiredCapabilities
            capabilities) {
                SafariOptions options = new SafariOptions();
                options.merge(capabilities);

                return new SafariDriver(options);
            }
        },
        OPERA {
            public RemoteWebDriver
            getWebDriverObject(DesiredCapabilities
            capabilities) {
                OperaOptions options = new OperaOptions();
                options.merge(capabilities);

                return new OperaDriver(options);
            }
        }
    }
```

如你所见，这个基本的枚举允许选择某个 Selenium 支持的默认浏览器。每个枚举都实现了 getWebDriverObject() 方法，这使我们可以传入一个 DesiredCapabilities 对象，然后将其合并到相关驱动程序的 Options 对象中。接着，实例化 WebDriver 对象并返回。

> 用 DesiredCapabilities 对象实例化 <DriverType>
> Driver 对象的做法目前已经废弃，新的做法是使用
> <DriverType>Options 对象。只是 DesiredCapabilities
> 目前仍可在许多地方使用（例如，实例化 RemoteWebDriver
> 对象以连接 Selenium-Grid 仍受支持），因此还没有完全删
> 除它。

我们看看刚才设置的默认选项，了解它们是如何使各个驱动顺利运行的。

- **Chrome**：在这里设置了几个选项，以让测试能顺利进行。Chrome 提供了各种命令行开关，它们可以在 ChromeDriver 启动 Chrome 时使用。当加载 Chrome 来运行测试时，我们不希望每次启动它时都询问是否将其设为默认浏览器，所以禁用了

这项检查。另外，还关闭了密码管理器，这样在每次执行有登录操作的测试时，就不会总询问是否要保存登录信息。

- **Internet Explorer**：`InternetExplorerDriver` 所面临的挑战就比较多了，它会尝试与众多不同版本的 Internet Explorer 一起工作，通常它都能正常工作。代码中设定的这些选项用于确保在浏览器重新加载时正确清除会话（IE8 在清除缓存方面做得特别差），并尝试修复鼠标悬停的一些问题。如果你曾经测试过一种应用程序，它需要你将鼠标悬停在其中一个元素上才能触发某种弹出窗口，那么可能会看到弹出窗口多次闪烁，并且与它交互时会时不时出现故障。设置 `ENABLE_PERSISTENT_HOVERING` 和 `requireWindowFocus` 应该能解决这些问题。

- **其他浏览器**：因为其他驱动相对较新，使用默认选项也不会出现任何问题，所以这些是占位符（返回默认选项）。

不必使用前面提到的那些选项，它们曾在过去有效。如果你不想使用那些选项，只需要删除你不感兴趣的选项，并参照 FirefoxDriver 部分设置每个 `getWebDriverObject()` 方法。记住，这里只是测试框架的初始点。可以在其中添加任何对测试有帮助的选项。由于这里是实例化驱动对象的地方，因此添加在此处最合适。

既然一切都已就位，就需要重写 DriverFactory 方法（参见如下代码）。

```java
package com.masteringselenium.config;

import org.openqa.selenium.remote.DesiredCapabilities;
import org.openqa.selenium.remote.RemoteWebDriver;

import static com.masteringselenium.config.DriverType.FIREFOX;
import static com.masteringselenium.config.DriverType.valueOf;

public class DriverFactory {

    private RemoteWebDriver webDriver;
    private DriverType selectedDriverType;

    private final String operatingSystem =
    System.getProperty("os.name").toUpperCase();
    private final String systemArchitecture =
    System.getProperty("os.arch");

    public DriverFactory() {
        DriverType driverType = FIREFOX;
        String browser = System.getProperty("browser",
```

```
    driverType.toString()).toUpperCase();
    try {
        driverType = valueOf(browser);
    } catch (IllegalArgumentException ignored) {
        System.err.println("Unknown driver specified,
        defaulting to '" + driverType + "'...");
    } catch (NullPointerException ignored) {
        System.err.println("No driver specified,
        defaulting to '" + driverType + "'...");
    }
    selectedDriverType = driverType;
}

public RemoteWebDriver getDriver() {
    if (null == webDriver) {
        instantiateWebDriver(selectedDriverType);
    }

    return webDriver;
}

public void quitDriver() {
    if (null != webDriver) {
        webDriver.quit();
        webDriver = null;
    }
}

private void instantiateWebDriver(DriverType driverType) {
    System.out.println(" ");
    System.out.println("Local Operating System: " +
    operatingSystem);
    System.out.println("Local Architecture: " +
    systemArchitecture);
    System.out.println("Selected Browser: " +
    selectedDriverType);
    System.out.println(" ");
    DesiredCapabilities desiredCapabilities = new
    DesiredCapabilities();
    webDriver =
    driverType.getWebDriverObject(desiredCapabilities);
}
}
```

在代码里会执行许多操作。首先，添加一个名为 selectedDriverType 的新变量，它用来存储旨在运行测试的驱动类型。然后，添加一个构造函数，用于指定在实例化类时使用的 selectedDriverType。构造函数会查找名为 browser 的系统属性，计算出所需的 DriverType 类型。另外还有一些异常处理代码。如果程序无法识别所需的驱动类型，则始终返回默认值，在本例中默认为 FirefoxDriver。如果你的期望是每当传入无效驱动字符串时抛出异常，则可以删除此异常处理。

接下来，添加一个名为 instantiateWebDriver() 的新方法，它与之前在 getDriver() 中的代码非常相似。唯一真正的区别在于，现在我们能传入一个 DriverType 对象来指定所需的 WebDriver 对象。在这个新方法中还创建一个 DesiredCapabilities 对象，并将其传递给 getWebDriverObject() 方法。

最后，对 getDriver() 方法进行调整以调用新的 instantiateDriver() 方法。另外需要注意的是，我们不会传递 WebDriver 对象，而是传递 RemoteWebDriver 对象，因为默认情况下所有驱动都继承自 RemoteWebDriver。

现在进行试验。首先，执行以下代码，观察一切是否正常运作。

```
mvn clean verify -Dthreads=2 -
Dwebdriver.gecko.driver=<PATH_TO_GECKODRIVER_BINARY>
```

这次的运行结果和上次的运行结果没有任何区别。接下来，观测异常处理的运行情况。

```
mvn clean verify -Dthreads=2 -Dbrowser=iJustMadeThisUp  -
Dwebdriver.gecko.driver=<PATH_TO_GECKODRIVER_BINARY>
```

再次运行的情况应该与之前运行的情况完全相同。因为找不到名为 IJUSTMADETHISUP 的枚举值，所以默认使用 FirefoxDriver。

最后，试试另一个浏览器。

```
mvn clean verify -Dthreads=2 -Dbrowser=chrome
```

运行该浏览器可能成功也可能失败，它会尝试启动 ChromeDriver，但如果你的系统上没有安装 Chrome 驱动程序可执行文件（默认值为$PATH），则可能会抛出异常，这说明它找不到 Chrome 驱动程序可执行文件。

要解决此问题，首先要下载 Chrome 驱动程序文件，然后使用-Dwebdriver.chrome. driver = <PATH_TO_CHROMEDRIVER_BINARY>来设定驱动程序文件的路径，就像之前对 geckodriver 所操作的那样。对于开发人员来说，这并没有使测试简易到开箱即用的程度。看起来我们还要更努力。

1.7　自动下载 WebDriver 二进制文件

前些年我曾遇到过这个问题，但在当时还没有使用 Maven 轻松获取驱动程序二进制文件的方法。对于这个问题，我没有找到一个完美的解决方案，所以当时我做了任何一个开源软件爱好者都会做的事情：写一个插件来解决这个问题。

该插件允许你指定一系列驱动程序二进制文件，这些文件将自动下载，同时不需要手动进行设置。这还意味着你可以强制指定要使用的驱动程序二进制文件的版本，从而消除因驱动程序二进制文件的版本差异而导致的各种偶发性问题，毕竟不同版的驱动程序二进制文件在不同计算机上的行为可能有所不同。

现在将使用该插件来完善当前项目，新的项目结构如下图所示。

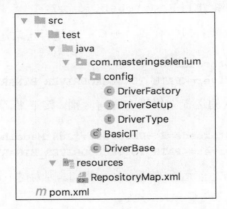

先从调整 POM 文件开始，我们将使用以下代码创建一些新属性，其中一个属性名为 `overwrite.binaries`，另一个属性用于设置插件的版本。

```
<properties>
    <project.build.sourceEncoding>UTF-
    8</project.build.sourceEncoding>
    <project.reporting.outputEncoding>UTF-
    8</project.reporting.outputEncoding>
    <java.version>1.8</java.version>
    <!-- Dependency versions -->
    <selenium.version>3.12.0</selenium.version>
    <testng.version>6.14.3</testng.version>
    <!-- Plugin versions -->
    <driver-binary-downloader-maven-plugin.version>1.0.17
```

```
</driver-binary-downloader-maven-plugin.version>
<maven-compiler-plugin.version>3.7.0
</maven-compiler-plugin.version>
<maven-failsafe-plugin.version>2.21.0
</maven-failsafe-plugin.version>
<!-- Configurable variables -->
<threads>1</threads>
<browser>firefox</browser>
<overwrite.binaries>false</overwrite.binaries>
</properties>
```

然后，使用以下代码添加 driver-binary-downloader 插件。

```
<plugin>
    <groupId>com.lazerycode.selenium</groupId>
    <artifactId>driver-binary-downloader-maven-plugin</artifactId>
    <version>${driver-binary-downloader-maven-plugin.version}
    </version>
    <configuration>
        <rootStandaloneServerDirectory>${project.basedir}
        /src/test/resources/selenium_standalone_binaries
        </rootStandaloneServerDirectory>
        <downloadedZipFileDirectory>${project.basedir}
        /src/test/resources/selenium_standalone_zips
        </downloadedZipFileDirectory>
        <customRepositoryMap>${project.basedir}
        /src/test/resources/RepositoryMap.xml
        </customRepositoryMap>
        <overwriteFilesThatExist>${overwrite.binaries}
        </overwriteFilesThatExist>
    </configuration>
    <executions>
        <execution>
            <goals>
                <goal>selenium</goal>
            </goals>
        </execution>
    </executions>
</plugin>
```

最后，使用以下代码在 maven-failsafe-plugin 配置中添加一些新的系统属性。

```
<plugin>
    <groupId>org.apache.maven.plugins</groupId>
```

```xml
<artifactId>maven-failsafe-plugin</artifactId>
<version>${maven-failsafe-plugin.version}</version>
<configuration>
    <parallel>methods</parallel>
    <threadCount>${threads}</threadCount>
    <systemPropertyVariables>
        <browser>${browser}</browser>
        <!--Set properties passed in by the driver binary
        downloader-->
        <webdriver.chrome.driver>${webdriver.chrome.driver}
        </webdriver.chrome.driver>
        <webdriver.ie.driver>${webdriver.ie.driver}
        </webdriver.ie.driver>
        <webdriver.opera.driver>${webdriver.opera.driver}
        </webdriver.opera.driver>
        <webdriver.gecko.driver>${webdriver.gecko.driver}
        </webdriver.gecko.driver>
        <webdriver.edge.driver>${webdriver.edge.driver}
        </webdriver.edge.driver>
    </systemPropertyVariables>
</configuration>
<executions>
    <execution>
        <goals>
            <goal>integration-test</goal>
            <goal>verify</goal>
        </goals>
    </execution>
</executions>
</plugin>
```

默认情况下，插件在 TEST_COMPILE 阶段运行。它在 pom.xml 文件中的顺序无关紧要，因为在此阶段不会有任何实际运行的测试。新增的 overwrite.binaries 属性用来设置 driver-binary-downloadermaven-plugin 配置下的 overwriteFilesThatExist 选项的值。默认情况下，它不会覆盖已存在的文件。如果我们一定要下载新的文件版本或刷新现有的文件，它为我们提供了另一个选择，可以让插件强制覆盖现有文件。

另外两项配置用于指定文件路径。downloadedZipFileDirectory 用于指定将驱动程序二进制文件的 Zip 包下载到何处，rootStandaloneServerDirectory 用于指定将驱动程序二进制文件解压到何处。

接下来，我们将使用 customRepositoryMap 配置，令其指向 customRepositoryMap.

xml 文件。customRepositoryMap.xml 文件用于存放所有驱动程序二进制文件的下载
路径。

最后，向 maven-failsafe-plugin 中添加了一些系统属性变量，以便在下载文件
后提供这些文件的路径。driver-binarydownloader-maven-plugin 将设置一个
Maven 变量，以指向所下载文件的路径。即使用来设置系统属性的变量并不存在，也是可
行的。

这就是一个比较精妙的地方，我们已经设置过系统属性，**Selenium** 将自动使用这些属
性来查找驱动程序二进制文件的路径。这意味着我们无须再添加任何额外代码来使其生效。

现在需要创建 RepositoryMap.xml 文件来设定驱动文件的下载路径，同时还需要
创建一个在之前未曾使用的文件夹 "src/test/resources"。下方的代码创建了一个基
本的 RepositoryMap.xml 文件，并指定了驱动文件的默认下载路径。

```xml
<?xml version="1.0" encoding="utf-8" standalone="yes"?>
<root>
    <windows>
        <driver id="internetexplorer">
            <version id="3.9.0">
                <bitrate sixtyfourbit="true">
                    <filelocation>http://selenium-
                    release.storage.googleapis.com/3.9/
                    IEDriverServer_x64_3.9.0.zip</filelocation>
                    <hash>c9f885b6a339f3f0039d670a23f998868f539e65
                    </hash>
                    <hashtype>sha1</hashtype>
                </bitrate>
                <bitrate thirtytwobit="true">
                    <filelocation>http://selenium-
                    release.storage.googleapis.com/3.9/
                    IEDriverServer_Win32_3.9.0.zip</filelocation>
                    <hash>dab42d7419599dd311d4fba424398fba2f20e883
                    </hash>
                    <hashtype>sha1</hashtype>
                </bitrate>
            </version>
        </driver>
        <driver id="edge">
            <version id="5.16299">
                <bitrate sixtyfourbit="true" thirtytwobit="true">
                    <filelocation>https://download.microsoft.com/
```

```
                         download/D/4/1/D417998A-58EE-4EFE-A7CC-
                         39EF9E020768/MicrosoftWebDriver.exe
                         </filelocation>
                         <hash>60c4b6d859ee868ba5aa29c1e5bfa892358e3f96
                         </hash>
                         <hashtype>sha1</hashtype>
                    </bitrate>
               </version>
          </driver>
          <driver id="googlechrome">
               <version id="2.37">
                    <bitrate thirtytwobit="true" sixtyfourbit="true">
                         <filelocation>
                         https://chromedriver.storage.googleapis.com/
                         2.37/chromedriver_win32.zip</filelocation>
                         <hash>fe708aac4eeb919a4ce26cf4aa52a2dacc666a2f
                         </hash>
                         <hashtype>sha1</hashtype>
                    </bitrate>
               </version>
          </driver>
          <driver id="operachromium">
               <version id="2.35">
                    <bitrate sixtyfourbit="true">
                         <filelocation>https://github.com/operasoftware
                         /operachromiumdriver/releases/download/v.2.35
                         /operadriver_win64.zip</filelocation>
                         <hash>180a876f40dbc9734ebb81a3b6f2be35cadaf0cc
                         </hash>
                         <hashtype>sha1</hashtype>
                    </bitrate>
                    <bitrate thirtytwobit="true">
                         <filelocation>https://github.com/operasoftware/
                         operachromiumdriver/releases/download/v.2.35/
                         operadriver_win32.zip</filelocation>
                         <hash>55d43156716d7d1021733c2825e99896fea73815
                         </hash>
                         <hashtype>sha1</hashtype>
                    </bitrate>
               </version>
          </driver>
          <driver id="marionette">
               <version id="0.20.0">
```

```xml
                    <bitrate sixtyfourbit="true">
                        <filelocation>
                        https://github.com/mozilla/geckodriver/
                        releases/download/v0.20.0/
                        geckodriver-v0.20.0-win64.zip</filelocation>
                        <hash>e96a24cf4147d6571449bdd279be65a5e773ba4c
                        </hash>
                        <hashtype>sha1</hashtype>
                    </bitrate>
                    <bitrate thirtytwobit="true">
                        <filelocation>
                        https://github.com/mozilla/geckodriver/
                        releases/download/v0.20.0/geckodriver-v0.20.0-
                        win32.zip</filelocation>
                        <hash>9aa5bbdc68acc93c244a7ba5111a3858d8cbc41d
                        </hash>
                        <hashtype>sha1</hashtype>
                    </bitrate>
                </version>
            </driver>
    </windows>
    <linux>
        <driver id="googlechrome">
            <version id="2.37">
                    <bitrate sixtyfourbit="true">
                        <filelocation>https://chromedriver.storage.googl
                        eapis.com/2.37/
                        chromedriver_linux64.zip</filelocation>
                        <hash>b8515d09bb2d533ca3b85174c85cac1e062d04c6
                        </hash>
                        <hashtype>sha1</hashtype>
                    </bitrate>
            </version>
        </driver>
        <driver id="operachromium">
            <version id="2.35">
                    <bitrate sixtyfourbit="true">
                        <filelocation>
                        https://github.com/operasoftware/
                        operachromiumdriver/releases/download/
                        v.2.35/operadriver_linux64.zip</filelocation>
                        <hash>
                        f75845a7e37e4c1a58c61677a2d6766477a4ced2
```

```
            </hash>
            <hashtype>sha1</hashtype>
        </bitrate>
    </version>
</driver>
<driver id="marionette">
    <version id="0.20.0">
        <bitrate sixtyfourbit="true">
            <filelocation>
            https://github.com/mozilla/geckodriver/
            releases/download/v0.20.0/geckodriver-v0.20.0-
            linux64.tar.gz</filelocation>
            <hash>
            e23a6ae18bec896afe00e445e0152fba9ed92007
            </hash>
            <hashtype>sha1</hashtype>
        </bitrate>
        <bitrate thirtytwobit="true">
            <filelocation>
            https://github.com/mozilla/geckodriver/
            releases/download/v0.20.0/geckodriver-v0.20.0-
            linux32.tar.gz</filelocation>
            <hash>
            c80eb7a07ae3fe6eef2f52855007939c4b655a4c
            </hash>
            <hashtype>sha1</hashtype>
        </bitrate>
        <bitrate arm="true">
            <filelocation>
            https://github.com/mozilla/geckodriver/
            releases/download/v0.20.0/geckodriver-v0.20.0-
            arm7hf.tar.gz</filelocation>
            <hash>
            2776db97a330c38bb426034d414a01c7bf19cc94
            </hash>
            <hashtype>sha1</hashtype>
        </bitrate>
    </version>
</driver>
</linux>
<osx>
    <driver id="googlechrome">
        <version id="2.37">
```

```
                    <bitrate sixtyfourbit="true">
                        <filelocation>
                        https://chromedriver.storage.googleapis.com/
                        2.37/chromedriver_mac64.zip</filelocation>
                        <hash>
                        714e7abb1a7aeea9a8997b64a356a44fb48f5ef4
                        </hash>
                        <hashtype>sha1</hashtype>
                    </bitrate>
                </version>
            </driver>
            <driver id="operachromium">
                <version id="2.35">
                    <bitrate sixtyfourbit="true">
                        <filelocation>
                        https://github.com/operasoftware/
                        operachromiumdriver/releases/download/v.2.35/
                        operadriver_mac64.zip</filelocation>
                        <hash>
                        66a88c856b55f6c89ff5d125760d920e0d4db6ff
                        </hash>
                        <hashtype>sha1</hashtype>
                    </bitrate>
                </version>
            </driver>
            <driver id="marionette">
                <version id="0.20.0">
                    <bitrate thirtytwobit="true" sixtyfourbit="true">
                        <filelocation>
                        https://github.com/mozilla/geckodriver/
                        releases/download/v0.20.0/geckodriver-v0.20.0-
                        macos.tar.gz</filelocation>
                        <hash>
                        87a63f8adc2767332f2eadb24dedff982ac4f902
                      </hash>
                        <hashtype>sha1</hashtype>
                    </bitrate>
                </version>
            </driver>
        </osx>
    </root>
```

这个文件比较大，通过键盘录入这些内容比较麻烦，更简便的办法是从 GitHub 官网上查看最新版本的 driver-binary-downloader 的 README.md 文件，复制并粘贴其内容。请访问 GitHub 官方网站，在搜索栏输入 selenium-standalone-server-plugin 进行搜索，在搜索结果中选择 Ardesco/selenium-standalone-server-plugin 进入项目页面，然后单击 README.md 并查阅该文件。

如果你所在的公司网络禁止访问外网，那么可以先下载文件，然后将它们放在本地文件服务器上。接下来只要更新 RepositoryMap.xml，使其指向本地文件服务器即可，而不用通过 Internet 下载。这为你提供了极大的灵活性。

再次运行项目，检查一切是否正常运作。首先，执行以下代码。

```
mvn clean verify -Dthreads=2
```

你会发现一切都能正常运行，即使我们并没有在命令行上对 webdriver.gecko.driver 系统属性进行实际的设置。接下来看看选择 chrome 时是否依然能正确运行，请执行以下代码。

```
mvn clean verify -Dthreads=2 -Dbrowser=chrome
```

这一次打开的不再是 Firefox 浏览器，而会同时打开两个 Chrome 浏览器。你也许还会注意到，在上一次运行时，由于要下载一系列驱动文件，因此其运行速度可能会因此减缓。因为这一次这些文件已经下载过了，所以仅验证了它们是否存在，测试的运行速度将会更快。我们也无须设置任何系统属性，先前已经在 POM 文件中进行了插件配置，一切将自动完成。

现在，我们可以让任何人都访问这些代码，只需要签出并运行代码，测试就会正常运行。

1.8　后台模式

因为后台模式似乎已经火热了很长一段时间了，所以我们看看如何在这个不断完善的框架中添加对后台浏览器的支持。

实际上，这项改动相对比较容易。首先，修改 POM 文件。使用以下代码添加<headless>属性（这里会将其设置为 true，假设你总是希望在后台模式下开始运行）。

```xml
<properties>
    <project.build.sourceEncoding>UTF-
    8</project.build.sourceEncoding>
    <project.reporting.outputEncoding>UTF-
    8</project.reporting.outputEncoding>
    <java.version>1.8</java.version>
    <!-- Dependency versions -->
    <selenium.version>3.12.0</selenium.version>
    <testng.version>6.14.3</testng.version>
    <!-- Plugin versions -->
    <driver-binary-downloader-maven-plugin.version>1.0.17
    </driver-binary-downloader-maven-plugin.version>
    <maven-compiler-plugin.version>3.7.0
    </maven-compiler-plugin.version>
    <maven-failsafe-plugin.version>2.21.0
    </maven-failsafe-plugin.version>
    <!-- Configurable variables -->
    <threads>1</threads>
    <browser>firefox</browser>
    <overwrite.binaries>false</overwrite.binaries>
    <headless>true</headless>
</properties>
```

然后，将其传入 maven-failsafe-plugin。

```xml
<plugin>
    <groupId>org.apache.maven.plugins</groupId>
    <artifactId>maven-failsafe-plugin</artifactId>
    <version>${maven-failsafe-plugin.version}</version>
    <configuration>
        <parallel>methods</parallel>
        <threadCount>${threads}</threadCount>
        <systemPropertyVariables>
            <browser>${browser}</browser>
            <headless>${headless}</headless>
            <!--Set properties passed in by the driver binary downloader-->
            <webdriver.chrome.driver>${webdriver.chrome.driver}
            </webdriver.chrome.driver>
            <webdriver.ie.driver>${webdriver.ie.driver}
            </webdriver.ie.driver>
            <webdriver.opera.driver>${webdriver.opera.driver}
            </webdriver.opera.driver>
            <webdriver.gecko.driver>${webdriver.gecko.driver}
            </webdriver.gecko.driver>
```

```
            <webdriver.edge.driver>${webdriver.edge.driver}
            </webdriver.edge.driver>
        </systemPropertyVariables>
    </configuration>
    <executions>
        <execution>
            <goals>
                <goal>integration-test</goal>
                <goal>verify</goal>
            </goals>
        </execution>
    </executions>
</plugin>
```

最后，将更新 DriverType 枚举，以读取新系统属性 "headless"，并将其应用于 CHROME 和 FIREFOX 中，代码如下。

```
package com.masteringselenium.config;

import org.openqa.selenium.chrome.ChromeDriver;
import org.openqa.selenium.chrome.ChromeOptions;
import org.openqa.selenium.edge.EdgeDriver;
import org.openqa.selenium.edge.EdgeOptions;
import org.openqa.selenium.firefox.FirefoxDriver;
import org.openqa.selenium.firefox.FirefoxOptions;
import org.openqa.selenium.ie.InternetExplorerDriver;
import org.openqa.selenium.ie.InternetExplorerOptions;
import org.openqa.selenium.opera.OperaDriver;
import org.openqa.selenium.opera.OperaOptions;
import org.openqa.selenium.remote.CapabilityType;
import org.openqa.selenium.remote.DesiredCapabilities;
import org.openqa.selenium.remote.RemoteWebDriver;
import org.openqa.selenium.safari.SafariDriver;
import org.openqa.selenium.safari.SafariOptions;

import java.util.HashMap;

public enum DriverType implements DriverSetup {

    FIREFOX {
        public RemoteWebDriver getWebDriverObject
        (DesiredCapabilities capabilities) {
            FirefoxOptions options = new FirefoxOptions();
            options.merge(capabilities);
```

```
                options.setHeadless(HEADLESS);

                return new FirefoxDriver(options);
            }
        },
        CHROME {
            public RemoteWebDriver getWebDriverObject
            (DesiredCapabilities capabilities) {
                HashMap<String, Object> chromePreferences =
                new HashMap<>();
                chromePreferences.put("profile.password_manager_enabled"
                , false);

                ChromeOptions options = new ChromeOptions();
                options.merge(capabilities);
                options.setHeadless(HEADLESS);
                options.addArguments("--no-default-browser-check");
                options.setExperimentalOption("prefs",
                chromePreferences);

                return new ChromeDriver(options);
            }
        },
        IE {
            public RemoteWebDriver getWebDriverObject
            (DesiredCapabilities capabilities) {
                InternetExplorerOptions options = new
                InternetExplorerOptions();
                options.merge(capabilities);
                options.setCapability(CapabilityType.ForSeleniumServer.
                ENSURING_CLEAN_SESSION, true);
                options.setCapability(InternetExplorerDriver.
                ENABLE_PERSISTENT_HOVERING, true);
                options.setCapability(InternetExplorerDriver.
                REQUIRE_WINDOW_FOCUS, true);

                return new InternetExplorerDriver(options);
            }
        },
        EDGE {
            public RemoteWebDriver
            getWebDriverObject(DesiredCapabilities
            capabilities) {
                EdgeOptions options = new EdgeOptions();
```

```
                options.merge(capabilities);

                return new EdgeDriver(options);
            }
        },
        SAFARI {
            public RemoteWebDriver getWebDriverObject
            (DesiredCapabilities capabilities) {
                SafariOptions options = new SafariOptions();
                options.merge(capabilities);
                return new SafariDriver(options);
            }
        },
        OPERA {
            public RemoteWebDriver getWebDriverObject
            (DesiredCapabilities capabilities) {
                OperaOptions options = new OperaOptions();
                options.merge(capabilities);

                return new OperaDriver(options);
            }
        };

        public final static boolean HEADLESS =
        Boolean.getBoolean("headless");
    }
```

现在用与之前完全相同的方式来运行项目。

```
mvn clean verify -Dthreads=2
```

测试再次启动，但这一次不会看到任何浏览器窗口弹出。一切都会像之前一样正常运行，测试如同预期的那样通过了。如果你想让浏览器窗口再次弹出，可以设置 headless 为 false。

```
mvn clean verify -Dthreads=2 -Dheadless=false
```

GhostDriver 的现状

你可能已经发现，本节一直没有提及 GhostDriver 或 PhantomJS，这是因为 PhantomJS 不再处于主动开发状态，而 GhostDriver 不再拥有核心维护人员。PhantomJS 仍然可用，而且可能依然能让 GhostDriver 启动并运行。然而，用它们进行测试，会存在一些问题。

- 其渲染引擎已经过时（QTWebkit 的旧版本）。

- 其 JavaScript 引擎并未在任何主流浏览器中使用。

- 其工具并不是完全线程安全的。

随着 ChromeDriver 和 FirefoxDriver 相继发布了支持后台模式的版本，继续使用 PhantomJS 就不再有意义了。在 PhantomJS 的鼎盛时期，它曾是非常强大的工具，但现在它已不再是使用 Selenium 的有效工具了。

1.9 总结

本章讲解了如何使用 Maven 设置一个基本项目，下载依赖项，配置类路径以及构建代码。你将能够在 TestNG 中通过同一浏览器的多个实例并行运行测试，以及使用 Maven 插件自动下载驱动程序文件，使测试代码便于使用。你已了解如何在测试中使用合适的线程数，以及在必要时重写该数目。最后，你学会了如何在后台模式下运行 Firefox 和 Chrome 浏览器，这样就可以在本地不间断运行测试，而无须在 CI 服务器上使用桌面环境来运行。

下一章将讲述当测试出错时的处理方式，并展示如何在多个测试同时运行的情况下对问题进行跟踪。

第 2 章
如何正确处理失败的测试

为了使工作更加顺利，本章将介绍测试失败时的处理方式。本章探讨的主题如下。

- 应该将测试放于何处，以及原因。

- 测试的可靠性。

- 强制测试定期运行的方法。

- 持续集成和持续交付。

- 为了使上一章中创建的项目可以在 Selenium-Grid 上运行，扩展该项目的方法。

- 诊断测试中的问题的方法。

2.1 测试代码的位置

许多公司仍设有分立的测试和开发团队，这显然不是一个理想的状况，因为测试团队通常无法完全了解开发团队正在构建的东西。如果该测试团队的任务是在 Web 前端编写自动化功能测试，则会面临更多额外的挑战。

问题在于，测试团队的进展通常落后于开发团队，落后程度取决于开发团队发布的频率。比开发团队究竟落后了多少并不是关键，而是一旦处于落后状态，就只能一直追赶。一旦玩起了追赶竞赛，就只能不断更新脚本，使它们能够与最新的软件版本一同工作。

有人可能会将"修复脚本使其支持新功能"这一行为称为重构。这是错误的。重构是指重新写代码，使其更简洁、更高效。而实际代码（或者测试脚本）的功能不会改变。如果对代码的功能进行了更改，那么就不能称为重构。

虽然保持脚本不断更新并不一定是件坏事，但每当有新版本代码发布时，都中断测试就非常糟糕了。如果这些测试总是无缘无故地罢工，测试人员就不会再信任它们。当他们看到构建失败时，会下意识地认为这是由测试导致的其他问题，而不是当前被测试的 Web 应用程序的问题。

我们需要找到一种方法来避免测试总是毫无原因地失败。从一些不太容易引发争议的事情开始：先确保测试代码始终与应用程序代码位于同一个代码库中。

这样有何帮助？

如果测试代码与应用程序代码位于同一个库中，那么所有开发人员都可以访问它。在上一章中，我们了解了如何使开发人员易于签出并运行测试。如果我们能确保测试代码与应用程序代码位于相同的代码库中，也就确保了该应用程序的开发人员将自动复制测试代码。这意味着，你现在只需要给开发人员提供一条可执行命令，他们就能利用这些本地代码运行测试，并查看是否有 Bug。

将测试代码放在与应用程序代码相同的库中，还有另一个好处：开发人员可以完全访问这些测试代码。他们可以了解测试代码工作原理，并在更改应用程序功能的同时更改测试。理想的情况是，开发人员对系统所进行的每一次更改也会导致测试的更改，以保持它们的同步。这样，下一次发布应用程序时，测试就不会无缘无故地失败，测试也不再仅局限于进行自动回归检查了。它们将转变为实时文档，而这个实时文档属于整个团队，可以由整个团队更新，使其始终能描述当前版本的应用程序是如何工作的。

2.2　测试是一种实时文档

"实时文档"代表什么意思？随着应用程序的不断构建，需要不断编写自动化测试以确保它能满足特定的标准。而这些测试有许多不同的形式和大小，从单元测试到集成测试，以及端到端功能测试等。在某种程度上所有的测试都是在描述应用程序如何工作的。不得不承认，这听起来就像文档一样。

这个文档可能并不完美，但这无法反驳它成为文档的事实。假设某个应用程序拥有一些单元测试，可能还拥有一些写得很烂的端到端测试。这如同在外国买入的某个廉价电子产品的文档一样。它附带一本手册，里面多半会有一小部分写得很烂的英文说明，讲的内容也不够详细。这很可能因为它最初就是为国内市场生产的，从来没有打算要出口到国外。配套的许多文档都是用一种你根本看不懂的语言书写的，但这对说那种语言的人很实用。这并不意味着产品不好，只是在遇到问题时很难处理。大多数情况下，可以在不使用手册的情况下解决问题。但如果问题很复杂，你可能要找一个会说当地语言的人或者知道产品是如何工作的人，让他们解释给你听。

当将测试作为一种实时文档进行讨论时，在不同的测试阶段，它是适用于不同人群的文档。单元测试本质上是技术性很强的内容，详尽地解释了系统的各个部分是如何工作的。如果你把它和电子产品的说明书进行比较，单元测试就像是附录中的技术规格，提供了绝大部分消费者都不关心的许多深度信息。集成测试就像是说明如何将你的电子设备与其他电子设备相连的那部分手册。如果你需要将一个电子设备连接到另一个电子设备，这些说明将非常实用，但如果你没这个打算，则可能就不太关心这些。最后，功能性端到端测试也是文档的一部分，它们用于实际讲述如何使用该设备，这是普通用户阅读得最多的那部分手册（他们可不关心技术细节）。

我认为在编写自动化测试时，最重要的事情之一是确保它们是优质的文档。这意味着你应描述被测试应用程序的所有部分是如何工作的。或者，换句话说，它应拥有高级别的测试覆盖率。不过，最难的部分是让那些不懂技术的人也能理解这些测试。这就是领域特定语言（domain-specific language，DSL）的用武之地，你可以将测试的内部工作原理隐含在人们能够理解的语言中。好的测试就像优质的文档，如果它们确实很好，则会用清晰易懂的语言来描述事物，而读者也无须从任何地方寻求帮助；另一方面，糟糕的测试就像是从另一种语言翻译过来的指令，无论好坏，它们都有意义。

那么，为什么它是实时文档，而不只是普通文档呢？因为每当被测试的应用程序发生变化时，自动化测试也会随之改变。它们随着产品的发展而发展，并继续解释它在当前状态下是如何工作的。如果构建通过，这些文档将继续描述系统当前的工作方式。

不要仅把自动化测试看作回归测试，回归测试只用来检查功能是否有改变，应将自动化测试看作描述产品工作方式的实时文档。如果有人来问你某样东西是如何工作的，最好能给他们看一个能解答这些问题的测试。如果做不到这一点，那么这些文档是不完善的。

那么什么时候做回归测试？答案是不做回归测试。我们不需要回归测试阶段，这些测试文档会实时讲述产品是如何工作的。当产品的功能发生变化时，测试就会更新，告诉我们最新功能如何工作。而旧功能的现有文档不会改变，除非其功能发生了变化。

测试文档同时涵盖了回归部分和新功能部分。

2.3 测试的可靠性

对于自动化测试来说，测试的可靠性是极为关键的一部分。如果测试不可靠，那么它们将不受信任，这将产生深远的影响。我相信测试人员都曾在这样的环境中工作过，因为种种原因，导致测试可靠性一直很差。我们看看下面两种场景。

2.3.1 孤立的自动化团队

测试不可靠的一个常见原因是设立了专门的测试自动化团队，且该团队与应用程序开发团队是分开的。应尽量避免这种情况，因为自动化测试团队只能不断追赶。开发团队会不断推出需要进行自动化测试的新特性，但自动化测试团队根本不知道接下来会发生什么。通常，当测试中断时，他们才知道现有特性已经变了。除了补救性修复测试之外，他们还要搞清楚新功能是什么，了解新功能是否按照预期运行。

这通常会引发一种现象，测试管理者会意识到他们没有足够的时间来做完所有的事情，便会寻求减轻工作压力的方法，于是便进行了"仔细权衡"。

- 是否优先修复当前失败的测试，暂缓新自动化测试的开发，同时临时编写一些手工回归脚本来填补空缺？

- 是否两头兼顾一把抓，既花时间修复旧测试，又编写新的测试（但无法真正做完其中任何一项任务）？

- 是否继续实现新功能的自动化，同时默许某些旧测试将会失败的现状？

在这种情况下，通常会听到这种建议：是时候降低自动化测试的通过标准了。"只要95%的自动化测试通过，就应该没问题，我们已经达到了很高的覆盖率，那5%的失败可能是由于系统变更所导致的，我们暂时没有时间去处理它们。"一开始人们都很高兴，他们继续进行自动化的工作，确保95%的测试都通过，但是很快通过率就会降到95%以下。几周后，他们做出了一个务实的决定，将通过标准降低到90%，然后是85%，接着是80%。不知不觉中，失败已经遍布测试，你已经无法分辨应用程序中的哪些故障是合理的问题，哪些是预期的故障，哪些是间歇性故障。

当测试失败得一塌糊涂时，不会再有人关注它正确与否，他们只会讨论那个神奇的测试通过率——80%：这已经是一个很高的数字了，如果这么多测试已经通过，那说明产品还是合格的，不是吗？如果测试通过率低于 80%，则要调整一些失败的测试，让它们通过。这通常是轻而易举的事情，毕竟这时已经腾不出时间去解决那些真正棘手的问题了。

我不想打击他们，但如果事情已经发展到这个程度，那么自动化测试肯定是失败的了，没有人会信任这些测试。不要只看 80% 这个数字，需要看到问题的另一面：有 20% 的网站功能没有按照预期工作，而你连为什么都不知道！难道要阻止开发人员编写新代码，才能解决当前所处的混乱局面吗？到底是如何变成这样的？正是因为他们觉得测试可靠性无关紧要，这项失误才会造成如此严重的后果。

2.3.2 时好时坏的测试

不论是在孤立的自动化团队中，还是在团队成员一块工作的混合团队中，都可能出现这种场景。你可能曾经见过这种不完全可靠的自动化测试，它就是偶尔会无缘无故地失败、时好时坏的那种测试。因为有人可能检查过并且找不出失败的原因，所以测试人员都忽略它。现在每当它再度失败时，就有人说："又是那个时好时坏的测试，别管它，它很快就会变绿的。"

> 时好时坏的测试是指在没有明显原因的情况下偶发性地失败并且之后再次运行又会通过的测试。这种测试有着五花八门的称呼，包括易碎测试、随机失败、不稳定测试，或者公司内部特有的其他名称。

现在真正的问题是：测试不会无缘无故地时好时坏。这个测试拼命地想告诉测试人员一些事情，而测试人员却选择忽略。它想表达什么？除非深入挖掘其失败原因，否则将无从得知，能看到的只是冰山的一角。引起问题的可能性很多，下面列举了一些。

- 测试所检查的内容并不是你想象的那样。

- 测试可能写得很糟。

- 被测试的应用程序中可能存在间歇性错误（例如，可能存在某种可引发问题的竞态条件，但还没有人识别出来）。

- 日期/时间的实现方式可能有一些问题，而且只有在特定日期下，才会触发有误的那部分，从而引发测试出错（众所周知，日期/时间的实现很难处理，也是导致许多系统出现 Bug 的原因）。

- 网络存在问题，例如，是否有代理妨碍了测试？

当测试出现时好时坏的情况时，测试人员尚不清楚问题出在哪里，但是关键在于绝不能自欺欺人——它就是有问题。如果你不解决它，时机一到，会有更多麻烦。

假设你有一个正在测试的软件，其功能是交易股票，因为公司必须在竞争中处于优势地位，所以每天都要发布新版本。而从一开始就有一个时好时坏的测试，有人曾对其进行了检查，结果未发现任何代码问题，仅是测试不可靠而已。于是测试人员默许了这种情况，现在只在它标红时快速进行手工检查。现在又有一段新代码签入，那个本就不稳定的测试再次标红，不过人们已经对这条测试的时好时坏的情况习以为常，于是快速执行了手工测试：看起来一切都正常，所以再次忽略了它。发布继续进行，但很快出现了问题：交易软件突然开始在应该买进的时候卖出，在应该卖出的时候买进。未及时发现该问题，因为软件已经通过测试，所以不应该出现问题。一小时以后，一切都乱套了，这个软件误清了所有仓位，又买进了一堆垃圾股。短短一小时里，公司已经损失了一半的市值，怎么做都无力回天了。于是大家开始调查原因，这次发现这个时好时坏的测试并非无缘无故地失败，它确实出了问题，但该问题在执行快速手工检查时并不明显。接下来所有的目光都转向你：你是这些代码的检验人，理应阻止这轮发布，责任是推卸不掉的。要是那条邪恶的测试从一开始就没有时好时坏该多好。

之前的场景示例比较夸张，但希望你能明白这一点：时好时坏的测试是危险的，不应该置之不理。

理想情况下，我们应该处于这样一种状态：每当有测试失败时，都意味着对系统进行了未归档的更改。对于未归档的更改，我们应该怎么办？这取决于是不是有意要进行更改。如果不希望进行修改，则回滚；如果确实要进行更改，则更新文档（也就是自动化测试）来支持它。

2.4 增强测试的可靠性

如何才能加强测试可靠性，确保各项更改尽早发现？

我们可以要求开发人员在每次推送代码前运行测试，但有时他们会忘记这回事，也可能根本没忘，只是感觉当前更改的内容比较少，似乎不值得对如此小的更改进行完整的测试。（你是否曾听到有人说过"就只是几句 CSS 更改而已……"？）请确保在每次将代码推送到中央源码库之前，都必须运行测试且通过测试，纪律至上。

如果团队不守纪律怎么办？如果仍然提交了很容易发现的错误，甚至已经明文规定过在向中央库推送代码之前必须运行测试，结果还没起作用，又该怎么办呢？如果实在找不到其他可行的办法，我们还可以与开发人员商讨，强制执行下述规定。

这其实非常简单：大多数**源码管理**（Source Code Management，SCM）系统都支持钩子。当使用特定 SCM 方法时，将自动触发操作。我们看看如何在一些最常用的 SCM 系统中实现钩子。

2.4.1 Git

首先，需要复制一个项目。如果你愿意，可以在 GitHub 上创建一个全新项目用于复制。将第 1 章中编写的代码存放到该项目库中来进行实验，不失为一个好主意。

一旦从 GitHub 上复制了某个项目，下一步就是切换到 SCM 根文件夹。Git 创建了一个名为 .git 的隐藏文件夹，用于保存关于项目的所有信息，Git 需要这些信息来工作。接下来切换到该文件夹，然后通过以下代码切换到 hooks 子文件夹。

cd .git/hooks

Git 有一系列预定义的钩子名称。无论何时，一旦执行了 Git 命令，Git 都将在 hooks 文件夹中查找是否有文件与预定义的钩子名匹配，这些钩子将作为该命令的结果触发。如果有匹配的文件，Git 将运行它们。在将代码推送到 Git 之前，我们要确保构建项目并运行所有测试。为此，添加一个名为 pre-push 的文件。添加 pre-push 文件后，在该文件中填入以下代码。

```
#!/usr/bin/env bash
mvn clean install
```

现在，每当使用 git push 命令时，都会触发这个钩子。

> 关于 Git 钩子，有一点需要注意：钩子对于每个用户都是独有的，它们不受推送或拉取的库的控制。如果你想给使用代码库的开发人员自动安装钩子，则需要想其他办法。例如，编写一个脚本，该脚本的执行将作为构建的一部分，用于将钩子文件复制到 .git/hooks 文件夹中。

理论上还可以添加一个 pre-commit 钩子，但我们并不关心代码是否能在开发人员的本地计算机上工作（他们可能正在进行某项更改，但只改到一半，仅仅提交代码防止丢失）。我们真正关心的是，当代码被推送到中央源码库时，它能正常运行。

> 如果你是 Windows 用户，可能会翻阅之前提到的代码，并认为它和*nix 系统上的代码非常相似。不用担心——Windows 版的 Git 会安装 Git bash，用于解释这些脚本，所以它也可以在 Windows 系统上工作。

2.4.2　Subversion

Subversion（SVN）钩子稍微复杂一些，这一定程度上取决于系统配置。钩子存储在 svn 库中一个名为 hooks 的子文件夹中。与 Git 一样，它们需要命名为特定的名称（SVN 手册中提供了完整的名称列表）。基于我们的目标，我们只对 pre-commit 钩子感兴趣。先从一个基于*nix 的环境开始。首先，需要创建一个名为 pre-commit 的文件。然后，在其中填入以下代码。

```
#!/usr/bin/env bash
mvn clean verify
```

如你所见，它看起来与 Git 钩子脚本基本相同，但是这可能有些问题。SVN 钩子是在一个空环境中运行的，因此，如果你通过环境变量使 mvn 成为一个可识别的命令，那么它可能无法正常工作。如果/usr/bin 或/usr/local/bin/中带符号链接，则应该没问题；如果没有，则可能需要为 mvn 命令指定一个绝对文件路径。

现在，还需要让这个钩子适用于 Windows 用户。方法类似，但是由于在不同操作系统中 SVN 查找的文件也不相同，因此这次文件需要命名为 pre-commit.bat。

```
mvn clean verify
```

文件的内容和*nix 的实现相似，只是不再需要 bash 的 shebang 符号（也就是#!）。由于 Windows 也存在同样的空环境问题，因此，你可能要再次提供安装 Maven 的绝对路径。希望用 Windows 系统进行开发的用户都把 Maven 安装在同一个地方。

> 请注意，这种钩子并非绝对可靠。如果你忘记在自己的计算机上提交本地更改，这些测试可能会通过，但是当你将代码推送到中央源码库时，部分更改将会丢失。如果此时其他人运行了最新版本的代码，则可能会构建失败。与所有办法一样，这不是一颗银弹，但肯定会有所帮助。

现在，我们已经能确保在推送代码至中央源码库之前运行测试，这样便可以捕获绝大多数错误，但事情仍不算完美，某个开发人员可能忘记提交代码更改。在这种情况下，测试将在其本地计算机上运行并通过，但是源码控制中将缺少某个能使更改正常工作的重要文件。这是"在我的计算机上测试正常运行"的问题的原因之一。

即便提交了所有文件并测试通过，但开发人员的机器环境与部署代码的生产环境可能完全不同。这是"在我的计算机上测试正常运行"的问题的主要原因。

尽管我们都已尽力确保一切正常，但如何才能进一步降低这些风险，并确保在出现问题时能够迅速发现问题的根源？

2.5　关键在于持续集成

那些只在开发用的计算机上构建代码和执行测试时才可能遇到的问题，通过持续集成这种办法能得以有效解决。持续集成服务器会持续监视源码库，每当检测到有变化时，将会触发一系列操作。第一个操作是构建代码，在构建代码时运行所有可用的测试（通常是单元测试），然后创建一个可部署的工件。接着，该工件通常将部署到作为实时环境副本的服务器上。一旦代码部署到服务器，就会在服务器上执行剩余的测试，以确保一切正常。如果它没有按照预期工作，构建就会失败，开发团队将收到通知，接着便要修复问题。需要注意的是，我们只构建了一次工件。如果需要多次重新进行构建，则每次测试的工件可能是不同的（比如，可能是用不同版本的 Java 构建的，也可能是它应用了不同的属性，也可能是其他状况）。

通过持续集成，我们寻求的工作流程如下图所示。

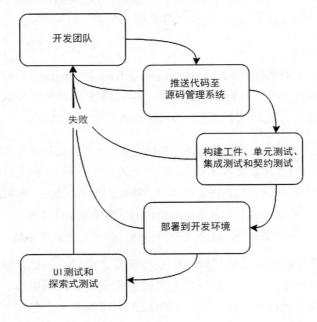

大多数持续集成系统还具有大型的可视化仪表，以便人们随时了解构建的状态。如果屏幕标出红色，应暂停手上的事情，尽快修复问题。

我们看看在持续集成服务器上运行测试有多么容易。接下来讲述的并不是持续集成全部功能的设置，只讲一讲我们使用的那部分，用于运行目前所建立的测试。

我们要做的第一件事是设定 Maven 配置文件，以便把 Selenium 测试与构建的其他部分隔离开来，这样就可以将其放在持续集成服务器上独立的 UI 测试块中。对 POM 的更改非常简单，只需要用一个 profile 代码段把<build>和<dependencies>代码段包装起来。代码如下。

```
<profiles>
    <profile>
        <id>selenium</id>
        <activation>
            <activeByDefault>true</activeByDefault>
        </activation>
        <build>
            <plugins>
                <plugin>
                    <groupId>com.lazerycode.selenium</groupId>
                    <artifactId>driver-binary-downloader-maven-
                    plugin</artifactId>
                    <version>${driver-binary-downloader-maven-
                    plugin.version}</version>
                    <configuration>
                        <rootStandaloneServerDirectory>
                        ${project.basedir}/src/test/
                        resources/selenium_standalone_binaries
                        </rootStandaloneServerDirectory>
                        <downloadedZipFileDirectory>
                        ${project.basedir}/src/test/
                        resources/selenium_standalone_zips
                        </downloadedZipFileDirectory>
                        <customRepositoryMap>${project.basedir}
                        /src/test/resources/RepositoryMap.xml
                        </customRepositoryMap>
                        <overwriteFilesThatExist>
                        ${overwrite.binaries}
                        </overwriteFilesThatExist>
                    </configuration>
                    <executions>
```

```xml
                <execution>
                    <goals>
                        <goal>selenium</goal>
                    </goals>
                </execution>
            </executions>
        </plugin>
        <plugin>
            <groupId>org.apache.maven.plugins</groupId>
            <artifactId>maven-failsafe-plugin</artifactId>
            <version>${maven-failsafe-plugin.version}
            </version>
            <configuration>
                <parallel>methods</parallel>
                <threadCount>${threads}</threadCount>
                <systemPropertyVariables>
                    <browser>${browser}</browser>
                    <headless>${headless}</headless>
                    <!--Set properties passed in by the
                    driver binary downloader-->
                    <webdriver.chrome.driver>
                    ${webdriver.chrome.driver}
                    </webdriver.chrome.driver>
                    <webdriver.ie.driver>
                    ${webdriver.ie.driver}
                    </webdriver.ie.driver>
                    <webdriver.opera.driver>
                    ${webdriver.opera.driver}
                    </webdriver.opera.driver>
                    <webdriver.gecko.driver>
                    ${webdriver.gecko.driver}
                    </webdriver.gecko.driver>
                    <webdriver.edge.driver>
                    ${webdriver.edge.driver}
                    </webdriver.edge.driver>
                </systemPropertyVariables>
            </configuration>
            <executions>
                <execution>
                    <goals>
                        <goal>integration-test</goal>
                        <goal>verify</goal>
                    </goals>
```

```
                  </execution>
               </executions>
           </plugin>
        </plugins>
      </build>
    </profile>
</profiles>
```

如你所见，已经创建了一个名为 selenium 的配置文件。这将使我们能进行开关控制，决定是否把 Selenium 测试作为构建的一部分来执行。如果你现在激活 selenium 配置文件，就会只执行 Selenium 测试。

mvn clean verify -Pselenium

还可以，通过以下命令专门阻止 Selenium 测试的运行。

mvn clean verify -P-selenium

请注意，添加了 <activeByDefault>true</activeByDefault>，如果命令行上没有明确指定配置，则 activeByDefault 将确保该配置默认激活，因此可直接执行以下命令。

mvn clean verify

之前这条命令将 Selenium 测试作为正常构建的一部分来运行，之前设置的 SCM 钩子也会生效。

接下来看看两种较为流行的持续集成服务器——TeamCity 和 Jenkins。由于 TeamCity 在许多企业环境中较受欢迎，因此对它有一个基本的了解是很有用的。Jenkins 则功能丰富，即便你现在还未使用 Jenkins，在其后职业生涯的某个阶段可能仍会安装 Jenkins。

为何要如此深入地探讨持续集成呢？持续集成与 Selenium 有什么关系？

首先，在 CI 服务器上设置 Maven 项目非常容易，使用 Maven 等构建/依赖管理工具的益处很多。

其次，有一两种 CI 服务器的设置经验总是好的，日后总有使用它们的可能。

最后，CI 服务器有一些开箱即用的限制。我们将了解如何以最小代价解决这些问题。

2.5.1　设置 TeamCity

TeamCity 是一个企业级持续集成服务器。它支持许多开箱即用的技术，非常可靠和强大。我最喜欢的功能之一是能够启动 **Amazon Web Service**（**AWS**）云构建代理。你需要创

建构建代理 **Amazon Machines Image**（**AMI**），一旦完成此操作，TeamCity 服务器就可以启动任意数量的构建代理，然后在构建结束后关闭它们。

需要在本地计算机上完成 TeamCity 的基本安装，才能进行本节的操作。可以下载 WAR 文件，并在 Tomcat 等应用服务器上运行它。如果你的计算机上安装了 Docker，也可以运行以下命令（需要在本地计算机上创建 ~/teamcity/data 和 ~/teamcity/logs 目录）。

```
docker run -it --name teamcity-server-instance \
    -v ~/teamcity/data:/data/teamcity_server/datadir \
    --v ~/teamcity/logs:/opt/teamcity/logs \
    --p 8111:8111 \
    -jetbrains/teamcity-server
```

要访问 TeamCity 实例，请在浏览器地址栏中输入以下 URL。

```
http://localhost:8111
```

首次启动 TeamCity 时，将有标准的设置过程。只需要单击 **Proceed**，进入创建管理员账户的界面。生成一个管理员账户（例如，临时将用户名设为 admin，密码设为 admin），然后单击左上角的 **Projects** 按钮，会看到以下界面。

（1）单击 **Create project** 按钮。

（2）命名项目，也可以添加一些描述，以说明项目的用途（见下图）。请记住，我们正在创建的项目并不是实际构建版本，它将用来保留该项目的所有构建信息。Selenium Tests 可能不是一个好的项目名称，但这就是我们目前所拥有的东西。

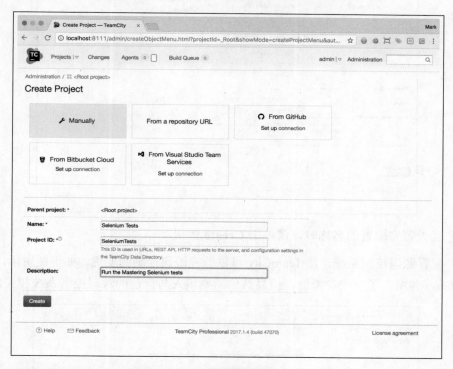

（3）单击 **Create** 按钮，之后将看到已创建的项目。

（4）向下滚动到 **Build Configurations** 区域（见下图）。

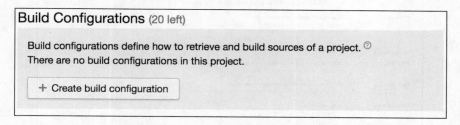

（5）进入此区域后，单击 **Create build configuration** 按钮。

这里是创建生成配置的地方。这里将其简单命名为 Webdriver，因为它会用来运行 WebDriver 测试（当然，可以给生成配置起一个更好的名字），参见下面的截图。

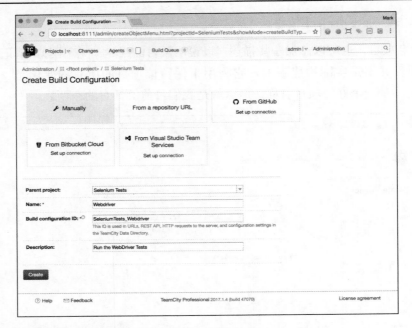

（6）当设置完配置的名称时，请单击 **Create** 按钮。

（7）配置源码控制系统，使 TeamCity 可以监视源码控制的变更。如下图所示，这里选择的是 Git，并填入了一些参考值，但显然你需要填入与自己的源码控制系统相关的值。

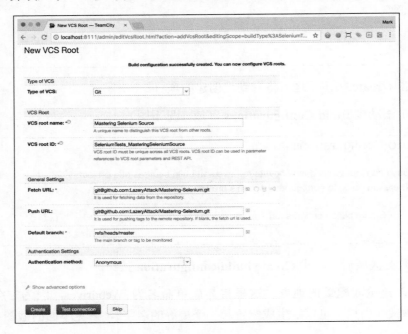

（8）一旦填写完详细信息并单击 **Create** 按钮后，就要添加构建步骤，如下图所示。单击 **Add build step** 按钮开始下一步。

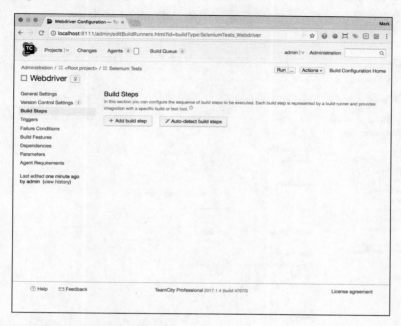

（9）弹出进行构建的主界面（见下图）。

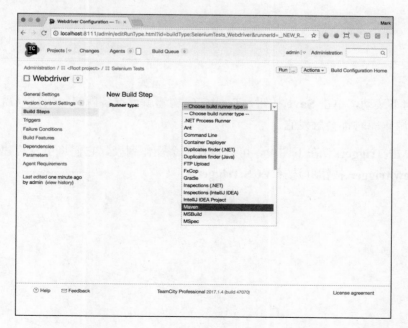

（10）选择构建类型。在本例中，因为用的是 Maven 项目，所以这里选 **Maven**（见下图）。为 Maven 构建填入详细信息。这里简单填了"`clean verify`"，由于之前已经确保 Selenium 配置文件默认运行，因此现在无须查看 **Advanced options**。

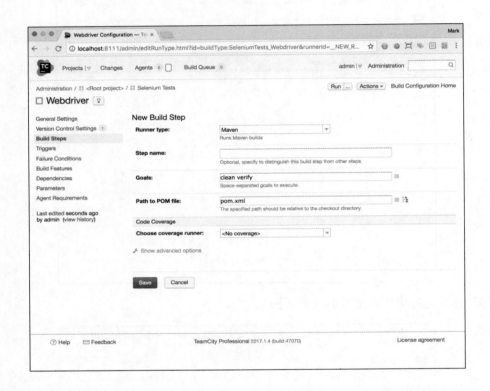

（11）向下滚动，单击 **Save** 按钮，TeamCity 构建就已准备就绪。现在只需要确保每次将代码签入源码库时都会触发它。

（12）单击 **Triggers**。在下图中，可以设置一个操作列表，它们将引发构建的执行。请单击 **Add new trigger** 按钮并选择 **VCS Trigger**。

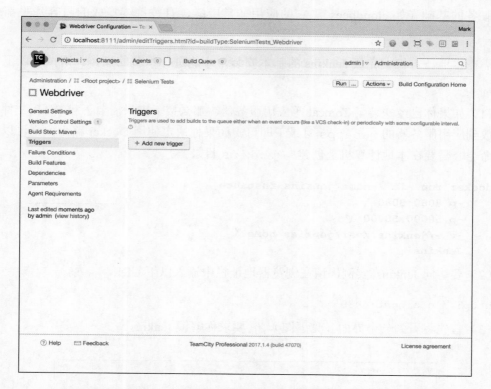

（13）如果单击 **Save** 按钮（见下图），将设置一个触发器。每次将代码推送到中央源码库时都会触发构建。

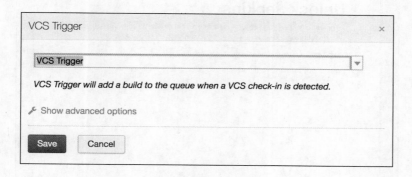

2.5.2　设置 Jenkins

Jenkins 是持续集成（Continue Integration，CI）领域最受欢迎的公司之一，也是一些云服务的基础（如 cloudbees）。它的应用非常广泛，有关持续集成的内容几乎都会提及它。

需在本地计算机上完成 Jenkins 的基本安装，才能进行本节的操作。请按照以下步骤进行。

（1）如果你已经安装了 Tomcat 等应用服务器，那么接下来只需要下载 WAR 文件，并将其放到应用服务器的 `webapps` 目录下即可。如果你决定使用 Docker 路由，则可以运行以下命令（需要在本地计算机上创建 `~/jenkins` 目录）。

```
docker run -it --name jenkins-instance \
    -p 8080:8080 \
    -p 50000:50000 \
    -v ~/jenkins:/var/jenkins_home \
    Jenkins
```

（2）要访问 Jenkins 实例，请在浏览器地址栏中输入以下 URL。

```
http://localhost:8080
```

（3）首先将看到一个界面（见下图），它要求你解锁 Jenkins。

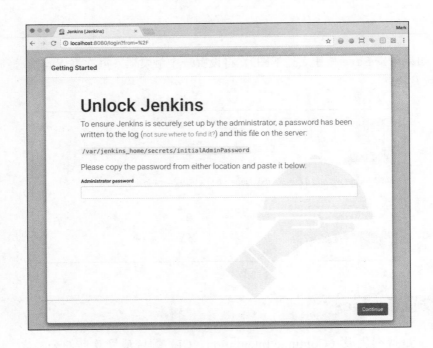

（4）查看终端窗口（假设你用的是 Docker），将看到如下界面。

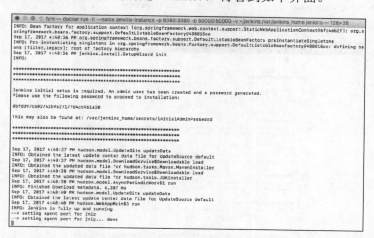

（5）从终端复制密码，并将其输入解锁界面，然后单击 **Continue** 按钮。它将询问你打算安装哪些插件，暂时先使用 Jenkins 的默认建议。Jenkins 将下载所需的插件，并为首次使用做好准备。最后一个设置步骤是创建一个管理员账号（可以再次临时将用户名设为 admin，密码设为 admin）。

（6）现在 Jenkins 已经准备就绪，你将看到 **Welcome to Jenkins** 界面。

我们看看如何创建 Jenkins 构建，以便能运行测试。

（1）单击上一个界面中的 **create new jobs** 链接，弹出以下界面。

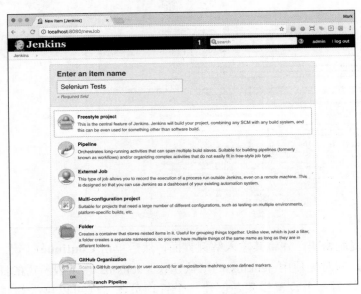

（2）填入构建名称，然后选择 **Freestyle project** 选项。

（3）单击 **OK** 按钮进入构建配置界面，再单击 **Source Code Management** 选项卡，选择 **Git** 并填入详细信息（见下图）。

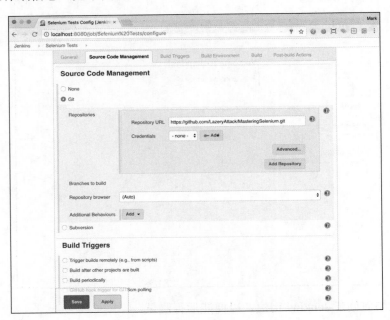

当然，你可以使用自己喜欢的源码管理系统。Git 非常流行，但是 Jenkins 也支持许多其他工具。

（4）在以下界面中设置构建触发器和构建环境。最好设置 Git 钩子，以便每次向源码控制提交更改时都触发构建。

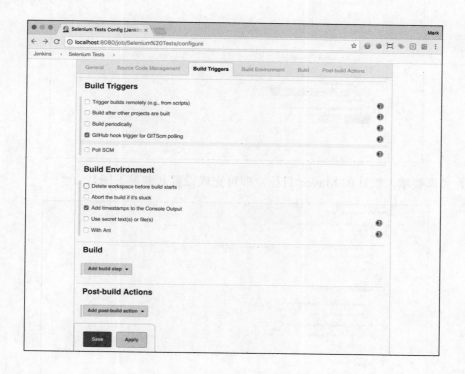

（5）设置 Maven job。单击 **Add build step** 按钮，然后选择 **Invoke top-level Maven targets**（见下图）。

（6）只需要填入默认的 Maven 目标，即可完成设置（参见下图）。

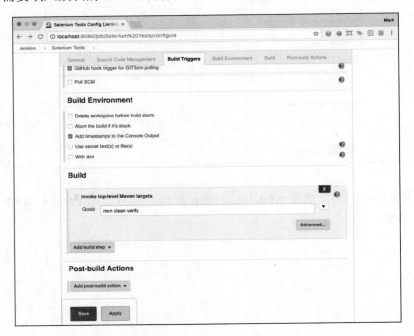

（7）单击上一个界面中的 **Save** 按钮，会返回刚创建的项目。现在总算大功告成了，截图如下。

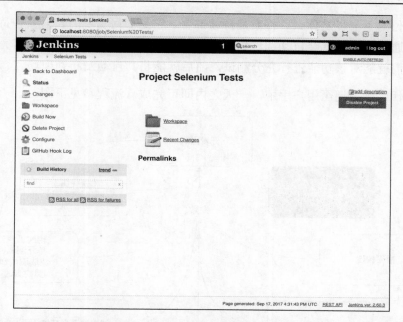

现在应该可以运行 Jenkins 构建了，它将下载所有的依赖项，并运行所有相关内容。

到目前为止，我们已经了解了如何创建一个非常简单的持续集成服务，但这仅是冰山的一角。我们已经使用持续集成来提供快速反馈循环，这样便可在问题出现时，迅速收到通知，并及时做出响应。如果扩展该服务，使它不仅能告知我们是否存在问题，还能告知我们是否准备将某些内容部署到生产环境，将会怎样？这是持续交付的目标（参见下图）。

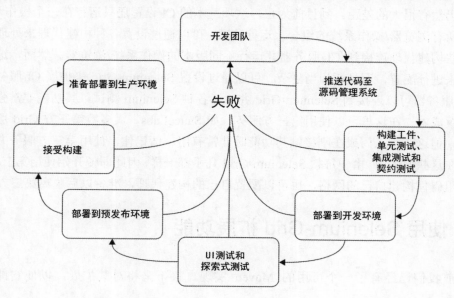

持续交付的下一步是什么？答案是持续部署。它是如何实现的？只要各持续交付阶段被标记为已通过，代码就会自动部署到现场。想象一下，每当有新功能即将完成时，短短几小时内我们就能对该功能进行充分测试，随后就能将其自动发布到现场。

从写完代码到呈递至用户手中，一天之内即可完成。流程参见下图。

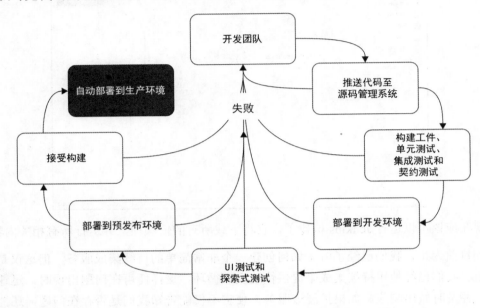

目前还未实现上述目标。我们目前已经有一个基本的 CI 设置，以便在 CI 上运行测试，但是这仍然有很大的差距。到目前为止，这项基本的 CI 设置还只运行在一个操作系统上，无法在所有浏览器/操作系统的组合上运行测试。可以通过设置各种构建代理来处理这个问题，这些构建代理连接到 CI 服务器并运行不同版本的操作系统/浏览器。然而，这需要更多时间来进行配置，而且还相当复杂。可以通过设置 Selenium-Grid 来扩展 CI 服务器的功能，CI 服务器可以连接到 Selenium-Grid 并运行各种 Selenium 测试。其功能非常强大，但也有设置成本。在这里可以使用第三方服务，如 SauceLabs。大多数第三方 Grid 服务都有免费版，但这在刚入门或在刚接触其功能时非常有用。请记住，使用第三方服务并不会将你绑定在这些服务中。由于每款 Selenium-Grid 几乎都一样，因此即便开始使用第三方服务，也无法阻碍你构建自己的网格，也可以配置自己的构建代理，准备以后脱离第三方服务。

2.6　使用 Selenium-Grid 扩展功能

之前我们已经有了一个可用的 Maven 实现，接下来将对其扩展，以便它能连接到

Selenium-Grid。这些扩展的功能将使你能连接到任何 Selenium-Grid，不过我们先关注如何连接到 SauceLabs 提供的第三方服务上，毕竟它提供了免费版。现在展示需要对 TestNG 代码进行哪些修改。

　　先从修改 POM 文件开始。首先，要添加一些属性，可使用以下代码在命令行上进行配置。

```
<properties>
    <project.build.sourceEncoding>UTF-
8</project.build.sourceEncoding>
    <project.reporting.outputEncoding>UTF-
8</project.reporting.outputEncoding>
    <!-- Dependency versions -->
    <phantomjsdriver.version>1.4.3</phantomjsdriver.version>
    <selenium.version>3.5.3</selenium.version>
    <testng.version>6.11</testng.version>
    <!-- Plugin versions -->
    <driver-binary-downloader-maven-plugin.version>1.0.14</driver-
binary-downloader-maven-plugin.version>
    <maven-failsafe-plugin.version>2.20</maven-failsafe-
plugin.version>
    <!-- Configurable variables -->
    <threads>1</threads>
    <browser>firefox</browser>
    <overwrite.binaries>false</overwrite.binaries>
    <remote>false</remote>
    <seleniumGridURL/>
    <platform/>
    <browserVersion/>
</properties>
```

　　因为每个人的 Selenium-Grid URL 不同，所以 `seleniumGridURL` 未填入内容，你可以给它赋一个默认值，同样还有 `platform` 和 `browserVersion` 属性。接下来，需要确保这些属性由 `maven-failsafe-plugin` 设置（作为测试 JVM 中的系统属性）。为此，需要使用以下代码修改 `maven-failsafe-plugin` 配置。

```
<plugin>
    <groupId>org.apache.maven.plugins</groupId>
    <artifactId>maven-failsafe-plugin</artifactId>
    <version>${maven-failsafe-plugin.version}</version>
    <configuration>
      <parallel>methods</parallel>
```

```xml
        <threadCount>${threads}</threadCount>
        <systemProperties>
                <browser>${browser}</browser>
                <remoteDriver>${remote}</remoteDriver>
                <gridURL>${seleniumGridURL}</gridURL>
                <desiredPlatform>${platform}</desiredPlatform>
                <desiredBrowserVersion>
                 ${browserVersion}
                </desiredBrowserVersion>
                <!--Set properties passed in by the driver binary downloader-->
                <phantomjs.binary.path>${phantomjs.binary.path}
                </phantomjs.binary.path>
                <webdriver.chrome.driver>${webdriver.chrome.driver}
                </webdriver.chrome.driver>
                <webdriver.ie.driver>${webdriver.ie.driver}
                </webdriver.ie.driver>
                <webdriver.opera.driver>${webdriver.opera.driver}
                </webdriver.opera.driver>
                <webdriver.gecko.driver>${webdriver.gecko.driver}
                </webdriver.gecko.driver>
                <webdriver.edge.driver>${webdriver.edge.driver}
                </webdriver.edge.driver>
        </systemProperties>
    </configuration>
    <executions>
      <execution>
            <goals>
                  <goal>integration-test</goal>
                  <goal>verify</goal>
            </goals>
      </execution>
    </executions>
</plugin>
```

现在可以使用 System.getProperty() 将这些属性提供给测试代码。现在，需要对 DriverFactory 类进行一些修改。首先，使用以下代码添加一个新的类变量 useRemoteWebdriver。

```java
private static final DriverType DEFAULT_DRIVER_TYPE = FIREFOX;
 private final String browser = System.getProperty("browser",
 DEFAULT_DRIVER_TYPE.name()).toUpperCase();
 private final String operatingSystem =
 System.getProperty("os.name").toUpperCase();
```

```
private final String systemArchitecture =
System.getProperty("os.arch");
private final boolean useRemoteWebDriver =
Boolean.getBoolean("remoteDriver");
```

该变量将读取在 POM 中设置的系统属性，并决定是否要使用 RemoteWebDriver 实例。无论是否需要 RemoteWebDriver 实例，都要先使用以下代码来更新 instantiateWebDriver 方法，以便在需要时创建 RemoteWebDriver 实例。

```
private void instantiateWebDriver(DesiredCapabilities desiredCapabilities)
throws MalformedURLException {
    System.out.println(" ");
    System.out.println("Current Operating System: " +
    operatingSystem);
    System.out.println("Current Architecture: " +
    systemArchitecture);
    System.out.println("Current Browser Selection: " +
    selectedDriverType);
    System.out.println(" ");
    if (useRemoteWebDriver) {
        URL seleniumGridURL = new
        URL(System.getProperty("gridURL"));
        String desiredBrowserVersion =
        System.getProperty("desiredBrowserVersion");
        String desiredPlatform =
        System.getProperty("desiredPlatform");

        if (null != desiredPlatform && !desiredPlatform.isEmpty())
        {
            desiredCapabilities.setPlatform
              (Platform.valueOf(desiredPlatform.toUpperCase()));
        }

        if (null != desiredBrowserVersion &&
        !desiredBrowserVersion.isEmpty()) {
            desiredCapabilities.setVersion(desiredBrowserVersion);
        }

        webdriver = new RemoteWebDriver(seleniumGridURL,
        desiredCapabilities);
    } else {
        webdriver = selectedDriverType.getWebDriverObject
          (desiredCapabilities);
```

```
    }
  }
```

所有重要工作到此完成。我们使用 useRemoteWebDriver 变量来决定是要实例化普通的 WebDriver 对象还是 RemoteWebDriver 对象。如果要实例化一个 RemoteWebDriver 对象，则首先读取在 POM 中设置的系统属性。最重要的信息是 seleniumGridURL，如果缺少它，则无法连接 Grid。我们要读取系统属性并试图从中生成一个 URL。如果 URL 无效，将抛出 InvalidURLException 异常。这并无不妥，毕竟此时无法连接到 Grid，所以也可以在此结束测试运行，并抛出一个有用的异常。另外两个信息是可选的。如果提供了 desiredPlatform 和 desiredBrowserVersion，则 Selenium-Grid 将使用满足这些条件的代理；如果不提供这些信息，Selenium-Grid 将抓取任意免费的代理，并在其上运行测试。

当阅读这段代码时，难以立刻看出请求的是哪种浏览器，不过别担心，后面会讨论相关内容。每个 DesiredCapabilities 对象都会默认设置浏览器类型，因此如果创建的是 DesiredCapabilities.firefox()，则将请求 Selenium-Grid 在 Firefox 浏览器上运行测试。这也是最初将 getDesiredCapabilities() 方法与 instantiateWebDriver() 方法分开的原因之一。

既然已经修改完代码，就需要测试看看它是否可以运行。最简单的方法是通过 Selenium-Grid 提供商（如 SauceLabs）建立一个免费账户，然后用其运行测试。要运行测试，请在命令行中输入以下内容（显然，需要你提供自己的 SauceLabs 用户名和密码才能使代码正常运行）。

```
mvn clean install \
    -Dremote=true \
    -DseleniumGridURL=http://{username}:
    {accessKey}@ondemand.saucelabs.com:80/wd/hub \
    -Dplatform=win10 \
    -Dbrowser=firefox \
    -DbrowserVersion=55
```

不必进行各种复杂的设置，就能顺利连接到第三方 Grid 并见证各个测试的运行，这种感觉棒极了。通过这种方式，现在我们已经能在 CI 上远程运行测试了。

然而，这也给我们带来了一些全新的挑战。在远程运行测试时一旦出现问题，要弄清楚原因就会很棘手，尤其是在自己的计算机上代码貌似正常运行的时候。现在我们需要找到一种在远程运行测试时更容易诊断问题的方法。

2.7　一图胜过千言万语

　　即使你已经让测试完全可靠，失败也无可避免。这种情况下，通常很难只用文字就把问题描述清楚。如果其中一个测试失败了，并且能获得一张浏览器中发生错误时的截图，那么要解释出错的原因不就更加轻松了吗？当 Selenium 测试失败时，我首先想知道的就是失败时屏幕上显示的内容。如果能知晓失败时屏幕上的内容，就能够诊断绝大多数问题，而无须通过堆栈追踪来定位到代码行号，再查看相关代码，再分析哪里出的错。每次测试失败时都能获取屏幕所显示内容的截图，岂不是很好？我们以第 1 章中构建的项目为例，对其进行一些扩展，使其在每次测试失败时都进行截图。下面展示如何通过 TestNG 实现此功能。

　　（1）创建一个名为 listeners 的包（参见以下截图）。

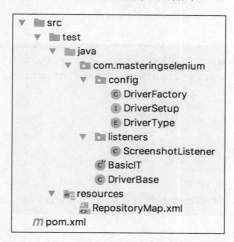

　　（2）为 TestNG 实现一个自定义监听器，用于监听测试失败的情况，然后使用以下代码抓取屏幕截图。

```
package com.masteringselenium.listeners;

import org.openqa.selenium.OutputType;
import org.openqa.selenium.TakesScreenshot;
import org.openqa.selenium.WebDriver;
import org.openqa.selenium.remote.Augmenter;
import org.testng.ITestResult;
import org.testng.TestListenerAdapter;

import java.io.File;
```

```java
import java.io.FileOutputStream;
import java.io.IOException;

import static com.masteringselenium.DriverBase.getDriver;

public class ScreenshotListener extends TestListenerAdapter {

    private boolean createFile(File screenshot) {
        boolean fileCreated = false;

        if (screenshot.exists()) {
            fileCreated = true;
        } else {
            File parentDirectory = new
            File(screenshot.getParent());
            if (parentDirectory.exists() ||
            parentDirectory.mkdirs()) {
                try {
                    fileCreated = screenshot.createNewFile();
                } catch (IOException errorCreatingScreenshot) {
                    errorCreatingScreenshot.printStackTrace();
                }
            }
        }

        return fileCreated;
    }

    private void writeScreenshotToFile(WebDriver driver,
    File screenshot) {
        try {
            FileOutputStream screenshotStream = new
            FileOutputStream(screenshot);
            screenshotStream.write(((TakesScreenshot)
            driver).getScreenshotAs(OutputType.BYTES));
            screenshotStream.close();
        } catch (IOException unableToWriteScreenshot) {
            System.err.println("Unable to write " +
            screenshot.getAbsolutePath());
            unableToWriteScreenshot.printStackTrace();
        }
    }
    @Override
    public void onTestFailure(ITestResult failingTest) {
        try {
```

```
WebDriver driver = getDriver();
String screenshotDirectory =
System.getProperty("screenshotDirectory",
"target/screenshots");
String screenshotAbsolutePath =
screenshotDirectory +
File.separator + System.currentTimeMillis() + "_" +
failingTest.getName() + ".png";
File screenshot = new File(screenshotAbsolutePath);
if (createFile(screenshot)) {
    try {
        writeScreenshotToFile(driver, screenshot);
    } catch (ClassCastException
    weNeedToAugmentOurDriverObject) {
        writeScreenshotToFile(new
        Augmenter().augment(driver), screenshot);
    }
    System.out.println("Written screenshot to " +
    screenshotAbsolutePath);
} else {
    System.err.println("Unable to create " +
    screenshotAbsolutePath);
}
} catch (Exception ex) {
    System.err.println("Unable to capture
    screenshot...");
    ex.printStackTrace();
}
}
}
```

首先，创建一个极具想象力的方法 createFile，用于创建文件。然后，创建一个同样具有想象力的方法 writeScreenShotToFile，用于将屏幕截图写入文件中。注意，在这些方法中没有捕捉任何测试异常，因为这是由监听器截获的。

 如果在监听器中抛出测试异常，则 TestNG 可能会陷入困境。通常，TestNG 会捕获这些异常，于是测试会继续运行，但这样做，测试就未必会失败。如果测试通过了，但是能获取失败和栈追踪信息，请检查监听器实现方式是否有误。

最后一段代码才是实际的监听器。你可能一眼就注意到，该方法的全部内容都放在了 try…catch 里，乍一看还以为写错了。虽然我们的确需要截图来展示出错的位置，但是如果由于某种原因无法成功截取或无法将截图写入磁盘中，我们可不希望测试终止运行。为了确保不中断测试的运行，我们会捕获因截图产生的错误，并将其记录到控制台以备后续参考，然后进行之前的工作。

　　并不是 Selenium 中的所有驱动实例都可以转换为 TakesScreenshot 对象。因此，对于那些不能转换成 TakesScreenshot 对象的驱动实例，我们捕获了它产生的 ClassCastException 异常，并增强它们。不是所有对象都能增强的，对于那些无须增强的驱动对象，如果尝试增强会抛出错误。通常需要增强的是 RemoteWebDriver 实例。除了在必要时增强驱动对象之外，该函数的主要作用是为截图生成文件名。我们希望确保文件名是唯一的，这样就不会意外覆盖其他截图。为此，使用的是当前时间戳和当前测试的名称。也可以使用随机生成的**全局唯一标识符**（Globally Unique Identifier，GUID）来命名，但是时间戳更易于跟踪在某时刻发生的事情。

　　最后，希望将截图的绝对路径记录到控制台中，这样便能更容易地查找已经创建的截图。

　　在之前的代码中，你可能会注意到，我们使用的是一个系统属性来获取保存截图的目录。你可以将出错时的截图保存到任何位置。这里已设置的默认位置为 target/screenshots，如果要重写该值，则需要在 POM 中设置该系统属性。

　　为了做到这一点，需要修改 maven-failsafe-plugin 部分，通过以下代码新增一个额外属性。

```
<plugin>
    <groupId>org.apache.maven.plugins</groupId>
    <artifactId>maven-failsafe-plugin</artifactId>
    <version>${maven-failsafe-plugin.version}</version>
    <configuration>
        <parallel>methods</parallel>
        <threadCount>${threads}</threadCount>
        <systemProperties>
            <browser>${browser}</browser>
            <screenshotDirectory>${screenshotDirectory}
            </screenshotDirectory>
            <remoteDriver>${remote}</remoteDriver>
            <gridURL>${seleniumGridURL}</gridURL>
            <desiredPlatform>${platform}</desiredPlatform>
            <desiredBrowserVersion>${browserVersion}
            </desiredBrowserVersion>
            <!--Set properties passed in by the driver binary
            downloader-->
            <phantomjs.binary.path>${phantomjs.binary.path}
```

```
                        </phantomjs.binary.path>
                        <webdriver.chrome.driver>${webdriver.chrome.driver}
                        </webdriver.chrome.driver>
                        <webdriver.ie.driver>${webdriver.ie.driver}
                        </webdriver.ie.driver>
                        <webdriver.opera.driver>${webdriver.opera.driver}
                        </webdriver.opera.driver>
                        <webdriver.gecko.driver>${webdriver.gecko.driver}
                        </webdriver.gecko.driver>
                        <webdriver.edge.driver>${webdriver.edge.driver}
                        </webdriver.edge.driver>
                    </systemProperties>
            </configuration>
            <executions>
                <execution>
                    <goals>
                        <goal>integration-test</goal>
                        <goal>verify</goal>
                    </goals>
                </execution>
            </executions>
    </plugin>
```

由于我们通过 Maven 变量来使该属性变得可配置，因此还需要在 POM 的 `properties` 部分进行设置。

```
<properties>
    <project.build.sourceEncoding>UTF-
8</project.build.sourceEncoding>
    <project.reporting.outputEncoding>UTF-
8</project.reporting.outputEncoding>
    <!-- Dependency versions -->
    <phantomjsdriver.version>1.4.3</phantomjsdriver.version>
    <selenium.version>3.5.3</selenium.version>
    <testng.version>6.11</testng.version>
    <!-- Plugin versions -->
    <driver-binary-downloader-maven-plugin.version>1.0.14</driver-
binary-downloader-maven-plugin.version>
    <maven-failsafe-plugin.version>2.20</maven-failsafeplugin.version>
    <!-- Configurable variables -->
    <threads>1</threads>
    <browser>firefox</browser>
    <overwrite.binaries>false</overwrite.binaries>
    <remote>false</remote>
```

```
          <seleniumGridURL/>
          <platform/>
          <browserVersion/>
          <screenshotDirectory>${project.build.directory}
          /screenshots</screenshotDirectory>
</properties>
```

在 Maven 变量的定义中，你可以看到这里使用了之前没有定义过的一个 Maven 变量。Maven 有一系列可以直接使用的预定义变量，如`${project.build.directory}`，它用于提供目标目录的路径。每当 Maven 构建项目时，它都会将所有文件编译到一个名为 `target` 的临时目录中，然后，它运行所有测试，并将结果保存到该目录中。这个目录基本上是一个用于执行 Maven 任务的小沙箱。

当执行 Maven 构建时，使用 clean 命令通常是比较好的做法。

mvn clean verify

clean 命令将删除目标目录，以确保在构建项目时，不受前一个构建中遗留内容的干扰，以避免可能会产生的问题。这意味着，在另一轮测试开始之前，如果你还没有将之前运行时的截图复制到其他地方，那么它们都将被删除。

一般来说，我们在运行测试时只会对当前测试的运行结果感兴趣（理应归档之前的结果，以备后续参考），所以将旧截图删除也并无不妥。为了保持规范和整洁，并使其便于查找，我们创建了一个截图子目录，用于把截图存储在此目录中。

既然截图监听器已准备就绪，就只需要通知测试去使用它。这非常简单，因为所有测试都继承自 DriverBase，所以只需要使用如下代码，给 DriverBase 添加一个`@listener`注释。

```
import com.masteringselenium.listeners.ScreenshotListener;
import org.testng.annotations.Listeners;

@Listeners(ScreenshotListener.class)
public class DriverBase
```

从现在开始，一旦有测试失败，截图将会自动保存。

 为何不试它一试？试着修改测试，有意使其失败，以生成截图。当测试运行时，试着在浏览器前面放一些 Windows 或 OS 对话框，再触发截图，看看这是否会对屏幕上可见的内容产生影响。

在诊断测试问题时，截图是强有力的助手，但有时会有这样一些错误，这类错误从页面上看起来完全正常。我们应如何诊断这类问题？

2.8 别畏惧庞大的错误栈追踪信息

令人惊讶的是，很多人都对栈追踪信息心存畏惧。当栈追踪信息出现在屏幕上时，我常见到他们惊慌失措的样子。

“天哪！怎么又出问题了！又是几百行压根不认识的破代码，简直受不了了！到底要怎么办呀？”

首先请淡定。栈追踪固然包含很多信息，但实际上它们是非常友好且实用的内容。我们修改项目使其生成栈追踪信息并完成分析。对 `DriverFactory` 中的 `getDriver()` 方法进行一个小改动，通过以下代码迫使其一直返回 `null`。

```
public static WebDriver getDriver() {
    return null;
}
```

如此一来便永远无法返回驱动对象了，这将引发预期的错误。再次运行测试，但是要确保已带上`-e` 开关，它可使 Maven 显示栈追踪信息。

```
mvn clean verify -e
```

这次应该会看到一组栈追踪信息输出到终端，第一条信息如下图所示。

```
Part 2 — -bash — 142×38
[INFO] Failsafe report directory: /Users/fyre/Programming/Mastering-Selenium/Chapter 2/Part 2/target/failsafe-reports
[INFO]
[INFO] -------------------------------------------------------
[INFO]  T E S T S
[INFO] -------------------------------------------------------
[INFO] Running com.masteringselenium.BasicIT
Configuring TestNG with: TestNG60Configurator
Unable to capture screenshot...
java.lang.NullPointerException
        at com.masteringselenium.listeners.ScreenshotListener.writeScreenshotToFile(ScreenshotListener.java:41)
        at com.masteringselenium.listeners.ScreenshotListener.onTestFailure(ScreenshotListener.java:58)
        at org.testng.internal.Invoker.runTestListeners(Invoker.java:1731)
        at org.testng.internal.Invoker.runTestListeners(Invoker.java:1714)
        at org.testng.internal.Invoker.invokeMethod(Invoker.java:714)
        at org.testng.internal.Invoker.invokeTestMethod(Invoker.java:869)
        at org.testng.internal.Invoker.invokeTestMethods(Invoker.java:1193)
        at org.testng.internal.TestMethodWorker.invokeTestMethods(TestMethodWorker.java:126)
        at org.testng.internal.TestMethodWorker.run(TestMethodWorker.java:109)
        at java.util.concurrent.ThreadPoolExecutor.runWorker(ThreadPoolExecutor.java:1149)
        at java.util.concurrent.ThreadPoolExecutor$Worker.run(ThreadPoolExecutor.java:624)
        at java.lang.Thread.run(Thread.java:748)
[ERROR] Tests run: 3, Failures: 2, Errors: 0, Skipped: 1, Time elapsed: 0.333 s <<< FAILURE! - in com.masteringselenium.BasicIT
[ERROR] googleCheeseExample(com.masteringselenium.BasicIT)  Time elapsed: 0.009 s  <<< FAILURE!
java.lang.NullPointerException
        at com.masteringselenium.BasicIT.googleExampleThatSearchesFor(BasicIT.java:16)
        at com.masteringselenium.BasicIT.googleCheeseExample(BasicIT.java:38)

[ERROR] clearCookies(com.masteringselenium.BasicIT)  Time elapsed: 0.009 s  <<< FAILURE!
java.lang.NullPointerException

[INFO]
[INFO] Results:
[INFO]
[ERROR] Failures:
[ERROR]   BasicIT>DriverBase.clearCookies:39 » NullPointer
[ERROR]   BasicIT.googleCheeseExample:38->googleExampleThatSearchesFor:16 NullPointer
[INFO]
[ERROR] Tests run: 3, Failures: 2, Errors: 0, Skipped: 1
```

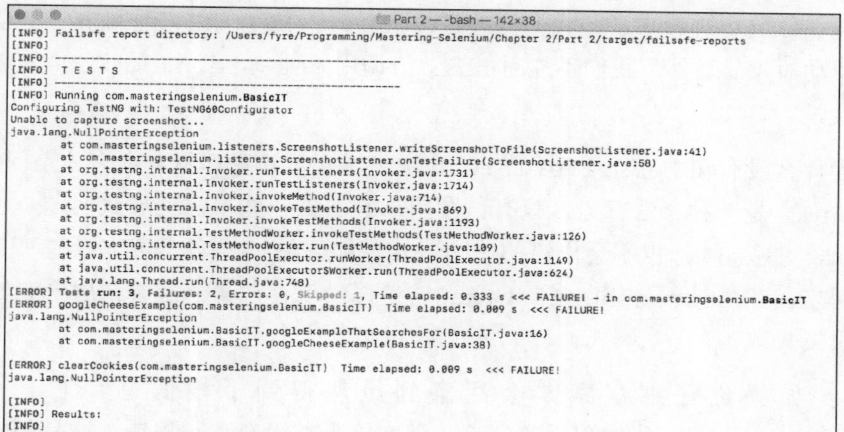

　　它还不算庞大，所以我们仔细瞧一瞧。第 1 行讲述了问题的根源：有一个 NullPointerException 异常。你以前可能见过这些内容。这里的代码就像在抱怨它期望在某个时刻获得某种对象，而我们没有给它。接下来的一连串文本行告诉我们问题发生在应用程序的哪个位置。

　　在这条栈追踪信息中，引用了相当多的代码行，它们中的绝大多数都是未知的，毕竟我们没有编写这些代码。从最底层开始，一条条往上看。首先为测试失败时正在运行的代码行，它位于 Thread.java 的第 748 行。该线程正在调用一个 run 方法（位于 ThreadPoolExecutor.java 的第 624 行），方法内部又调用了一个 runWorker 方法（位于 ThreadPoolExecutor.java 的第 1149 行）。持续向上分析栈追踪信息，会发现我们所看到的其实是一个代码层次结构，它包含所有调用的方法，并指出各方法中出现问题的那行代码。

　　我们特别关注的是我们所写代码的相关行，在本例中是栈追踪信息的第 2 行和第 3 行。可以看出，它提供了两个非常有用的信息，告诉我们代码在哪里出了问题。如果查看代码，就可以看到在发生错误时，它在试着做什么，这样便能尝试解决问题。从第 2 行开始分析。首先，它告诉我们哪个方法引起了问题。在本例中，它是 com.masteringselenium. listeners.ScreenshotListener.onTestFailure。然后，它会告诉我们该方法中的哪一行引发了问题，在本例中是 ScreenshotListener.java 的第 58 行。在这里，onTestFailure() 方法试图将一个 WebDriver 实例传递给 writeScreenshotToFile() 方法。如果查看栈追踪信息的上一行，将看到 writeScreenshotToFile() 在第 41 行出错，它试着用驱动实例给屏幕截图，却抛出了一个空指针错误。

　　也许现在你已经想起来了，我们修改过 getDriver()，让它返回 null 值而不是返回有效的驱动对象。显然，我们不能对 null 值调用.getScreenshotAs()，否则会出现空指针错误。

　　那么为什么没有在 WebDriverThread 中出错呢？毕竟那里看上去才是问题的根源。其实传递 null 是一种合法行为，只有试图用 null 做一些事才会导致问题，这就是它在 DriverBase 的第 34 行也不会出错的原因。getDriver() 方法只负责传递变量，并没有用它做任何事。在 ScreenshotListener 类的第 41 行，第一次尝试用 null 执行操作时，才会引发失败。

　　现在，如果你仔细观察，会注意到虽然得到了栈信息，它标识出了在 ScreenshotListener 类中出现的错误，但实际上并没有真正报错。这是因为截屏代码放在 try...catch 块中，它只显出栈追踪信息，以便你了解截屏失败的原因，但它实际上没有造成测试失败。实际产生报错的地方是在这堆信息中更靠后的位置。

如果再往下看一点，就会看到在 BasicIT.java 的第 16 行上触发了一个错误。这也是一个空指针错误，而这行代码才是第一次用驱动对象进行操作的地方。这样便能说得通了。

最后，我们还得到了另一个空指针错误。它位于 clearCookies() 方法上，但是由于没有行号，因此尚不清楚哪里出了问题。这是因为我们犯了一个错误：之前写过一些代码，用于在各个测试之间清除 Cookie，以避免停止和重启浏览器，但没有考虑出错的可能性，例如，此时可能没有可用的驱动对象。该错误最终也引起了这样的结果，虽然并没有运行任何其他测试，但还是得到了一条奇怪的消息，指出运行了 3 个测试。

请使用以下代码来解决这个问题，以防止后续发生这种情况时又引起错误。

```
AfterMethod(alwaysRun = true)
public static void clearCookies() throws Exception {
    try {
        getDriver().manage().deleteAllCookies();
    } catch (Exception ex) {
        System.err.println("Unable to clear cookies: "
    + ex.getCause());
    }
}
```

现在修改了 clearCookies() 方法，将内容故在 try...catch 里。这意味着，它会捕获错误，但不再中断测试，剩余测试将继续执行。我们会将一些信息输出到控制台，以便解决可能发生的问题，但是这次信息已不再冗长。现在只输出原因，而不会输出整个栈追踪信息。通过这种方式仍然可以找出错误所在，但庞大的栈追踪信息不会使注意力分散到其他地方，而非实际导致错误的位置。 我们调整 ScreenshotListener 以便使栈追踪信息更简洁，代码如下。

```
@Override
public void onTestFailure(ITestResult failingTest) {
    try {
        WebDriver driver = getDriver();
        String screenshotDirectory =
        System.getProperty("screenshotDirectory",
        "target/screenshots");
        String screenshotAbsolutePath = screenshotDirectory +
        File.separator + System.currentTimeMillis() + "_" +
        failingTest.getName() + ".png";
```

```
File screenshot = new File(screenshotAbsolutePath);
if (createFile(screenshot)) {
    try {
        writeScreenshotToFile(driver, screenshot);
    } catch (ClassCastException
    weNeedToAugmentOurDriverObject) {
        writeScreenshotToFile(new Augmenter()
        .augment(driver), screenshot);
    }
    System.out.println("Written screenshot to " +
    screenshotAbsolutePath);
} else {
    System.err.println("Unable to create " +
    screenshotAbsolutePath);
}
} catch (Exception ex) {
System.err.println("Unable to capture screenshot: "
+ ex.getCause());
}
}
```

和上一次相同，现在只记录原因。我们重新运行测试，看看这次输出的内容，参见如下截图。

这一次仍出现相同的错误，但是由于清理过代码，因此内容会更便于理解。这一次能明显看出问题在 BasicIT.java 的第 16 行。如果再查阅该行的实际代码，就会发现：通过 getDriver() 方法获取驱动对象后，这里首次对该对象进行了操作。抛出了

NullPointerException 异常，这非常合理，由于我们先前更改的代码导致了此异常。

　　栈追踪信息也许令人望而生畏，但一旦学会解读它们，就能将问题看得一清二楚。不过需要一些时间来习惯阅读栈追踪信息，并运用它所提供的信息来解决核心问题。使用栈追踪信息时，请记住一个重点，即完完整整地进行阅读。不要心存畏惧，或者在走马观花后便胡乱猜测问题所在。栈追踪信息提供了许多有用的信息来帮助你诊断问题，虽然它不会直接指出有问题的代码，但是它提供了一个很好的起点。

 可以试着故意在代码中引入更多错误，然后再运行测试。看看是否可以通过阅读栈追踪信息来解决代码中存在的问题。

2.9　总结

　　阅读本章后，希望你不再把自动化测试仅看作回归测试，相反，应该将它们看作一种实时文档，随着所验证代码的变化而不断发展壮大。当出现问题时，可以通过截屏来辅助诊断，同时能流利阅读栈追踪信息。你将了解如何把测试连接到 Selenium-Grid 以提供额外的灵活性。最后，你还将深入理解可靠性为何如此重要，以及如何为成功的持续集成、持续交付和持续部署提供支持。

　　下一章将研究 Selenium 所产生的异常，讨论如何解决可能遇到的各类异常，并探讨它们的意义。

第 3 章
必知的异常

异常是一种绝对可靠的预言，它总是会传达代码出问题的原因。它可能并不总是易于理解的，但它永远会传达真相。本章将介绍在编写和运行 Selenium 测试时经常遇到的一些异常，并讨论它们传达的信息。

本章将讲解的内容如下。

- 在使用 Selenium 时非常常见的异常。

- 遇到这些异常的原因，并提供一些提示以帮助你修复代码。

3.1 NoSuchElementException 异常

这是你可能会遇到的异常中最直观的一个：要查找的元素不存在。引发该异常的常见原因有 3 种。

- 查找元素的定位器不正确。

- 页面出错导致元素未渲染出来。

- 在元素渲染之前尝试查找它。

第一种情况很容易验证。可以使用 Google Chrome 开发工具来测试定位器。要做到这一点，请遵循以下步骤。

（1）打开 Chrome 开发工具（**Command + Alt + I** 或 **Ctrl + Alt + I** 快捷键）。

（2）如果站点上有多个 Frame 或 iFrame，请确保选择了正确的那个。

（3）在控制台中输入 `$(<myCSSLocator>)` 或 `$x(<myXPathLocator>)`。

如果定位器找到了一个元素，或者多个元素都与该定位器匹配，那么它们将在控制台中显示出来。然后，你将能对元素进行验证，并通过标记高亮显示，以检查它是否是你要找的元素。

也可以不使用 Google Chrome 来进行操作。大多数浏览器都有自己的开发控制台，还可以使用其他工具。如果用的是 Firebug，它有一个名为 **Firepath** 的额外扩展，它也能胜任这份工作。

第二种情况比较难诊断，因为需要查阅代码来分析导致失败的原因。是被测试应用程序的 Bug，还是之前的某个步骤失败了（比如，是否使用了有效的登录信息）？

截屏有助于诊断 NoSuchElementException 这类异常，因为它们可以很好地展示出错失败时被测试应用程序的状态。然而，它们并非绝对可靠。如果问题产生的原因是元素还没有渲染出来，则元素有可能在错误发生时没有出现，但在截屏时出现了。在这种情况下，截屏将展示元素，而实际上 Selenium 在查找它时，它是缺失的。这些通常很难诊断，但如果你直接在浏览器中观察测试的运行，通常最终都能找出原因。

这很好地揭示了第三种情况里潜伏的问题。许多现代网站使用 jQuery 或 AngularJS 等技术，这些技术使用 JavaScript 来操作 DOM。Selenium 的运行速度很快，许多情况下，在所有 JavaScript 完成其操作之前，它就已经开始与网站进行交互了。在这种情况下，部分对象可能是缺失的，实际上它们还没有创建。可以使用一些技巧，等待 JavaScript 完成页面的渲染，但是真正的解决方案是了解透彻你正在实施自动化的应用程序。你应该了解页面需要哪些东西才能做好使用前的准备，并编写代码去识别这些条件。在很多情况下，比较好的方法是考虑如果对这些内容进行手工测试，需要怎么做。

通常，在手工测试开始前需等待页面加载完毕。因此，需要编写对应的代码来做类似的事情。在该场景中，显式等待通常是最好的办法。但千万别使用 Thread.sleep() 来等待页面加载，如果这样做，就是在为自己的计算机定制测试，且这些测试只适用于自己的计算机。如果测试运行在较慢的计算机上，所添加的休眠时间很可能不够长，测试将会失败。如果测试运行在更快的计算机上，它可以正常工作，但是也会拖慢运行速度。

 切记，良好的测试要拥有一个快速可靠的反馈循环。

3.2　NoSuchFrameException 异常

值得谨记的是，无论是 Frame 错误还是 iFrame 错误，都会抛出 NoSuchFrameException 异常。Frame 在现代 Web 应用程序中并不常见，但是 iFrame 正变得无处不在。该异常与 NoSuchElementException 异常有很多相似之处，因为在查找进行时 Frame 并不存在，所以通常会抛出该异常。基于这一点，对于 NoSuchElementException 异常的解决方案也应该同样适用于 NoSuchFrameException 异常。然而，Frame 也有其独有的问题。我们设想一种场景，假设现在有一个页面，它带多个 Frame，我们将其中一个称为 Frame A，另一个称为 Frame B。假设我们首先切换到 Frame B 来检查 Frame 里面的一些内容，但此时如果再查找 Frame A，就会陷入困境。

这是由于 Frame A 并不存在于 Frame B 的上下文中。解决此问题的方法是在切换到另一个 Frame 之前，始终先返回父 Frame（除非我们尝试切换到的 Frame 本就位于另一个 Frame 当中）。Selenium 提供了一种简易的方式来做到这一点，只使用以下代码即可。

```
driver.switchTo().defaultContent();
```

不要尝试切换到 relative=top。如果 Frame 结构非常复杂，则可能出现错误。要诊断问题的原因更令人沮丧，因为一切看起来都应该是正常的。

3.3　NoSuchWindowException 异常

导致 NoSuchWindowException 异常的原因是当前的浏览器窗口列表不是最新的。之前存在的一个窗口已经不在了，因此无法切换到该窗口。首先要检查代码，确认是不是在关闭窗口后没有更新可用的窗口列表。

```
driver.getWindowHandles();
```

获得该异常的另一个原因是在调用 driver.getWindowHandles()之前，就尝试切换到某个窗口。哪个窗口句柄对应于哪个窗口，是无法直接看出来的。要进行跟踪，最好的办法是使用以下代码在打开新窗口之前，获得当前窗口的句柄。

```
String currentWindowHandle = driver.getWindowHandle();
```

当打开新窗口并获得窗口句柄列表后，可以遍历列表并忽略当前已打开窗口的句柄。通过这样的筛除过程，可以计算出哪个句柄与刚刚打开的新窗口相关联。

如果代码同时打开多个窗口，就会变得很棘手。如果是这种情况，则需要依次切换到各个窗口，并在 DOM 中搜索能够标识窗口的内容，以便能追踪它。话虽如此，但如果站点总是不断打开许多新窗口，则可能需要找开发人员谈一谈，去找出原因。很可能站点不应该是这样的。

3.4　ElementNotVisibleException 异常

ElementNotVisibleException 是一个非常实用的异常，可能会经常遇到它。它所表达的是，你试图与对用户不可见的 WebElement 进行交互。令人惊讶的是，许多人没有意识到这个异常的重要性。请记住，如果元素本身就对用户不可见，交互就无从谈起。

请不要忽略或解决此异常。许多所谓的"解决方案"其实都是些旁门左道。这些方案通常包含一些自定义 JavaScript 来执行所需的操作，却完全忽略了该问题其实是合理性问题。

Selenium 开发团队花了很多时间来分辨某些内容是否应对用户可见，并且他们做得非常好。其代码可以判断元素是否真的显示在屏幕上，或者元素是否小到谁都看不见。Selenium 中的一些代码可以试着分辨一个元素是否被另一个元素覆盖（这比听起来要困难得多，由于 CSS 的缘故，会使事情变得极其困难）。

如果遇到此异常，则说明代码中存在一个需要修复的问题。Selenium 的运行速度非常快，经常在元素有机会在屏幕上呈现之前，就已经尝试与该元素交互了。测试代码应该分辨元素显示给最终用户时会发生什么。在尝试与元素交互之前，需要等待页面（或者至少页面上关注的部分）完成渲染。

一旦遇到此异常，最好的做法是人工审查代码，检查是不是存在看起来加载缓慢的内容。常规的修复方式是添加一个显式等待，先进行等候直到满足一定条件，再尝试与该问题中的元素进行交互。

3.5　StaleElementReferenceException 异常

StaleElementReferenceException 异常常见于 AJAX 网站或大量使用 JavaScript 的网站，这些网站中会持续不断地操作 DOM。

你也许曾见过与下面类似的代码。

```
WebElement googleSearchBar = driver.findElement(By.name("q"));
```

它所创建的 WebElement 对象实际上是对 DOM 中指定元素的引用（见下图）。可以把 WebElement 元素想象成一个可以呼叫指定元素的电话号码。

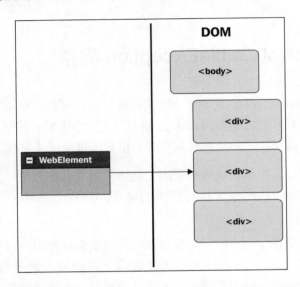

当操作 DOM 后，会销毁旧元素，于是该引用将会过期，无法再关联到 DOM 中的某个元素（见下图）。用电话号码进行类比，就好比电话线被切断了，虽然可以继续拨打那个号码，但铃声已不会再响起，你只会听到一条播报电话号码无法接通的消息。

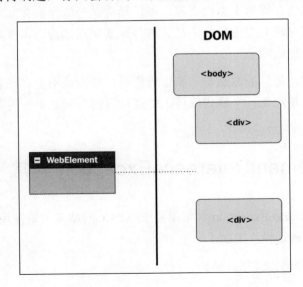

　　如下图所示，如果某个引用的元素被销毁，然后把它替换成另一个看起来完全相同的元素，就会令人疑惑不解。从表面上看，各项内容看上去和之前的一模一样，但由于某种未知原因，一切不能正常工作。接下来用手机来比喻，想象一下这种场景，你的一位朋友换了手机套餐，用了一个新手机号。他的手机看起来和之前的一样，仍然可以用来打电话，但如果你试着拨他的旧号码，就发现旧手机号无法拨通。

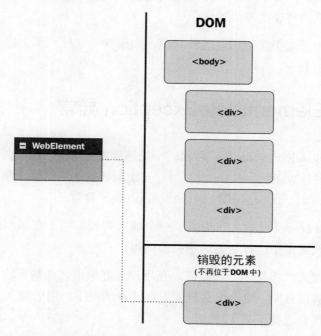

　　还用手机进行比喻，解决方案很简单：询问新手机号，然后就又可以给朋友打电话了，一切恢复正常。Selenium 的解决方案同样简单，让 Selenium 再次查找该元素。

```
googleSearchBar = driver.findElement(By.name("q"));
```

更新引用后，就可以继续与 WebElement 交互了。

　　这个问题解决起来倒挺简单，但当初是如何变成这样的？

　　我们并不清楚应用程序的行为。重构 DOM 之后所引用的原始元素被销毁，这些并不在预料之中。

　　销毁并重新创建原始元素是否重要？

　　如果不重要，也许应该在每次要使用该元素时都查找一下，以确保不会出现 StaleElementReferenceException 异常。

也许我们本就希望销毁元素并重新创建，所以要进行检查。如果确实如此，则可以使用条件等待来等待元素过期，然后继续测试。要做到这一点，请参见如下代码。

```
WebDriverWait wait = new WebDriverWait(driver, 10);
wait.until(ExpectedConditions.stalenessOf(googleSearchBar));
```

其实做起来挺容易，Selenium 中的 Java 绑定有一些预定义的期望条件，这些条件可以直接使用，无须自己编写显式等待条件。

最后，也许我们根本不希望出现这种状况。如果真是这样，那么好消息是测试可能发现了一个需要修复的 Bug。

3.6 InvalidElementStateException 异常

InvalidElementStateException 是一种比较少见的异常，即便出现，也未必能在第一时间知晓其含义。当试图与 WebElement 交互时，元素所处的状态将禁止执行某些操作，如果仍要执行将引发 InvalidElementStateException 异常。

假设有一个<select>元素，它提供了一个城市列表，用于在填写地址表单时进行选择。也就是说，该元素用于选择与地址相关的城市。

现在，假设开发人员添加了一些验证，在用户选好城市之前禁止输入邮政编码，以便能触发正确的邮编验证规则，这会怎么样呢？在这种情况下，用于输入邮编的<input>元素可能会被禁用，直到选择了某个城市。

如果尝试在这个已禁用的<input>元素中输入邮政编码，将抛出 InvalidElementStateException 异常。

要修复此问题，可以让用户手工测试站点，看看要怎么启用<input>元素。在本例中，只需要从<select>元素中选择一个城市即可。

3.7 UnsupportedCommandException 异常

UnsupportedCommandException 是一种要么永远不出现、要么时刻出现的异常，具体情况取决于所使用的驱动实现。当所运行的 WebDriver 实现不支持某个核心 WebDriver API 命令时，将会发现抛出的 UnsupportedCommandException 异常。

有很多第三方 WebDriver 绑定，其完整程度各不相同。并非所有的第三方项目都实现了完整的 WebDriver API。当所使用的驱动程序绑定不支持某个 WebDriver API 命令时，将抛出 UnsupportedCommandException 异常。

如果遇到这种情况，能采取的措施并不多。有以下几种选择。

- 使用其他命令进行编码来解决问题。

- 切换到其他 WebDriver 绑定。

- 自己编写支持该命令所需的代码（同时发起拉取请求）。

3.8　UnreachableBrowserException 异常

要理解 UnreachableBrowserException 异常，首先应该理解 Selenium 的工作原理。在大多数人眼里，Selenium 只是一种 API，可以用于编写代码来驱动浏览器。请注意，这里说的是代码，而不是测试。Selenium API 旨在成为一种浏览器自动化工具，而不仅仅是一种测试工具。它通常用于测试，但它可以用于任何需要浏览器自动完成的操作。

当前正在用的 API 是 WebDriver API，自从 Selenium 2 问世以来，旧的 Selenium RC API 就弃用了，不应该使用旧 API 来创建新项目。

但是 Selenium 不仅是一种 API，它还是一系列插件、二进制文件或本地实现，这使你能够与浏览器进行通信。Selenium API 使用公共连接协议与各个实现方法进行交流。这个连接协议是一种基于 RESTful 的 Web 服务，使用的是 JSON 而不是 HTTP。当提及通过连接协议来接收命令的 Selenium 时，我们将其称为 **RemoteWebDriver**。

所有基于指定浏览器的驱动实现，都属于核心 RemoteWebDriver 类的扩展。实现方法因驱动程序而异，有些使用客户端模式，有些使用服务器端模式。

如下图所示，客户端模式是将 RemoteWebDriver 实现作为浏览器插件来加载或由浏览器本身支持的模式。语言绑定会直接连接到远程实例，并告知它该做什么。这种实现方法的一个例子是旧版本的 FirefoxDriver 绑定（从 Selenium 3 开始，FirefoxDriver 实现已经从客户端模式切换到服务器端模式，这与 ChromeDriver 实现相同）。

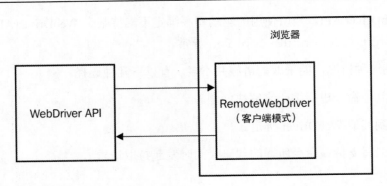

如下图所示，服务器端模式是由语言绑定来设置服务器端的一种模式，服务器端充当语言绑定和浏览器之间的媒介。服务器端主要用于将代码发送的命令翻译为浏览器可以理解的内容。这种实现方法的一个例子是 ChromeDriver。

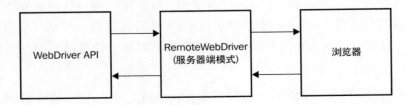

从上图可以看出，使用 WebDriver API 编写的代码通过连接协议，经由 RemoteWebDriver 实例发送到浏览器。正如你所想象的那样，如果没有可用于通信的浏览器，则此过程将出现问题。

若命令已发出，却迟迟收不到响应，就会抛出 UnreachableBrowserException 异常，这表示无法连接到 RemoteWebDriver 实例。引起此错误的各种原因可能如下所示。

- 浏览器没有启动。

- 浏览器崩溃了。

- 当前使用的 RemoteWebDriver 实例版本与当前使用的浏览器版本不兼容。

- 网络出问题了。

- 误连到其他计算机。

- 防火墙出问题了。

- 没有连接到正确的端口。

- 所使用的浏览器尚未安装。

- 浏览器没有安装在默认位置，所以 Selenium 没找到它。

若对该问题进行调试，结局可能会令人垂头丧气。当找出问题根源时，可能会追悔莫及。

3.9　SessionNotFoundException 异常

有时候，测试的运行会出现问题，可能会失去与当前运行的浏览器实例的连接。当失去与浏览器实例的连接时，将抛出 `SessionNotFoundException` 异常。

这是一个类似于 `UnreachableBrowserException` 的异常，但是在此情况下，需要检查的内容要少很多，因为你已经成功地与 `RemoteWebDriver` 实例进行过一段时间的会话。

引起错误的原因，通常如下。

- 无意中退出了驱动实例。

- 浏览器崩溃了。

3.10　WebDriverException 异常——元素此时不可单击

WebDriverException 是一个通常只能在 ChromeDriver 上看到的异常。发生的情况是，当在 Selenium 中尝试单击某个元素时，ChromeDriver 检测到该元素实际上无法获得单击事件，因为其他因素产生了阻碍。造成这种情况的原因可能有以下几种。

- 有其他元素位于要单击的元素的顶部。

- 界面还没有完成渲染，在这种半渲染状态中，其他东西暂时覆盖了要单击的元素。

解决方案是显式等待元素变为可单击状态。

```
By locator = By.id("someElement");
  WebDriverWait wait = new WebDriverWait(driver, 10);
  wait.until(ExpectedConditions.elementToBeClickable(locator));
```

一旦该元素变为可单击状态，再尝试单击就不会出现任何错误。

3.11　NoAlertPresentException 异常

NoAlertPresentException 异常相当直观，但仍旧事出有因。产生原因在于，Selenium 期望弹出的提示框没有出现。假设有以下代码。

```
driver.switchTo().alert().accept();
```

由于提示框未曾出现，因此将抛出异常。对于任何弹出框的交互都是相同的，但可操作的方式不仅限于 accept()。

3.12　总结

本章讲述了自动化过程中一些常见或罕见的异常。这有助于你认识到"异常其实是很实用的信息"，并进一步分析自动化测试出错的原因。

阅读完本章后，你应当明白异常其实是在传达一些信息。当你再遇到这些常见异常时，应该能快速诊断问题的根源。对于 Selenium 的基本架构，以及它如何将命令发送到浏览器，相信你已有所了解。你还会了解到 WebElement 引用 DOM 中指定元素的原理，以及元素过期的原因。

下一章将研究 Selenium 中各种等待的解决方案，探讨哪些是优良方案，哪些是拙劣方案，并详细进行解释。

第 4 章
等待的艺术

上一章讲述了各类异常及其可能的原因。本章将讲述的内容如下。

- 隐式等待和显式等待。

- Selenium 支持包中的 ExpectedConditions 类。

- 通过添加自定义的等待来扩展 ExpectedConditions 的方法。

- Selenium 内置的核心流式等待功能，以及函数和谓词的使用。

4.1 页面真的准备好了吗

如何得知所关注的页面是否已加载完毕，且已准备好启动运行脚本？

这听起来是个简单的问题。然而，它也经常出乎人们的意料。如果有人问："代码看上去没问题啊，为什么脚本罢工了？"通常可能的回答是：这是一个由等待引发的问题。

由等待引发的问题可能是 Selenium 脚本中最常见的错误。令人诧异的是，很多时候人们甚至不知道存在这种问题。大量使用 JavaScript 的站点尤其容易出现由等待引发的问题，但即便是不常使用 JavaScript 的站点，也有一定概率出现。

为何由等待引发的问题如此普遍？这主要是因为测试人员在编写脚本时没有考虑到外部可变因素的影响。

我们看一个虚构的场景。假想有一个等待加载的页面，它会向服务器发出 AJAX 请求。在 AJAX 请求完成之前，该页面尚未准备好使用，但 Selenium 以为它在初始页面加载完毕后就已准备就绪了。如何才能让 Selenium 知晓页面已经加载完毕且已准备好启动自动化脚本了呢？

4.2　影响页面加载的外部因素

"我算过了，加载页面只需要 5s。"想必你会惊讶万分，这种说法不正是常常听闻的吗？这样说的人在之后会倾向于在脚本中添加如下内容。

```
Thread.sleep(5000);
```

这种代码绝对不可靠。它既没有考虑到任何外部可变因素，还会拖慢测试速度。而外部可变因素又是指什么呢？请参阅以下内容。

4.2.1　计算机规格因素

不同的计算机有着不同的规格。这听上去是显而易见的，但许多自动化脚本的编写者根本没考虑到这一点。如果对比一台卡顿的低内存计算机与另一台流畅的计算机，前者运行脚本的速度必然会慢很多。它可能会花更长的时间来渲染正在进行测试的页面。这意味着，在流畅的计算机上能立即完成渲染的 Web 元素，在卡顿的计算机上可能在好几百毫秒内都未能渲染。这段时间足以导致测试出错，但是还不足以让人能通过视觉直接查明错误原因。

4.2.2　服务器规格因素

首先需明确服务器规格的含义。这里所说的服务器指的是，用来托管被测试站点的计算机（无论虚拟机还是实体机）。服务器规格对被测试站点能产生的影响有多少，在很大程度上取决于站点的设计。如果站点依赖于大量的服务器端来处理，则其处理速度可能在服务器负载较大时明显降低。如果存在大量并发用户，服务器可能在处理请求时出现问题，并且可能比预期花更久的时间才能响应客户端。也许你正在访问的站点允许用户大量下载文件，但是服务器上的硬盘无法支撑这项任务，那么你从磁盘读取数据的请求将需要排队。

基于各种各样的原因，服务器可能无法总是及时响应请求，因此在编写测试时，别期望它的速度能有多快。

4.2.3 JavaScript 引擎性能因素

在测试大量使用 JavaScript 的现代站点时，引擎的不同会带来很大的差异。在最新版本的 Google Chrome 中立即能渲染出好的内容，而在 Internet Explorer 8 中可能需要好几秒才完成渲染。如果你对各种 JavaScript 引擎之间的差异感兴趣，请参阅 SunSpider JavaScript 基准测试（请在百度中搜索 SunSpider JavaScript benchmark，选择搜索结果中域名为 webkit 的那一条，一般第一条就是）。试着在不同的浏览器中运行测试，就会发现一些旧浏览器简直慢得惊心动魄。

4.2.4 网络因素

如果正在测试的是一个大量使用 AJAX 的站点，那么网络性能将非常重要。如果解析 AJAX 请求需要很长时间，那么作为 AJAX 调用的结果，所测试的站点将花更长时间来重新渲染前端。也许测试在本机上的运行状况良好，一旦放到真实服务器上，即便运行相同的测试，也可能突然会失败。

一旦开始对这些潜在的问题进行分析，很快就会发现，等待 5s 这种武断的方式是绝对不可靠的。一些人在面对这种问题时，第一反应是再延长等待时间。在你察觉之前，在测试代码中已占用了 10s 的等待时间，接着还会突破 15s。在意识到问题前，对于简单的测试用例，即使只需要加载一个页面和单击几个按钮，也要花两分钟来运行。

只告诉人们不要使用 Thread.sleep() 也是解决不了问题的。你需要解释不能用 Thread.sleep() 的原因。我曾经参与过一个项目，其中有一名团队成员一直在把 Thread.sleep() 放到代码库中。我们曾告知他别再放了，但他依然固执己见。最后，我们只好给 SVN 添加了一个提交规则，用于拒绝任何包含 Thread.sleep() 的代码。可这还是没有解决问题，相反，他更改了代码，用的是 Object.wait()。

没有使他冷静下来并向他解释不能用 Thread.sleep() 的原因，才是真正的问题。我们只是在强调一件从未发生的事，以为他知道这种代码形式的弊端在哪里，问题是他并不知道。

4.3 解决问题的思路

我们要面对现实：要确定某样东西是否已经准备好进行交互，实际上是一个相当复杂的过程。假设要对站点进行手工测试，你会怎么做？

这很简单，若要手工测试该站点，在开始测试前，先等待它准备好。但什么才叫"准备好"？

一般而言，"准备好"意味着页面已完成下载，站点已经借机渲染好所有看起来需要渲染的内容，且看上去已经为使用做好准备。有时，我可能会在所有图片下载完之前就开始使用它，不过通常会等到主要结构看起来是准备好了的状态。除非查看网络流量，否则我无法得知 AJAX 请求已经解析，但凭经验能看出站点应该是怎样的。

你可能已经注意到，在这里多次提到过"看起来准备好"。那么，如何编写"看起来准备好"的代码呢？我们的大脑进行过许多处理才形成"看起来准备好"的印象，可问题是它很难通过代码编写出来。

这就像让计算机通知你冰箱里剩下的奶油是不是变质了一样。如何定义"变质"？它是某种外观，还是某种气味？如果上面有霉菌，我们把霉菌去掉，那么奶油还算不算变质？

对于最后一个问题，我怀疑有些人会给出肯定的回答，因为一旦发霉他们就会把奶油扔掉，而另一些人则会很乐意除去霉菌，然后继续在烹饪中使用。那么，谁才是对的？计算机又应该怎么做？

显而易见，要在计算机中建立心灵模型，并要求它解释"看起来正确"是什么状态，一般是不现实的。那么，我们能做什么呢？

在开始尝试操作前，可以通过编程来确保已经发生过的指定操作，换句话说，我们可以定义"看起来正确"在测试上下文中的含义。不同的测试可能对"看起来正确"有不同的定义，或者它们也有可能对"看起来正确"有共同的理解。

我们将通过各种类型的等待来辅助定义"看起来正确"。

4.4　Selenium 内置的等待机制

如果只想用 Selenium 来实现等待，则有几种可行的选择。Selenium 有 3 种内置的等待机制。通常的配置方式为：配置 `Timeouts()` 对象，在实例化该对象时将其设定到驱动对象上。这些可行的机制如下。

- 页面加载超时机制。
- 脚本超时机制。

- 隐式等待超时机制。

接下来将进行深入探讨。

4.4.1 页面加载超时机制

该机制用于定义 Selenium 等待页面加载的时间限值。默认设置为 0（表示时间不限）。如果想在页面加载时间超出预期时抛出错误，则可以使用这行代码进行修改。

```
driver.manage().timeouts().pageLoadTimeout(15, TimeUnit.SECONDS);
```

如果页面在 15s 内没有完成加载，则将抛出 `WebDriverException` 异常。

应该明白的是，虽然 Selenium 已尽力确认页面是否已完成加载，但不可完全依赖它的判断。如果一个简单的网站既不通过 JavaScript 对 DOM 进行操作，也没有在后台进行 AJAX 请求，那么 Selenium 的判断将非常准确。这对于现代网站来说并非易事，因此 Selenium 的判断并非总是正确的。

Selenium 会做各种事情来确认页面是否已加载，例如，以下两种。

- 等待加载事件触发。

- 查看是否仍在向 DOM 中加入新元素。

具体运用的机制可能因驱动程序而异，Selenium 会持续进行检查，尽量保证检查结果的准确性和稳定性。然而，现代网站是变幻莫测的，因此目前版本的 Selenium 代码未必适用于你所测试的站点。

值得注意的是，在加载事件触发之前，很多 JavaScript 框架不会真正开始 DOM 操作。

考虑到这些情况，应当始终将 Selenium 对页面已完成加载的事实视为猜测。必须自己亲自确认是否仍有 JavaScript 在对 DOM 进行操作，以及挂起的 AJAX 请求是否均已执行完成（本章稍后将介绍如何实现这些操作）。

4.4.2 脚本超时机制

脚本超时机制非常简单，使用 `executeAsyncScript()` 方法来设置 Selenium 等待 JavaScript 执行完毕的时间限值。

在此区域中发生的错误通常是由于没有调用回调函数或者非常偶然地将脚本超时时间设置成负数所导致的。通常来说，这些问题非常容易诊断，因为将看到如下异常。

```
org.openqa.selenium.TimeoutException: Script execution failed.
```

4.4.3　隐式等待超时机制

隐式等待最初并不包含在 WebDriver API 中，它们其实是旧版 Selenium 1 API 中遗留下来的。它们原本不会放到 WebDriver API 中，因为它们会导致测试人员随意地编写测试，就像下面这样。

> 元素没有问题，可测试为何还失败了？干脆随便加点等待吧，如果测试变绿了，那应该就没问题了。

后来隐式等待之所以被放进 WebDriver API 中，唯一的原因是来自社区的强烈抗议（社区成员已经用惯了 Selenium 1 API），渴望隐式等待能回归。

尽管从表面上看非常简单，但是这种超时设置极易引起混淆。隐式等待超时的作用是在尝试查找元素时，加入了一个宽限期。如下面的代码所示，如果设置了 implicitlyWait 超时，那么在尝试查找元素时，Selenium 将最多花 15s 来等待元素在 DOM 中出现。

```
driver.manage().timeouts().implicitlyWait(15, TimeUnit.SECONDS);
```

很多人都被告知不要使用隐式等待，因为这是糟糕的形式，但他们不知道真正的原因。你可能遇到过这种形式的代码。

```
private static final int DEFAULT_TIMEOUT_IN_SECONDS = 10;

public WebElement reliableFindElement(final WebDriver driver,
final By selector) {
    WebElement element;
    long endTime = System.currentTimeMillis() +
    Duration.ofSeconds(DEFAULT_TIMEOUT_IN_SECONDS).toMillis();
    while (System.currentTimeMillis() < endTime) {
        try {
            element = driver.findElement(selector);
            return element;
        } catch (NoSuchElementException ignored) {
            System.out.println("Not found, trying again...");
        }
    }
    throw new NoSuchElementException("Could not find " + selector);
}
```

　　这实际上是在重新实现隐式等待。要编写和维护如此多的代码，却并没有产生真正的效益。

　　更糟糕的是，一旦编写了这样的代码，通常会在整个项目中使用，这意味着已经修复的问题可能仍然存在。

　　那么，隐式等待究竟有什么问题呢？问题如下。

- 如果要检查某个元素是否不存在，这也会增加该检查的执行时间，从而减缓测试速度。

- 隐式等待会干扰显式等待。

隐式等待会减缓测试速度

　　静下心来思考就会发现隐式等待会减缓测试速度是很明显的事，可令人惊讶的是，很多人并不这么认为。

　　测试期间会时不时进行检查，以确定某些内容是否不存在了。例如，假设有一个联系人应用程序，在单击"删除"按钮后，需要检查是否成功地将某个人从联系人中移除，且界面上不再显示。

　　其做法显然是删除某个人，然后试着在界面上查找用于显示这个人的元素。假设在本例中用于展示某个人信息的元素有 4 个——姓名、电话号码、电话类型和联系地址。

　　当删除某个人时，应确保以上 4 个元素都已从界面上移除，因此需要逐个进行检查。可问题在于我们设置过 15s 的隐式等待。这意味着，每次查找元素时，Selenium 将会考虑元素是否在等待时限内会出现，它将等待 15s，然后才通报无法找到该元素。这样便在无意中增加了 1min 的测试运行时间，而这些检查原本可以在 1s 之内就执行完毕。

　　如你所见，检查某些内容不存在的次数越多，测试就越缓慢。不知不觉间，可能已诞生了一条运行时间为 2h 的测试，没人会愿意运行它，因为耗时过多，连手工检查它更快。

　　对于该问题，目前看似有一些解决办法：对于各个需要检查元素"不存在"的测试，在检查前修改隐式等待的超时时间，在检查完成后再改回来。问题在于，不久就会有人粗心大意，忘记这件事。不知不觉间，测试执行时间已开始延长，只能通读代码来找出错误。最糟糕的情况是，测试执行时间会在一段时间里缓缓增加，所以难以察觉运行测试的耗时又增加了 15s。等真正意识到这一点时，代码已经因为滥用的等待变得千疮百孔了。

隐式等待会干扰显式等待

　　隐式等待对显示等待的干扰是另一个难以察觉的副作用。一旦设置了隐式等待，它会在驱动对象的整个生命周期内生效。这意味着后续创建显式等待时，所用到的驱动对象已经设置过隐式等待。

接下来通过几种场景来进一步说明此问题。

显式等待无法顺利查找元素

假设你正在与某个开发团队合作，他们已经拥有一个基于 Selenium 的测试框架，同时拥有一系列测试。这些测试的粒度划分合理，并且有一个相当好的 `DriverFactory` 类来处理各种浏览器的驱动设置。你已经使用了该框架几个月，对它信心十足，但是你从未觉得有必要去真正深入了解其内部工作原理，比如，它是如何设置驱动对象的，因为它一直能正常工作。

现在你需要为新的功能编写对应的测试。在用户登录站点后，该功能负责加载用户的详细信息，并显示 GIF 动画。当所有信息已准备好在主页上显示时，GIF 动画将会消失。用户体验（User eXperience，UX）团队曾花了一些时间对同类网站进行调查，结果发现，若主页的加载时间超过 10s，则大多数用户都会放弃，并直接关闭浏览器。所以，得出一个硬性需求：页面必须在 10s 内完成加载。

现在开始编写测试，你也许认为显式等待是一个很好的备选方案，于是编写了如下代码。

```
WebDriverWait wait = new WebDriverWait(getDriver(), 10, 500);
wait.until(not(presenceOfElementLocated(By.id("loading_image"))));
```

这看起来不错，但一运行就失败了。你手工检查此功能，但这看上去没有问题。于是只好查看测试，加载图像大约会延时 2s 消失，但是显式等待的设置值是 10s，而且每 500ms 会重新检查一次页面。为什么这样都不能正常工作？

你决定进行单步调试。看起来运行正常，直到执行到显式等待的位置。接下来逐步运行，会看到它执行了初次检查，目前 GIF 动画依然存在，所以触发了循环。GIF 动画显示期间，你会看到它持续触发显式等待中的循环。GIF 动画消失后，显式等待中的断点将不会再次命中，但 10s 之后，测试会因为 `TimeoutException` 异常而失败。

怎么会有这种事？你再度检查代码，发现确实为显式等待设置了 500ms 的间隔。究竟发生了什么？元素明明就在那里！看来是时候指出 Selenium 的 Bug 了，或者发个邮件说明一下。

等等，这是个陷阱。

实际情形是你上当了。在 `DriverFactory` 代码中，有人帮忙设置了 15s 的隐式等待。

这意味着当代码运行到显式等待时，将调用 findElement()，然后会查找存放 GIF 的 <image>元素。如果<image>元素不存在，则此调用将最多花 15s 来等待该元素出现。但是，显式等待仅 10s 后就超时了。接下来会发生什么呢？

（1）每隔 500ms 会检查<image>元素是否存在。此元素在前 2s 内是存在的，这和预期的一样。

（2）2s 后，因为<image>元素消失了，所以再次检查时它已不存在。

（3）由于使用了隐式等待，即使<image>元素已不存在，仍需要花 15s 才能检查出结果，并返回相关信息。

（4）然而，刚过 10s，设置的预期条件就已超时，因此测试就会失败。这是由于尽管元素已不存在了，但是关于元素状态的信息仍未返回。

要修复该问题，要么增加显式等待的超时时间，要么减少隐式等待的超时时间。

显式等待无法正常工作

事实上，你马上将面临混合使用隐式等待和显式等待的下一个问题——遇到未定义的行为。因为显式等待和隐式等待从设计开始就没有混用的打算，所以 Selenium 规范从没定义过混合使用的情形。

通常（并非总是），显式等待是客户端绑定中的代码，而隐式等待是远程端的代码。那么，在客户端绑定检查是否应该超时前，客户端绑定是中断远程服务器的请求而引发超时，还是等待尚未处理的请求直到给出响应？

如你所见，我们完全受制于不同驱动程序的实现方式。即使对于相同实现的不同版本，也没有预定义混合使用隐式和显式等待的预期效果。驱动程序有可能会正常工作，也可能根本无法工作，还可能时好时坏地工作。即使当前能用，一旦升级到新版本，也可能出问题。这是因为关于如何实现这些驱动程序是没有官方保证的。

显式等待有效但测试速度降低

该场景与之前的场景基本相同，但这一次 UX 团队认为如果网站主页的加载时间超过 15s，用户就会关闭浏览器。那么，显式等待的代码现在看起来会是这样的。

```
WebDriverWait wait = new WebDriverWait(getDriver(), 15, 500);
wait.until(not(presenceOfElementLocated(By.id("loading_image"))));
```

然而，这一次在 DriverFactory 内的隐式等待已设置成 10s。因为一切都能正常工作，所以此时你没有察觉到任何问题，测试正常运行并通过，看上去一切顺利。可问题是 GIF

动画其实在 2s 后就已经消失了，但测试等待了整整 10s，即隐式等待设置的全部时间，然后才意识到 GIF 动画已经消失了。

不经意间就给测试增加了几秒钟的延迟，却并不是基于什么正当的理由。因为构建会标记为可靠的绿色，所以这一点不会引起注意。然而，木锯绳断，水滴石穿，你已迈出了让快速反馈循环走向末路的第一步。

隐式等待问题的解决方案

不要设定隐式等待的超时时间，而要根据具体案例的具体规则（即延迟加载的元素）进行处理，一般才是更安全的做法。

当然，也可以在各种问题浮现之前继续使用隐式等待，但是你确定要这么做吗？

4.5　使用显式等待

对于由等待引发的问题，推荐的解决方案是使用显式等待。已经有一个准备了各种示例的类，其名称为 ExpectedConditions，充分利用它可以简化工作，而且它使用起来也不算困难。你可以进行一些简单的操作，比如，当元素变为可见状态时再进行查找，这只需要两行代码。

```
WebDriverWait wait = new WebDriverWait(getDriver(), 15, 100);
WebElement myElement = wait.until(ExpectedConditions.
visibilityOfElementLocated(By.id("foo")));
```

请记住，ExpectedConditions 类是主要示例。虽然该类很有帮助，但实际上它旨在展示如何设置显式等待，以帮助你轻松创建自己的等待。参照这些示例，再创建一个具备你所关注条件的新类是轻而易举的事，这个新类可以在项目中复用。

先前提到，将研究一种方法来判断站点是否已经完成对 AJAX 请求的处理，现在我们开始着手去做。首先，创建一个新类，用于判断引用 jQuery 的站点是否已经完成了 AJAX 调用，代码如下。

```
package com.masteringselenium;

import org.openqa.selenium.JavascriptExecutor;
import org.openqa.selenium.WebDriver;
import org.openqa.selenium.support.ui.ExpectedCondition;

public class AdditionalConditions {
```

```
public static ExpectedCondition<Boolean>
jQueryAJAXCallsHaveCompleted() {
    return new ExpectedCondition<Boolean>() {

        @Override
        public Boolean apply(WebDriver driver) {
            return (Boolean) ((JavascriptExecutor)
            driver).executeScript("return
            (window.jQuery != null) && (jQuery.active === 0);");
        }
    };
}
```

代码将会使用 JavascriptExecutor 向页面发送命令，以查明在 jQuery 中是否存在一些尚未处理完的 AJAX 请求。JavascriptExecutor 还内置了一些保护措施，以确保在 ExpectedCondition 触发时，即使页面最初没有加载 jQuery，JavaScript 代码段也不会出错。如果 ExpectedCondition 类超时，则显然会抛出异常。

现在可以在代码中的任何地方调用此条件，方法如下。

```
WebDriverWait wait = new WebDriverWait(getDriver(), 15, 100);
wait.until(AdditionalConditions.jQueryAJAXCallsHaveCompleted()));
```

现在，在与基于 jQuery 的站点交互之前，可以一种简便的方式查明 jQuery 是否已在后台执行完 AJAX 调用。

也许你用的不是 jQuery 而是 AngularJS，又该如何处理呢？请参阅以下代码。

```
public static ExpectedCondition<Boolean> angularHasFinishedProcessing() {
    return new ExpectedCondition<Boolean>() {
        @Override
        public Boolean apply(WebDriver driver) {
            return Boolean.valueOf(((JavascriptExecutor)
            driver).executeScript("return
            (window.angular !== undefined) &&
            (angular.element(document).injector()
            !== undefined) && (angular.element(document).injector()
            .get('$http').pendingRequests.length === 0)").toString());
        }
    };
}
```

这段代码中的 JavaScript 略显复杂。它通过一系列条件来确认 AngularJS 是否可用，是否已完成引导及生成服务。然后，连接内部的 pendingRequests 数组，统计尚待完成的 AJAX 请求数。因为在本例中我们使用了 Angular 的一些内部知识，所以轮到你使用时，其具体方式也许会有所不同。然而，即使 Angular 更改了追踪待处理请求的方式，调整起来也应该非常简单。

与之前的示例一样，现在只需要使用以下代码，就可以轻松将此条件运用在代码中的任何位置。

```
WebDriverWait wait = new WebDriverWait(getDriver(), 15, 100);
wait.until(AdditionalConditions.angularHasFinishedProcessing());
```

如你所见，在代码中创建新条件是轻而易举的。接下来的问题是，如何进行复杂的等待？

4.6 显式等待的核心——流式等待

显式等待的核心是非常强大的流式等待 API。所有 WebDriverWait 对象都继承于 FluentWait。那么，为什么要使用 FluentWait 呢？

这是因为它可以对 wait 对象进行更细粒度的控制，并且可以轻松指定要忽略的异常。我们来看一个例子。

```
Wait<WebDriver> wait = new FluentWait<>(driver)
        .withTimeout(Duration.ofSeconds(15))
        .pollingEvery(Duration.ofMillis(500))
        .ignoring(NoSuchElementException.class)
        .withMessage("The message you will see in
        if a TimeoutException is thrown");
```

如你所见，在这段代码中创建了一个有 15s 超时的 wait 对象，该对象每 500ms 轮询一次，以查看是否满足条件。由于我们决定在等待条件变为 true 时，忽略任何 NoSuchElementException 实例，因此使用 .ignore() 命令进行指定。如果得到的是 TimeoutException 异常，我们还希望返回自定义消息，因此在这里添加了这些消息。

如果要忽略多个异常，那么有两个选择。首先，可以使用以下代码多次串联 ignore() 方法。

```
Wait<WebDriver> wait = new FluentWait<WebDriver>(driver)
        .withTimeout(15, TimeUnit.SECONDS)
        .pollingEvery(500, TimeUnit.MILLISECONDS)
        .ignoring(NoSuchElementException.class)
        .ignoring(StaleElementReferenceException.class)
        .withMessage("The message you will see in if a
        TimeoutException is thrown");
```

其次，可以使用以下代码将多种类型的异常传入 `.ignoreAll()`[①] 命令中。

```
Wait<WebDriver> wait = new FluentWait<>(driver)
        .withTimeout(Duration.ofSeconds(15))
        .pollingEvery(Duration.ofMillis(500))
        .ignoring(NoSuchElementException.class)
        .ignoring(StaleElementReferenceException.class)
        .withMessage("The message you will see in if a
        TimeoutException is thrown");
```

如果你愿意，甚至可以使用以下代码将异常集合传入到 `.ignoreAll()` 方法中。

```
Wait<WebDriver> wait = new FluentWait<>(driver)
        .withTimeout(Duration.ofSeconds(15))
        .pollingEvery(Duration.ofMillis(500))
        .ignoreAll(Arrays.asList(
                NoSuchElementException.class,
                StaleElementReferenceException.class
        ))
        .withMessage("The message you will see in if
        a TimeoutException is thrown");
```

现在已有一个 wait 对象，已做好等待的准备。那么，如何让它执行等待呢？有两种选择——函数或谓词。关于函数和谓词的更多信息，请参阅 Guava 库文档（请访问 GitHub 官网，在搜索栏输入 "google/guava" 进行搜索并进入该项目）。Selenium 通过 Guava 库使用函数和谓词。

---

① 这里原书提供的代码有误。但目前没有找到书中提到的可以传入多个异常的 ignoreAll 重载。不应该使用 ignoreAll，而要使用 FluentWait<T> ignoring(java.lang.Class<? extends java.lang.Throwable> firstType, java.lang.Class<? extends java.lang.Throwable> secondType)。
它在这段代码中的使用方法为 ignoring(NoSuchElementException.class, StaleElementReferenceException.class)。详情参见 GuiHub 网站上的 Selenium 源码。——译者注

4.6.1   函数

我们将创建一个非常基本的函数来查找并返回 WebElement。参见以下代码。

```
Function<WebDriver, WebElement> weFindElementFoo = new Function<WebDriver,
WebElement>() {
    public WebElement apply(WebDriver driver) {
        return driver.findElement(By.id("foo"));
    }
};
```

该函数可能看上去令人疑惑不解，但它实际上相当简单。它仅指定一个输入和一个输出。把它拆分开，单独看对象定义部分。代码如下。

```
Function<WebDriver, WebElement> weFindElementFoo
```

该行代码用于创建一个名为 weFindElementFoo() 的函数。我们将为这个函数提供一个 WebDriver 类型的对象作为输入，同时将返回一个 WebElement 类型的对象作为输出。

所有函数都需要有一个名为 apply 的方法，该方法用于接收输入（在本例中是一个 WebDriver 对象）并返回输出（在本例中是一个 WebElement 对象）。

```
new Function<WebDriver, WebElement>() {
    public WebElement apply(WebDriver driver) {
        //Do something here
    }
};
```

方法内部的代码只需要对输入进行一些处理就可将其转换成输出，本例中的处理如下。

```
return driver.findElement(By.id("foo"));
```

总之，一旦将函数拆开来看，内容便会清晰明了。

使用函数的优点在于，可以将任何类型的对象作为输入来传入，并将任何类型的对象作为输出来返回。这给等待操作提供了极大的灵活性，因为只要满足了等待条件，就可以返回各种有用的对象。在 Selenium 中遇到的大多数函数可能都会返回单个 WebElement 或一个 WebElement 对象列表。但切勿以为函数只能返回 WebElement。函数也可以返回其他对象类型。我们来看看一些能返回布尔值的代码。

```
Function<WebDriver, Boolean> didWeFindElementFoo = new Function<WebDriver,
Boolean>() {
    public Boolean apply(WebDriver driver) {
        return driver.findElements(By.id("foo")).size() > 0;
    }
};
```

用之前拆分函数的办法来分解此函数。首先看这行代码。

```
Function<WebDriver, Boolean> didWeFindElementFoo
```

该行代码用于创建一个名为 didWeFindElementFoo 的函数。我们将为这个函数提供一个 WebDriver 类型的对象，该函数会返回一个布尔类型的对象。

我们仍然需要添加一个名为 apply 的方法，用于接收输入（在本例中是一个WebDriver 对象）。由于这是一个谓词，因此 apply 方法必须返回一个布尔类型的输出，如以下代码所示。

```
new Function<WebDriver, Boolean>() {
    public Boolean apply(WebDriver driver) {
        //TODO - Do something here
    }
};
```

最后，需要在方法内部增加代码，对输入进行一些处理以将其转换为输出。当然，输出必须是布尔类型的对象。

```
return driver.findElements(By.id("foo")).size() > 0;
```

一旦将它拆开来看，内容将一如既往地清晰明了。

 请记住，可以返回任何类型的对象，而不只是一个WebElement 或布尔值。为何不试着创建自己的函数来返回不同的对象类型呢？例如，尝试返回含WebElement 对象的 ArrayList，或者用 webElement.getCoordinates() 返回 WebElement 在界面上的位置等。

既然需要将函数置入 wait 对象中，就可以使用函数来进行等待。我们从这段代码开始。

```
wait.until(weFindElementFoo);
```

这段代码执行后将发生什么事呢？由于设定的是忽略任何 NoSuchElementException 实例，因此它将在 15s 内持续尝试查找 ID 为 foo 的元素。如果未能成功找到该元素，则将暂停 500ms，再继续重试。如果在 15s 后仍未找到 ID 为 foo 的元素，则会抛出 TimeoutException 异常，且该异常将附带自定义消息 "The message you will see if TimeoutException is thrown"。

如你所见，这样做可以创建出可读性极高的测试，只瞥一眼便知其作用。当出现错误时，可以在所抛异常的消息体中附加有用的信息。不但能灵活控制超时设置和轮询设置，而且对任何想查阅代码的人来说，测试非常清晰易读。使用具有描述性名称的函数或谓词，我们能够实现一些简单或者复杂的操作。

我们来看更多的代码示例。

先从这个函数开始，该函数使用 jQuery 来判断在某个元素上是否注册了指定的监听器。

```java
public static Function<WebDriver, Boolean>
listenerIsRegisteredOnElement(final String listenerType, final WebElement
element) {
    return new Function<WebDriver, Boolean>() {
        public Boolean apply(WebDriver driver) {
            Map<String, Object> registeredListeners = (Map<String,
            Object>)
            ((JavascriptExecutor) driver).
            executeScript("return (window.jQuery != null) &&
            (jQuery._data(jQuery(arguments[0]).get(0),
            'events')", element);
            for (Map.Entry<String, Object> listener :
            registeredListeners.entrySet()) {
                if (listener.getKey().equals(listenerType)) {
                    return true;
                }
            }
            return false;
        }
    };
}
```

它有什么作用呢？假设有一个需求，当选中某个输入元素时会触发 onfocus 事件，这会在当前编辑的元素周围添加一个蓝色边框。这是一个很难测试的需求，因此检查 onfocus 事件是否已经注册到元素上，可能是最简单的做法。

接下来，使用一个函数检查某个元素是否正在界面上移动，代码如下。

```
public static Function<WebDriver, Boolean> elementHasStoppedMoving(final
WebElement element) {
    return new Function<WebDriver, Boolean>() {
        public Boolean apply(WebDriver driver) {
            Point initialLocation = ((Locatable)
            element).getCoordinates().inViewPort();
            try {
                Thread.sleep(50);
            } catch (InterruptedException ignored) {
                //ignored
            }
            Point finalLocation = ((Locatable)
            element).getCoordinates().inViewPort();
            return initialLocation.equals(finalLocation);
        }
    };
}
```

如果某些对象会在界面上有一段时间的滑行特效，之后才静止以便可以单击它们，这段代码将非常有用。要单击移动中的目标是很困难的，可能会使测试间歇性地失败。通过这种办法，可以等待，直到对象停止移动。

4.6.2　Java 8 Lambda 表达式

因为 Selenium 现在要求使用 Java 8，所以可以放心地使用 Java 8 的语言结构，例如，使用 Lambda 表达式来减少函数中的样板代码数量。Lambda 表达式能够执行匿名函数，而无须编写大量样板代码。Lambda 表达式主要有以下 3 部分。

- 要传递到匿名函数中的参数（可以是一个或多个参数）。
- 赋值操作符（->），让 Java 知道传入了什么。
- 匿名函数的主体。因为 Lambda 表达式将自动计算返回类型，所以无须担心它。

Lambda 表达式其实非常易于使用。我们将之前编写的 didWeFindElementFoo 方法转换为使用 Lambda 表达式来证明这一点。

如果你刚接触 Java 中的 Lambda 表达式，则可以参考 Oracle 提供的快速入门指南。请访问 Oracle 官方网站，在搜索栏输入 Lambda-QuickStart 进行搜索，就可以看到对应文章。

首先，原始函数如下。

```
Function<WebDriver, Boolean> didWeFindElementFoo = new Function<WebDriver,
Boolean>() {
    public Boolean apply(WebDriver driver) {
            return driver.findElements(By.id("foo")).size() > 0;
        }
        };
```

然后，使用 Lambda 表达式，轻松将其重构为新函数。

```
Function<WebDriver, Boolean> didWeFindElementFoo =
        driver -> driver.findElements(By.id("foo")).size() > 0;
```

传入 Lambda 表达式的参数是驱动对象。我们使用"->"操作符让 Java 知道这就是要传递的全部内容。最后，我们以与之前完全相同的方式编写方法中的代码。唯一的区别是不再需要指定返回值，Lambda 表达式已实现这一点。Lambda 表达式的工作方式和之前完全相同，但更易于阅读，样板代码也更少。

4.7　总结

本章介绍了在使用 Selenium 时可用的不同种类的等待及超时设置。本章首先揭示了静态等待在使用上的一些缺陷，如 Thread.sleep() 和隐式等待。然后，对显式等待进行了深入探讨，讲述其如何工作，并探讨如何创建自己的等待。作为研究的一部分，本章还探讨了流式等待 API，以及如何通过函数和 Lambda 表达式来对流式等待与显式等待进行运用及扩展。最终得出了结论，显式等待才应该是一直使用的解决方案。本章还探讨了混用不同等待策略所造成的影响，并指出了各种可能发生的错误。

下一章将介绍页面对象以及如何稳妥和有效地使用它们。

第 5 章
使用高效的页面对象

本章将对页面对象进行讨论，介绍如何使用这些对象才能保持代码的简洁性与可维护性。切记，测试代码和产品代码同等重要，因此要尽力确保测试代码不但质量优良，而且易于重构。

如果连测试代码的质量都无法保证，那又如何确保产品代码能按预期方式工作？本章将探讨的内容如下。

- **DRY（Don't Repeat Yourself，不做重复的事情）原则**，以及将此原则应用到页面对象上的方法。

- 应将断言与页面对象分离开的原因。

- Selenium 支持包中可用的 Java PageFactory 类。

- 构建合理的、可扩展的页面对象以完成驱动测试的重要工作的方法。

- 使用页面对象来创建易读的领域特定语言（Domain-Specific Language，DSL）的方法。我们并不需要用 Cucumber 来编写易读的测试。

5.1 为何不断做重复的事情

在编写完自动检查后，过不了多久，往往就能看到相似的模式又出现了。最常见的不良模式之一，便是测试以不同的形式与同一页面及页面上的相同元素进行交互。

这种情况通常会发生，毕竟在同一区域内对场景实施自动化的人员不止一个，就如所有事情一样，不同的人有不同的做事方式。

我们以几个基本的 HTML 页面为例。首先，看索引页。这是所有人在浏览网站时都会看到的页面。

```html
<!DOCTYPE html>
<html lang="en">
<head>
    <title>Some generic website</title>
    <link href="http://cdnjs.cloudflare.com/ajax/libs/twitter-
    bootstrap/3.3.2/css/bootstrap.min.css" rel="stylesheet">
    <link href="../css/custom.css" rel="stylesheet">
</head>
<body>
<nav class="navbar navbar-inverse navbar-fixed-top"
 role="navigation">
    <div class="container">
        <div class="navbar-header">
            <a class="navbar-brand" href="#">
                <img src="http://www.example.com/150x50&text=Logo"
                alt="">
            </a>
        </div>
        <div id="navbar-links">
            <ul class="nav navbar-nav">
                <li><a href="services.html">Services</a></li>
                <li><a href="contact.html">Contact</a></li>
            </ul>
        </div>
    </div>
</nav>
<div class="container">
    <div class="row">
        <div class="col-md-8">
            <img class="img-responsive img-rounded"
            src="http://www.example.com/900x350" alt="">
        </div>
        <div class="col-md-4">
            <h1>Lorem ipsum dolor</h1>

            <p>Duis in turpis finibus, eleifend nisl et, accumsan
            dolor. Pellentesque sed ex fringilla,
            gravida tellus in, tempus libero. Maecenas mi urna,
            fermentum et sem vitae, congue pellentesque velit.</p>
            <a class="btn btn-primary btn-lg" href="#">
            Nam mattis</a>
```

```
            </div>
        </div>
        <hr>
        <footer>
            <div class="row">
                <div class="col-lg-12 left-footer">
                    <a href="about.html">About</a>
                </div>
                <div class="col-lg-12 right-footer">
                    <p>Copyright &copy; Your Website 2015</p>
                </div>
            </div>
        </footer>
    </div>
</body>
</html>
```

在浏览器中，索引页如下图所示。

接下来，看 About 页面。这个页面用于展示公司的发展史，因为总有人会对这类事情感兴趣。

```
<!DOCTYPE html>
<html lang="en">
<head>
    <title>Some generic website - About us</title>
    <link href="http://cdnjs.cloudflare.com/ajax/libs/twitterbootstrap/
    3.3.2/css/bootstrap.min.css" rel="stylesheet">
    <link href="../css/custom.css" rel="stylesheet">
```

```
</head>
<body>
<nav class="navbar navbar-inverse navbar-fixed-top"
 role="navigation">
    <div class="container">
        <div class="navbar-header">
            <a class="navbar-brand" href="#">
                <img src="http://www.example.com/150x50&text=Logo"
                 alt="">
            </a>
        </div>
        <div id="navbar-links">
            <ul class="nav navbar-nav">
                <ul class="nav navbar-nav">
                    <li><a href="services.html">Services</a></li>
                    <li><a href="contact.html">Contact</a></li>
                </ul>
            </ul>
        </div>
    </div>
</nav>
<div class="container">
    <div class="row">
        <div class="col-md-4">
            <h1>About us!</h1>

            <p>Lorem ipsum dolor sit amet, consectetur adipiscing
            elit. In nec elit feugiat, egestas tortor vel,
            pharetra tellus. Mauris auctor purus sed mi finibus,
            at feugiat enim commodo. Nunc sed eros nec libero
            aliquam varius non vel sapien. Cras et nulla non
            purus auctor tincidunt.</p>
        </div>
    </div>
    <hr>
    <footer>
        <div class="row">
            <div class="col-lg-12 left-footer">
                <a href="about.html">About</a>
            </div>
            <div class="col-lg-12 right-footer">
                <p>Copyright &copy; Your Website 2014</p>
            </div>
```

```
        </div>
    </footer>
</div>
</body>
</html>
```

在浏览器中，About 页面如下图所示。

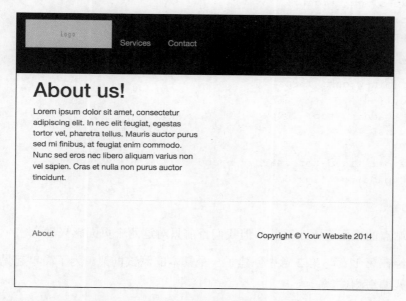

这两个页面都引用了一个公共的 custom.css，其代码如下。

```
body {
      padding-top: 70px;
    }

    .navbar-fixed-top .nav {
        padding: 15px 0;
    }

    .navbar-fixed-top .navbar-brand {
        padding: 0 15px;
    }

    footer {
        padding: 30px 0;
    }
```

```
.left-footer {
    float: left;
    width: 20%;
}

.right-footer {
    text-align: right;
    float: right;
    width: 50%;
}

@media (min-width: 768px) {
    body {
        padding-top: 100px
    }

    .navbar-fixed-top .navbar-brand {
        padding: 15px 0;
    }
}
```

组成此站点的页面远不止这些，但我们目前只对这两个页面感兴趣。

我们已经在第 1 章与第 2 章中创建了一个基本的测试框架。为了简单起见，我们将继续使用该框架编写测试。

为了使以下的测试代码看上去更加常见，我们将在测试类中添加一个名为 driver 的私有变量，用于保存 RemoteWebDriver 对象。然后使用 @BeforeMethod 将 RemoteWebDriver 对象分配给这个私有变量。如果你不喜欢这种做法，也可以用 getDriver() 替换掉所有的 driver 实例。

```
private WebDriver driver;

@BeforeMethod
public void setup() throws MalformedURLException {
    driver = getDriver();
}
```

在开始编写代码之前，先修改 pom.xml，加入断言库。毕竟，没有断言的测试就算不上真正的测试。我们将引用断言库 AssertJ，AssertJ 是一个流式断言库。当问题出现时，它可以在控制台中提供简洁的反馈。由于 AssertJ 是一种流式 API，因此通过 IDE 提供的代码自动补全功能很容易找到可用的断言方法。如果想了解关于 AssertJ 的更多信息，请查看 AssertJ

的相关网页，通过百度搜索"AssertJ Fluent assertions for Java"关键字，通常单击第一条搜索结果即可查看。为了导入 AssertJ 库，需要在 POM 文件中添加以下依赖项。

```
<dependency>
    <groupId>org.assertj</groupId>
    <artifactId>assertj-core</artifactId>
    <version>3.10.0</version>
    <scope>test</scope>
</dependency>
```

既然已经准备好一个断言库，我们接下来回到网站。我们曾使用自己的框架编写了一组测试脚本，此任务是由团队的各个成员完成的，他们曾试图快速完成任务。结果，两名不同成员自顾自地工作，都编写了与该页面进行交互的脚本。

这些脚本的名字分别为 goToTheAboutPage() 和 checkThatAboutPageHasText()。

```
@Test
public void goToTheAboutPage() {
    driver.get("http://www.example.com/index.html");
    driver.findElement(By.cssSelector(".left-footer > a")).click();
    WebElement element = driver.findElement(By.cssSelector("h1"));

    assertThat(element.getText()).isEqualTo("About us!");
}

@Test
public void checkThatAboutPageHasText() {
    driver.get("http://www.example.com/index.html");
    driver.findElement(By.cssSelector("footer div:nth-child(1)
    > a")).click();
    String titleText = driver.findElement(By.cssSelector
    (".container > div h1")).getText();

    assertThat(titleText).isEqualTo("About us!");
}
```

如果仔细观察就会发现，虽然两个脚本第一眼看上去好像不一样，但其实它们在做完全相同的事情。哪一个才是正确的脚本？其实它们都是正确的脚本，而且都是合情合理的，只是使用的定位策略稍有不同。事实上，写第 2 条脚本的原因可能是写的人没有意识到自己正在写的东西已经写好了。

那么如何解决这个问题呢？给各个定位器取一个合理的名称，让阅读代码的人能更清晰地了解各个定位器的作用，是否能解决问题？

稍微重构 goToTheAboutPage()，使其更易于阅读。

```
@Test
public void goToTheAboutPage() {
    driver.get("http://www.example.com/index.html");

    WebElement aboutLink = driver.findElement(By.cssSelector
    (".left-footer > a"));

    aboutLink.click();

    WebElement aboutHeading =
    driver.findElement(By.cssSelector("h1"));

    assertThat(aboutHeading.getText()).isEqualTo("About us!");
}
```

现在我们已经使 goToTheAboutPage() 的内容更加清晰明了，任何想添加脚本的成员都有可能更留意该脚本，然后意识到某些想用的定位器已经定义好了。我们希望他们之后能复用相同的定位器，这样既节省时间，又能保证一致性。当然，这假设其他人在编写脚本前会先看旧的脚本，或者假设一段时间后其他人回头再看这组测试时，不仅记得之前做过什么，还会检查哪些东西已经可用。

如果能提前对所关注的元素进行明确定义，以便每个人能提前知悉，不是就更容易了吗？通过这种方式可避免重复工作。

我们可以遵循 DRY 原则，不做重复的事情。可以把一些经常复用的代码公共化，将其集中放在某个便于重复调用的位置。在 Selenium 中，这种定义称为**页面对象**。

当给页面对象命名时，不应该将其局限于引用某一个页面，否则这将是糟糕的命名。它们实际上是指任何一组息息相关的对象。许多情况下，这是整个页面，但在其他情况下，这可能是页面的某个部分或者某种组件，它会在多个页面上复用。

请记住，如果页面对象已有数百行代码，则应该将其分解为更小的类，使其成为易于管理的代码块。

刚开始使用页面对象时，总会遇到各种各样的问题。接下来，我们看看有哪些常见的问题。

5.2 一切始于页面对象

这里以 goToTheAboutPage() 为例进行说明。之前已经对它进行过重构，使其更规范更清晰，但现在我们希望把某些内容抽象到一个页面对象中，以鼓励他人尽量查找正确的定位器。首先，创建两个页面对象，其名称分别为 IndexPage 和 AboutPage。然后，将元素的定义转移到里面。这里从索引页开始。

```
package com.masteringselenium.page_objects;

import org.openqa.selenium.By;

public class IndexPage {

    public static By heading = By.cssSelector("h1");
    public static By mainText = By.cssSelector(".col-md-4 > p");
    public static By button = By.cssSelector(".btn");
    public static By aboutLinkLocator =
    By.cssSelector(".left-footer > a");
}
```

接下来，需要给 About 页面创建页面对象。

```
package com.masteringselenium.page_objects;

import org.openqa.selenium.By;

public class AboutPage {

    public static By heading = By.cssSelector("h1");
    public static By aboutUsText = By.cssSelector(".col-md-4 > p");
    public static By aboutHeadingLocator = By.cssSelector("h1");
}
```

你可能会注意到，我们给 IndexPage 和 AboutPage 对象添加了更多额外的定位器。由于页面对象是页面的一种代码化的展现形式，因此事先添加一些与尚未使用的元素相关的信息也并无不妥。这些信息后续会在本章使用，但现在还不需要关心它。接下来，修改 goToTheAboutPage() 测试来引用页面对象。

```
@Test
public void goToTheAboutPage() {
```

```
driver.get("http://www.example.com/index.html");

WebElement aboutLink =
driver.findElement(IndexPage.aboutLinkLocator);
aboutLink.click();

WebElement aboutHeading =
driver.findElement(AboutPage.aboutHeadingLocator);

assertThat(aboutHeading.getText()).isEqualTo("About us!");
}
```

一切已步入正轨，现在我们已经引用了页面对象，同时还拥有一系列可复用的元素定义，但目前仍存在一些问题。

首先，页面对象是放到 tests 目录下的（见下图）。

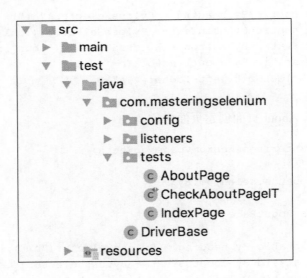

乍一看，这似乎是个好主意，但是当你拥有一个成熟的产品并且里面有相当多的测试时，就会发现很难找到页面对象。那么，应该怎么做呢？应该遵循良好的编程实践，将页面对象与其他内容隔离开，以确保对关注点进行良好的分离。

我们给页面对象创建一个与测试分开的位置，并赋予它一个合理的名称，以表明这些代码的作用（见下图）。

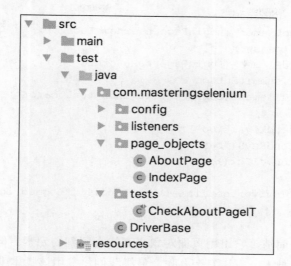

5.3 页面对象关注点的分离

第二个问题是，当把 WebElement 抽象出来并创建时，并没有同时抽象出测试脚本所执行的繁重工作。虽然现在已经引用了页面对象，但代码中仍然会出现许多重复之处。为了进行说明，看一个用于执行登录的脚本，并看看这些新的页面对象是如何引用的。

先从一个基本的登录页面对象开始。

```
package com.masteringselenium.page_objects;

import org.openqa.selenium.By;
import org.openqa.selenium.WebDriver;

public class LoginPage {

    public static By usernameLocator = By.id("username");
    public static By passwordLocator = By.id("password");
    public static By loginButtonLocator = By.id("login");
}
```

接下来，创建一个引用了 **LoginPage** 对象的测试。

```
@Test
public void logInToTheWebsite() {
    driver.get("http://www.example.com/index.html");
```

```
WebElement username =
driver.findElement(LoginPage.usernameLocator);
WebElement password =
driver.findElement(LoginPage.passwordLocator);
WebElement submitButton =
driver.findElement(LoginPage.loginButtonLocator);

username.sendKeys("foo");
password.sendKeys("bar");
submitButton.click();

assertThat(driver.getTitle()).isEqualTo("Logged in");
}
```

脚本看上去非常简洁，它引用页面对象来查找会用到的元素。但是，如果要编写另一个会用到登录过程的脚本，应该怎么办呢？最终我们将复用该脚本中的前 6 行代码，对于任何其他执行登录的脚本来说，也是如此，于是就出现了大量重复的代码。

完全有办法优化代码。我们知道，这些重复的代码其实都在执行填写表单字段以登录的操作，可以将此操作抽离出来，放到页面对象中。

```
package com.masteringselenium.page_objects;

import org.openqa.selenium.By;
import org.openqa.selenium.WebDriver;

public class LoginPage {

    public static By usernameLocator = By.id("username");
    public static By passwordLocator = By.id("password");
    public static By loginButtonLocator = By.id("login");

    public static void logInWithUsernameAndPassword
    (String username, String password, WebDriver driver) {

        driver.findElement(usernameLocator).sendKeys(username);
        driver.findElement(passwordLocator).sendKeys(password);
        driver.findElement(loginButtonLocator).click();
    }
}
```

现在可以在测试中引用页面对象所定义的操作。

```
@Test
public void logInToTheWebsiteStep2() {
    driver.get("http://www.example.com/index.html");
    LoginPage.logInWithUsernameAndPassword("foo", "bar", driver);

    assertThat(driver.getTitle()).isEqualTo("Logged in");
}
```

现在测试变得更加简洁，代码变得更少，这样既美观又具有较强的描述性。还可以将此登录方法复用到我们所编写的所有涉及登录操作的测试中。

 请将断言保留在测试当中，不要放到页面对象里。

5.4 Java PageFactory 类简介

在 WebDriver 支持库中，PageFactory 类提供了一系列注释，可以在创建页面对象时引用这些注释。

可以通过这个类来预定义一系列 WebElement 对象，这些对象可以在之后的测试中使用。PageFactory 类使用 Java Proxy 类将这些 WebElement 对象转换为代理对象。当尝试使用它们时，所指定的这些注释将用于把这些代理对象转换为实际的 WebElement 对象，以便在测试中使用。可以通过以下两个步骤来使用 PageFactory 类。

（1）对需要代理的变量进行注释。

（2）在尝试使用代理对象之前，先对其进行初始化。

5.4.1 使用 PageFactory 注释

把现有的 LoginPage 类转换成由 Selenium PageFactory 类支持的类。先从最常用的 @FindBy 注释开始。它的定义方式有以下两种。

```
@FindBy(how = How.ID, using = "username")
private WebElement usernameField;
@FindBy(id = "username")
private WebElement usernameField;
```

因为上述两个示例在功能上完全相同，且都是正确的做法，所以不必在意，随便用哪个都可以。

我个人更喜欢第一种做法。我在 IntelliJ 中配置了一个用来生成注释的实时模板，使用时先按下 Command + J 组合键（如果你用的不是 OS X 系统，那么也可以按下 Ctrl + J 组合键），再按下"."键来触发。接着再次按下"."键，之后 IntelliJ IDEA 会为 How 枚举提供一系列的选项。这样便无须记住所有的选择器选项，而且创建注释既快速又轻松。

> 在 IntelliJ IDEA 中，用来创建@FindBy 注释的实时模板如下。
>
> 　　@FindBy(how = HowVAR, using = "END")
>
> 要了解关于实时模板的更多信息，请访问 JetBrains 官方网站。首先，在网页顶部的菜单栏中选择 Tools→IntelliJ IDEA，页面跳转后选择菜单栏中的 Learn。然后，往下滑动到 Getting started 区域，在这里单击 Help 链接进入帮助页面，在左侧菜单中选择 Working with source code→Creating Live Templates。

其他人更喜欢第二种做法，它看上去没有那么冗长。这两种做法都可以。

@FindBy注释的作用是什么呢？其实,它是一种将By对象传递给driver.findElement()调用以创建 WebElement 的方法。driver.findElement()调用是完全透明的，每当使用到附加该注释的 WebElement 时，driver.findElement()都将在后台执行。这也意味着不太可能获得 StaleElementReferenceException 异常，因为每次尝试与元素交互时，都会先找到该元素。

当使用 PageFactory 实现编写页面对象的时候，经验法则是将所定义的全部 WebElement 对象设为私有的。这将迫使你在页面对象中编写相关函数，从而与这些定义好的 WebElement 对象进行交互,而不是仅把页面对象当成一种华而不实的 WebElement 仓库来使用。

我们把 LoginPage 对象转换为由 PageFactory 类所支持的对象。

```
package com.masteringselenium.page_factory_objects;

import org.openqa.selenium.WebElement;
import org.openqa.selenium.support.FindBy;
import org.openqa.selenium.support.How;

public class LoginPage {
```

```java
@FindBy(how = How.ID, using = "username")
private WebElement usernameField;

@FindBy(how = How.ID, using = "password")
private WebElement passwordField;

@FindBy(how = How.ID, using = "login")
private WebElement loginButton;

public void logInWithUsernameAndPassword(String username,
String password) throws Exception {
    usernameField.sendKeys(username);
    passwordField.sendKeys(password);
    loginButton.click();
}
}
```

5.4.2　初始化代理对象

要使 PageFactory 注释生效，还须对该类进行初始化。如果忘记这一步，那么对于 WebElement 对象将不使用代理，也不会应用之前指定的注释。要对类进行初始化，只需要一行非常简单的代码。

```java
PageFactory.initElements(DriverBase.getDriver(), LoginPage.class);
```

虽然这段代码很简单，但对于尚不了解 PageFactory 类的人来说，这段代码不但复杂而且难以理解。为了使任何想查阅代码的开发人员都更容易理解其含义，我们将在页面对象的构造函数中对类进行初始化。

```java
package com.masteringselenium.page_factory_objects;

import org.openqa.selenium.WebDriver;
import org.openqa.selenium.WebElement;
import org.openqa.selenium.support.FindBy;
import org.openqa.selenium.support.How;
import org.openqa.selenium.support.PageFactory;

public class LoginPage {

    @FindBy(how = How.ID, using = "username")
    private WebElement usernameField;
```

```
    @FindBy(how = How.ID, using = "password")
    private WebElement passwordField;

    @FindBy(how = How.ID, using = "login")
    private WebElement loginButton;

    public LoginPage(WebDriver driver) {
        PageFactory.initElements(driver, this);
    }

    public void logInWithUsernameAndPassword(String username,
    String password) {
        usernameField.sendKeys(username);
        passwordField.sendKeys(password);
        loginButton.click();
    }
}
```

现在创建新页面对象实例的代码如下所示。

```
LoginPage loginPage = new LoginPage(getDriver());
```

这句代码更加简洁，而且所有的 Java 开发人员都能立即识别出这种模式。但它仍然有一种代码异味，一直在传递一个毫无必要的驱动对象，怎样才能进一步优化呢？我们使用 getDriver() 方法来把驱动对象传递给页面对象，但该方法是静态的。这意味着任何内容都可以通过该方法来获取与当前线程相关联的驱动程序对象。因此可以在页面对象中直接使用 getDriver()，以避免传递驱动程序对象。

```
package com.masteringselenium.page_factory_objects;

import com.masteringselenium.DriverBase;
import org.openqa.selenium.By;
import org.openqa.selenium.WebElement;
import org.openqa.selenium.support.FindBy;
import org.openqa.selenium.support.How;
import org.openqa.selenium.support.PageFactory;
import org.openqa.selenium.support.ui.ExpectedConditions;
import org.openqa.selenium.support.ui.WebDriverWait;

public class LoginPage {

    @FindBy(how = How.ID, using = "username")
    private WebElement usernameField;
```

```
@FindBy(how = How.ID, using = "password")
private WebElement passwordField;

@FindBy(how = How.ID, using = "login")
private WebElement loginButton;

public LoginPage() throws Exception {
    PageFactory.initElements(DriverBase.getDriver(), this);
}

public void logInWithUsernameAndPassword(String username,
String password) throws Exception {
    usernameField.sendKeys(username);
    passwordField.sendKeys(password);
    loginButton.click();

    WebDriverWait wait = new
    WebDriverWait(DriverBase.getDriver(), 15, 100);
    wait.until(ExpectedConditions.visibilityOfElementLocated
    (By.id("username")));
}
}
```

这意味着现在我们只需要创建一个新的页面对象实例。

```
LoginPage loginPage = new LoginPage();
```

页面对象现在看起来与 Java 中的其他对象无异，而且可以在不提供任何参数的情况下新建页面对象。这意味着可以轻松将其作为构建块来使用。

5.4.3　PageFactory 类存在的问题

PageFactory 类非常实用，但用过一段时间后，就会发现它引起的一些问题，以及它存在的一些局限性。"为了在 WebDriverWait 对象中使用定位器，怎样才能把定位器从@FindBy 注释中分离出来？"这是经常提出的问题之一。为了解决这个问题，可以编写一个方法，将 WebElement 转换成字符串，然后试着计算出各个组成部分。但这并不可靠，因为情况是会变化的，WebElement 的.toString()方法所转换出的内容并非一成不变。

可以尝试用以下变量来填充@FindBy 注释。

```
private static final String USERNAME_LOCATOR = "username";

@FindBy(how = How.ID, using = USERNAME_LOCATOR)
private WebElement usernameField;
```

这种方式是可行的，但有一些细节需要注意。由于在 Java 中对注释的处理是在编译期间进行的，因此无法将可变对象传递到注释定义中。为避免此类问题，在上一段代码里，创建一个不可变对象，然后再将其应用到注释定义中。

> **不可变对象**是指在创建后无法修改其状态的对象。标记为 static 的内容属于整个类（而不是类的实例），因此这些内容对于同一个类的每个实例都是相同的。而标记为 final 的变量只能被赋值一次。通过将变量标记为 static 和 final，可以使其成为不可变对象。

现在已经有一个 WebElement，它引用了 PageFactory 注释，此注释又引用了在单个变量中定义的定位器，该定位器可以在其他地方使用。因此，如果要在使用这个元素之前等待它的状态变为可见，现在可以按如下方式进行操作。

```
WebDriverWait wait = new WebDriverWait(getDriver(), 15, 100);
wait.until(ExpectedConditions.visibilityOfElementLocated
(By.id(USERNAME_LOCATOR)));
```

但这又给我们留下了另一个问题。你可能已经注意到 USERNAME_LOCATOR 变量是字符串类型的，而不是 By 对象。这意味着在其他代码中复用定位器时，须牢记此定位器是 ID 定位器，而不是 XPath 或 CSS 定位器。除了要额外记住一些事项之外，我们还要编写大量相关代码。我们需要考虑其他办法。

5.5 Query 对象简介

为了扫除当前所遇到的阻碍，我们将使用专门为解决之前所提及的问题而设计的 Query 对象来构建页面对象。

首先，向 pom.xml 文件添加以下依赖项。

```
<dependency>
    <groupId>com.lazerycode.selenium</groupId>
    <artifactId>query</artifactId>
    <version>1.2.0</version>
```

```
    <scope>test</scope>
</dependency>
```

然后，创建一个名为 BasePage 的抽象类，所有其他页面都可以继承此类。这样做是由于我们需要访问 RemoteWebDriver 对象，但无须把这段代码添加到每个页面对象中。

```
package com.masteringselenium.query_page_objects;

import com.masteringselenium.DriverBase;
import org.openqa.selenium.remote.RemoteWebDriver;

import java.net.MalformedURLException;

public abstract class BasePage {

    protected RemoteWebDriver driver;

    public BasePage() {
        try {
            driver = DriverBase.getDriver();
        } catch (MalformedURLException ignored) {
            //This will be be thrown when the test starts
            //if it cannot connect to a RemoteWebDriver Instance
        }
    }
}
```

你会注意到，我们忽略了可能抛出的 MalformedURLException 异常。这是因为这些异常可能会在测试刚开始启动时抛出，所以无须在页面对象中处理它们。如果无法获得一个有效的驱动实例来启动测试，自然也不会真正使用它。现在已经能在测试中访问 Query 对象了。我们对 LoginPage 进行转换以使用这些 Query 对象。

```
package com.masteringselenium.query_page_objects;

import com.lazerycode.selenium.util.Query;
import org.openqa.selenium.By;
import org.openqa.selenium.remote.BrowserType;

public class LoginPage extends BasePage {

    private Query usernameField = new Query(By.id("username"),
    driver);
    private Query passwordField = new Query(By.id("password"),
```

```
        driver);
        private Query loginButton = new Query(By.id("login"), driver);

        public void logInWithUsernameAndPassword(String username,
        String password) {
            usernameField.findWebElement().sendKeys(username);
            passwordField.findWebElement().sendKeys(password);
            loginButton.findWebElement().click();
        }
    }
```

这里能立即看到的是，代码已大幅减少，但功能其实是相同的。在使用这些对象时，代码略显冗长，这是因为我们指定的是查找 `WebElement` 的方式，而不是直接使用 `WebElement` 的方式。由于现代 IDE 中有自动补全功能，因此不会有人在意这些。你可能还会注意到，构造函数已经被删除了。`Query` 对象的初始化是在其声明期间通过传入 `RemoteWebDriver` 对象来实现的。等等，那个驱动对象是从哪里来的？我们都还没有在这个类中定义它呢！其实，现在所有的页面对象都继承于 `BasePage` 抽象类，因此自然也继承了那里已初始化的所有对象。

如果页面对象常以固定形式复用其他内容，那么还可以将这些内容放到 `BasePage` 类中。我倾向于放入一个可被所有页面对象继承的显式等待对象中，这样便不必一遍又一遍地定义它。这里也是添加一些通用设施类的好地方。但要确保 `BasePage` 类不会过于庞大。

现在已经可以加载并运行 `Query` 对象了，我们来看看还可以用它做什么。还记得在 `PageFactory` 类中使用 `WebDriverWait` 的例子吗？我们对它进行转换以使用这些 `Query` 对象。

```
WebDriverWait wait = new WebDriverWait(driver, 15, 100);
wait.until(ExpectedConditions.visibilityOfElementLocated
(usernameField.locator()));
```

如你所见，我们不再对 `Query` 对象使用 `.findWebElement()` 命令，而使用 `.locator()` 命令。它会返回一个完整的 `By` 对象，该对象可以在预期条件中使用。这样便不必记住定位器的类型，不管它是 XPath、ID 还是 CSS 定位器。

通过它还可以做什么？由于 `Query` 对象持有定位器，因此它还能够返回多种类型。除了返回单个 `WebElement` 之外，它还可以返回 `WebElement` 对象列表，甚至可以直接返回 Select 对象。它还可以返回 MobileElement 类型的对象，这在使用 Appium 时非常有用。最后，还可以为不同的驱动类型指定不同的定位器。所以，如果在 IE 浏览器中显示出某些奇怪的标记，它们与其他现代浏览器的显示方式有差异，那么可以像下面这样做。

```
loginButton.addAlternateLocator(BrowserType.IE, By.id("only_in_ie"));
```

如果当前的 WebDriver 对象检测到浏览器类型为 IE，那么对 .findWeb Element() 或 .locator() 的任何调用都会自动应用 IE 定位器，而不是默认定位器。

5.6　选择 PageFactory 类还是 Query 对象

说到底，选择 PageFactory 类还是 Query 对象不太重要。哪一种方案最好用且最适合你所面临的特定问题，就选择哪一种。不过，本书的其余示例将继续使用 Query 对象。

还有些更重要的事需要谨记，在使用页面对象时，应该让页面对象把实际驱动浏览器的所有重要工作都抽离出来，而需要检查的项保留在测试中。

这样的关注点分离有两个好处。首先，可以确保人们不会在无意中将断言放入测试中。其次，这意味着测试不依赖于页面对象中的特定实现。你应该不会希望出现下面的情形：有人更新了页面对象，把原本不应该在那里出现的断言给删除了，结果使测试失去了触发失败的功能。

请记住，无法触发失败的测试比根本没有测试还糟。如果根本没有测试，可以通过静态分析工具看到某些指定区域的代码没有测试覆盖（或者换句话说，没有对应文档）。而无法触发失败的测试则是错误的文档，它们在描述系统是如何工作时，可能是在欺骗用户。但问题是我们永远无法得知它们在什么时候开始欺骗的。

我们将确保页面对象中定义了一些清晰、优雅且一目了然的函数，以供测试使用。但我们不会把页面对象当成一种华而不实的 WebElement 仓库来使用，因为这样就无法充分利用页面对象的潜力了。

5.7　创建可扩展的页面对象

到目前为止，我们只查看了使用页面对象来描述整个页面的示例。遗憾的是，在现实世界中，要进行自动化的 Web 页面通常比书中的示例要大得多，也复杂得多。那么，如何在处理大型复杂页面的同时保持测试代码的可塑性和可读性呢？这需要把代码分解成可管理的小块。

我们再来看看之前在本章中使用的 HTML 页面示例，从索引页开始着手。

如果仔细观察，那么会发现两个看起来特别通用的部分——页眉（包含在<nav>标记中的区域）和页脚（包含在<footer>标记中的区域）。由于站点的每个页面上都有页眉和页脚，因此期望它们共用同一套元素是合理的。

将这两个区域转换为可复用的组件，它们将拥有各自的页面对象。首先，创建页眉对象。

```
package com.masteringselenium.query_page_objects;

import com.lazerycode.selenium.util.Query;
import org.openqa.selenium.By;

public class PageHeader extends BasePage {

    private Query servicesLink = new Query(By.cssSelector(".nav
    li:nth-child(1) > a"), driver);
    private Query contactLink = new Query(By.cssSelector(".nav
    li:nth-child(2) > a"), driver);

    public void goToTheServicesPage() {
        servicesLink.findWebElement().click();
    }

    public void goToTheContactPage() {
        contactLink.findWebElement().click();
    }
}
```

然后，创建页脚对象。

```
package com.masteringselenium.query_page_objects;

import com.lazerycode.selenium.util.Query;
import org.openqa.selenium.By;
```

```
public class PageFooter extends BasePage {

    private Query aboutUsLink = new Query(By.cssSelector(".left-
    footer> a"), driver);

    public void goToTheAboutUsPage() {
        aboutUsLink.findWebElement().click();
    }
}
```

现在，我们需要转换 **IndexPage** 对象，以使用 Query 对象。

```
package com.masteringselenium.query_page_objects;

import com.lazerycode.selenium.util.Query;
import org.openqa.selenium.By;

public class IndexPage extends BasePage {

    private Query heading = new Query(By.cssSelector("h1"), driver);
    private Query mainText = new Query(By.cssSelector(".col-md-4
    > p"), driver);
    private Query button = new Query(By.cssSelector(".btn"),
    driver);

    public boolean mainTextIsDisplayed() {
        return mainText.findWebElements().size() == 1;
    }

    public boolean mainPageButtonIsDisplayed() {
        return button.findWebElements().size() == 1;
    }
}
```

现在，我们将页面上可复用的组件放在了单独的页面对象中，以便在测试其他共享这些组件的页面时，复用这些组件。这里还新增了一些方法来检查元素是否存在于页面上，这些方法可以用于测试中的断言。

现在，回顾 About 页面上的 HTML 标记。About 页面中页眉的 HTML 代码及页脚的 HTML 代码，与上一个页面完全相同。这就完美了，现在我们可以复用页眉和页脚对象，而不必复制代码。我们对 AboutPage 对象进行转换，让它也使用 Query 对象。

```
package com.masteringselenium.query_page_objects;
```

```
import com.lazerycode.selenium.util.Query;
import org.openqa.selenium.By;

public class AboutPage extends BasePage {

    private Query heading = new Query(By.cssSelector("h1"),
    driver);
    private Query aboutUsText = new Query(By.cssSelector
    (".col-md-4 > p"));

    public boolean aboutUsTextIsDisplayed() {
        return aboutUsText.findWebElements().size() == 1;
    }
}
```

同样，这里新增了一个额外的方法，用于在页面上执行检查。接下来编写一个快速的测试，该测试会先跳转到索引页，检查某些元素是否存在，然后跳转到 About 页面，并执行相同的检查。

你可能已经注意到，为了检查元素是否存在而新增的这个额外方法并没有使用 Selenium 的 .isDisplayed() 方法进行判断。

为什么没有这样做？

如果元素不存在，.isDisplayed() 方法将抛出 NoSuchElementException 异常。而每次调用 .findWebElement() 或 .findWebElements() 命令时，Query 对象都会重新查找元素，这意味着此时能不能找到元素还是个未知数。

抛出异常，然后还要捕获异常，这并不是我们希望出现的情况，因此最简单的方法是返回一个元素列表，再统计元素总数。我们知道，在这些元素中应该只有一个可用，所以只需要检查 WebElements 列表的长度是否等于 1。

既然已经在页面对象中添加了一些检查元素的方法，就需要创建相应的测试。

```
@Test
public void checkThatAboutPageHasText() {
    driver.get("http://www.example.com/index.html");
    IndexPage indexPage = new IndexPage();

    assertThat(indexPage.mainTextIsDisplayed()).isEqualTo(true);
    assertThat(indexPage.mainPageButtonIsDisplayed()).isEqualTo(true);

    PageFooter footer = new PageFooter();
```

```
    footer.goToTheAboutUsPage();
    AboutPage aboutPage = new AboutPage();

    assertThat(aboutPage.aboutUsTextIsDisplayed()).isEqualTo(true);
}
```

通过将 HTML 页面拆分成小块，并为每个小块创建单独的页面对象，我们最终获得了更小的页面对象，同时减少了重复的代码。

然而，随着页面对象的分解，产生了一个令人遗憾的副作用。测试现在看起来有些混乱，而且更难阅读。我知道我正在与页眉进行交互，但我并不知道这个页眉指的是哪个页面。如果测试涉及众多页面，就会在不同的页面对象之间切换，这可能会让人摸不着头脑，于是更难以弄清事情的动向。

既然混乱是由我们一手造成的，那么要如何收拾残局呢？

5.8　将页面对象转换为易读的 DSL

要使情况有所好转，其实并没有那么难。在本章前面，我们把页面对象的初始化操作转移到了构造函数中，并研究出一种无须传入任何参数即可初始化页面对象的方法。可以利用这种简便性着手将页面对象转换为流畅易读的 DSL。

从索引页的页面对象开始，在里面创建关于页眉和页脚对象的引用。

```
package com.masteringselenium.query_page_objects;

import com.lazerycode.selenium.util.Query;
import org.openqa.selenium.By;

public class IndexPage extends BasePage {

    private Query heading = new Query(By.cssSelector("h1"), driver);
    private Query mainText = new Query(By.cssSelector(".col-md-4 >
    p"), driver);
    private Query button = new Query(By.cssSelector(".btn"),
    driver);

    public PageHeader header = new PageHeader();
    public PageFooter footer = new PageFooter();

    public boolean mainTextIsDisplayed() {
```

```
        return mainText.findWebElements().size() == 1;
    }

    public boolean mainPageButtonIsDisplayed() {
        return button.findWebElements().size() == 1;
    }
}
```

如你所见，现在正在一个页面对象中实例化另一个页面对象。我们将子页面对象设为公有的，以便父页面对象实例的创建者也能自动获得父页面中定义的所有子页面对象的使用权。

现在可以对测试进行重构，使其更简洁、易读。

```
@Test
public void checkThatAboutPageHasText() {
    driver.get("http://www.example.com/index.html");
    IndexPage indexPage = new IndexPage();

    assertThat(indexPage.mainTextIsDisplayed()).isEqualTo(true);
    assertThat(indexPage.mainPageButtonIsDisplayed()).isEqualTo(true);

    indexPage.footer.goToTheAboutUsPage();
    AboutPage aboutPage = new AboutPage();

    assertThat(aboutPage.aboutUsTextIsDisplayed()).isEqualTo(true);
}
```

代码开始变得更简洁，但我们不会止步于此。在需要新页面对象时，可以让当前页面对象直接返回一个新页面对象，而不是在测试中实例化一个。如果单击 About 页面的链接，其目的地是我们已知的，所以为什么不直接返回将要使用的页面对象呢？这是可以做到的。调整页脚对象，使它能返回一个 About 页面对象。

```
package com.masteringselenium.query_page_objects;

import com.lazerycode.selenium.util.Query;
import org.openqa.selenium.By;

public class PageFooter extends BasePage {

    private Query aboutUsLink = new Query(By.cssSelector(".left-
footer> a"), driver);
```

```
public AboutPage goToTheAboutUsPage() {
    aboutUsLink.findWebElement().click();
    return new AboutPage();
}
}
```

测试代码的改动如下。

```
@Test
public void checkThatAboutPageHasText() {
    driver.get("http://www.example.com/index.html");
    IndexPage indexPage = new IndexPage();

    assertThat(indexPage.mainTextIsDisplayed()).isEqualTo(true);
    assertThat(indexPage.mainPageButtonIsDisplayed()).isEqualTo(true);

    AboutPage aboutPage = indexPage.footer.goToTheAboutUsPage();

    assertThat(aboutPage.aboutUsTextIsDisplayed()).isEqualTo(true);
}
```

因为代码仍然有些混乱，所以我们可以在 DriverBase 类中预定义所有的页面对象变量。不必给这些变量赋初始值，这里将在测试中赋值。在 DriverBase 类中，需要添加的内容如下。

```
protected IndexPage indexPage;
protected AboutPage aboutPage;
protected LoginPage loginPage;
```

由于它们定义为 Protected，而所有的测试都继承于 DriverBase，因此对于测试来说，这些变量是可用的。现在可以将测试修改成以下形式。

```
@Test
public void checkThatAboutPageHasText() {
    driver.get("http://www.example.com/index.html");
    indexPage = new IndexPage();

    assertThat(indexPage.mainTextIsDisplayed()).isEqualTo(true);
    assertThat(indexPage.mainPageButtonIsDisplayed()).isEqualTo(true);

    aboutPage = indexPage.footer.goToTheAboutUsPage();

    assertThat(aboutPage.aboutUsTextIsDisplayed()).isEqualTo(true);
}
```

请记住，页面对象的命名规范完全是由你来把控的，对于执行繁重任务的函数的命名，也是如此。所有的事情都由是你亲手操控的，谁都无权阻止你使用可读性很强的方法名。

 测试中的前两行代码仍显得过于通用：先通过 driver 对象加载一个 URL，然后实例化 IndexPage 对象。请试着思考如何对 IndexPage 对象进行更改，才能通过它执行这些通用步骤，以增强代码的可读性。

如果你舍得花时间，对命名策略进行深入思考，又怎么会让非技术人员读不懂测试呢？

第 2 章曾提过测试是一种技术文档，它诠释了所测试的系统是如何工作的。如果你将前面的测试交给业务分析员或产品负责人，他们是否能直接理解这些测试，而无须再向他们解释？前面的例子虽是虚构的，但它阐述了一种可能性，即你必须着手将测试转变为一种文档，用于描述所测试的系统是如何工作的。

在创建可读的技术文档，描述被测试应用程序如何工作的这条道路上，我们已步入佳境，而且并没在测试（例如，使用 Cucumber 完成的测试）上多添加任何内容。

如此一来，何须再用 Cucumber 来编写能被非技术人员阅读和理解的测试呢？

那么，我们还可以对页面对象进行什么样的优化呢？把它们改为使用流式接口怎么样？

5.9　流式页面对象

我们将研究如何把现有的页面对象转换为流式页面对象，以增强代码的可读性和可见性。为此，我们将为页面对象设计 DSL，这些对象将使用命令链来描述正在执行的操作。每个链式命令都将返回对自身的引用、对新方法的引用或者 void。

在本章前面，我们所创建的 LoginPage 对象已为流式页面对象提供了良好的基础，目前它如下所示。

```
package com.masteringselenium.query_page_objects;

import com.lazerycode.selenium.util.Query;
import com.masteringselenium.fluent_page_objects.BasePage;
import org.openqa.selenium.By;

public class LoginPage extends BasePage {

    private Query usernameField = new Query(By.id("username"),
```

```
driver);
private Query passwordField = new Query(By.id("password"),
driver);
private Query loginButton = new Query(By.id("login"), driver);

public void logInWithUsernameAndPassword(String username, String
password) {
    usernameField.findWebElement().sendKeys(username);
    passwordField.findWebElement().sendKeys(password);
    loginButton.findWebElement().click();
}
}
```

看看之前的代码，回想一下所创建的.logInWithUsernameAndPassword()方法，它使登录变得更简单。

然而，这个方法并不完美。在以下几种情况该怎么办呢？

- 只想输入用户名怎么办？我们只能向密码字段发送空值来勉强实现这一点。

- 只想输入用户名和密码来触发一些客户端验证，但并不打算单击"登录"按钮怎么办？

- 已经输入过用户名和密码，只想单击"登录"按钮怎么办？最终我们只能把这些数据再输入一次。

重写页面对象让它使用流式接口，这样我们能轻松完成上述操作。

什么是流式接口？这是编写代码的一种手法，用来使代码变得通俗易懂。它可以把一系列命令链接在一起，以创建意图清晰且易于阅读的内容，方便日后被人查阅。这种链接之所以生效，是因为每个方法都返回了自身的实例。当然，不必链接每个命令，如果不想再继续链接下去，则可以调用不返回自身实例的方法。流式对象这个主意是由Martin Fowler 和 Eric Evans 提出的。关于 Martin Fowler 给出的更详细的解释，请参考其个人网站。

完成重写后，代码将如下。

```
package com.masteringselenium.fluent_page_objects;

import com.lazerycode.selenium.util.Query;
```

```java
import org.openqa.selenium.By;

public class LoginPage extends BasePage {

    private Query usernameField = new Query(By.id("username"),
    driver);
    private Query passwordField = new Query(By.id("password"),
    driver);
    private Query loginButton = new Query(By.id("login"), driver);

    public LoginPage enterUsername(String username) {
        usernameField.findWebElement().sendKeys(username);

        return this;
    }

    public LoginPage enterPassword(String password) {
        passwordField.findWebElement().sendKeys(password);

        return this;
    }

    public void andLogin() {
        loginButton.findWebElement().click();
    }
}
```

我们还需要对 **DriverBase** 进行修改，以识别 LoginPage 对象。

```java
protected LoginPage loginPage;
```

然后，对测试进行修改，让新的流式页面对象的优势得以充分发挥，代码如下。

```java
@Test
public void logInToTheWebsite() {
    driver.get("http://www.example.com/index.html");
    loginPage = new LoginPage();

    loginPage.enterUsername("foo")
            .enterPassword("bar")
            .andLogin();

    assertThat(driver.getTitle()).isEqualTo("Logged in");
}
```

如你所见，测试仍然具有可读性，但是通过将其转换为流式页面对象，使每个操作都转化为不同的方法，极大地提高了测试的灵活性。我们来看一种稍微不同的场景。假设要进行一些客户端验证的检查，如何通过这个新的流式页面对象来实现呢？这种场景下的代码如下。

```
@Test
public void logInToTheWebsiteWithClientSideValidationCheck() {
    driver.get("http://www.example.com/index.html");
    loginPage = new LoginPage();

    loginPage.enterUsername("foo")
            .enterPassword("bar");

    //TODO Perform client side validation check here

    loginPage.andLogin();

    assertThat(driver.getTitle()).isEqualTo("Logged in");
}
```

如你所见，我们获得了极大的灵活性。现在可以先在用户名和密码字段中设置指定值，然后执行断言检查，最后单击"登录"按钮。

看看之前的这段代码，你可能已经注意到，目前.andLogin()方法不返回任何内容，但在之前的代码中，单击链接会返回页面对象。由于登录的情况难以确定，因此登录后的去向也多种多样。这里选择的是一种简易方式，即拥有一个终止上下文。根据个人爱好，也可以创建多个方法来获得不同的结果。例如，可以创建不同的登录方法以返回不同的结果。

```
public void andFailLogin() {
    loginButton.findWebElement().click();
}

public IndexPage andSuccessfullyLogin() {
    loginButton.findWebElement().click();

    return new IndexPage();
}
```

或者，可以把.andLogin()方法改为流式方法，同时再创建一些跳转方法，代码如下。

```
public LoginPage andLogin() {
```

```
        loginButton.findWebElement().click();
        return this;
    }

    public ChangePasswordPage andGoToChangePasswordPage() {

        return new ChangePasswordPage();
    }

    public IndexPage successfully() {

        return new IndexPage();
    }
```

根据具体情况，需要判断哪种实现最简便、最易于理解。这里不存在标准答案。话虽如此，但如果最终你编写出 30 多个不同的登录命令，则可能把事情复杂化了，这其实是没有必要的。

别忘了，在保持可读性的前提下，试着尽量写精简的代码。

5.10   总结

本章讲述了多种创建页面对象的方式。显然，实现方式不但数量多，而且各有所长。但有一个关键点请务必谨记：要尽量使用页面对象来减少重复，进而使代码更简洁，自动检查更易于理解。另外，请将断言放到测试里，而不是放在页面对象中。页面对象用于控制所测试的 Web 页面，@Test 标注的方法则用于验证所测试的 Web 页面是否按预期工作。

当阅读完本章后，你会明白无须将页面对象定义为实际页面，只需要将其定义为相关对象的集合。因此，你可以放心使用支持库（如 PageFactory）或替代库（如 Query）来构建可读性极高的流式页面对象。

下一章将介绍 Selenium 中的高级用户交互 API。

第 6 章
使用高级用户交互 API

本章将介绍高级用户交互 API 的相关概念及其使用方式。高级用户交互 API 通常称为 Actions 对象，可用于执行标准 Selenium API 难以执行的复杂操作。高级用户交互 API 的大部分命令集都是基于鼠标的移动和单击的，但同时也支持键盘操作。高级用户交互 API 是一种流式 API，因此它也提供了将一系列命令链接在一起的功能。正如你将看到的，高级用户交互 API 可以使操作更易于阅读。

> 要获取完整的可用操作列表，可以查看 Actions 类的 Javadoc。请访问 GitHub 官网，在搜索栏输入 Selenium 进行搜索，在搜索结果中选择 SeleniumHQ/selenium 并查看该项目，然后阅读 README.md，单击位于 Documentation 区域中 API documentation 下的 Java 链接，页面跳转后选择 Packages 下的 org.openqa.selenium.interactions 链接，页面跳转后再单击 Class Summary 区域中的 Actions 链接。

本章将介绍高级用户交互 API 的 3 种主要用法。

- 模拟鼠标移动以执行悬停操作。
- 模拟鼠标拖放操作。
- 模拟键盘按键操作。

我们将在本章中完成一些实例，因此需要设置好开发用的 IDE，并做好编写代码的准备工作。可以使用第 1 章里的基本 Selenium 实现。这样，你也许想在测试开始时加入下面这行代码。

```
WebDriver driver = getDriver();
```

这将获得一个 driver 对象，它可以结合本章的示例来使用。

6.1　API 简介

可以使用 Actions 对象执行一系列操作。先从创建一个基本的 Actions 对象开始，代码如下。

```
Actions advancedActions = new Actions(driver);
```

创建过程非常简单，只需要传入一个驱动对象。现在有了一个可用的 Actions 对象。

先执行几个基本的命令，使你大致了解它的作用。

```
WebElement anElement = driver.findElement(By.id("anElement"));
advancedActions.moveToElement(anElement).contextClick().perform();
```

现在已经创建了一个非常基础的脚本，它会把鼠标指针移动到某个元素上，再右击该元素。Actions 对象允许我们对一系列要执行的命令进行排序，然后同时执行所有命令。当命令列表过长时，若还把所有内容都放到同一行里，会显得十分拥挤。可以重新格式化代码，使各个命令变得更加清晰，如下所示。

```
WebElement anElement = driver.findElement(By.id("anElement"));
advancedActions.moveToElement(anElement)
        .contextClick()
        .perform();
```

现在已经把各个操作分别放到单独的行上，使其具有更强的可读性，强烈推荐这种做法。

你可能已经注意到，代码的最后一行是一个名为 .perform() 的额外命令。它会通知 Selenium 已经没有需要排序的命令了，现在请执行截至目前已经排好的所有命令。

如果查看 Actions 类的 Javadoc（或者网上的各种教程），则可能会遇到一个名为 .build() 的链式命令，在之前的示例中，并没有使用它。因为 .build() 命令是由 .perform() 自动调用的，所以无须再进行显式调用。有些人为了清晰起见还是会调用 .build()。为了防止代码混乱，这里不会调用它。

6.2 使用 API 解决困难问题

到目前为止，我们已快速了解了 API 的基本实现。现在介绍一些可能遇到的日常问题，并讨论如何使用 Actions 类来解决这些问题。

6.2.1 使用悬停菜单

首先，需要创建一个基本的 HTML 页面。我们将会用到一些 CSS，用于将 HTML 样式设置成 CSS 悬停菜单。为了尽量使它保持在可管理的小块中，这里会把页面拆分成几个部分。我们先从编写 HTML 开始。

```
<!DOCTYPE html>
<html lang="en">
<head>
    <meta charset="utf-8">
    <title>CSS Menu</title>
    <style type="text/css">${TBC}</style>
</head>
<body>
<ul>
    <li id="home">Home</li>
    <li id="about">About</li>
    <li id="services">
        Services
        <ul>
            <li>Web Design</li>
            <li>Web Development</li>
            <li>Illustrations</li>
        </ul>
    </li>
</ul>
</body>
</html>
```

如你所见，这只是一个非常简单的顺序列表。你可能还会注意到，这里已经加入了一个<style>标签，但是还没有往里面添加任何内容。<style>标签的内容会影响页面的运行。可以将样式内联，也可以将其放在单独的文件中进行引用。要将该列表转换为 CSS 菜单，需要用到的样式如下。

```
<style type="text/css">
      body {
          padding: 20px 50px 150px;
          text-align: center;
          background: white;
      }

      ul {
          text-align: left;
          display: inline;
          margin: 0;
          padding: 15px 4px 17px 0;
          list-style: none;
          box-shadow: 0 0 5px rgba(0, 0, 0, 0.15);
      }

      ul li {
          font: bold 12px/18px sans-serif;
          display: inline-block;
          margin-right: -4px;
          position: relative;
          padding: 15px 20px;
          background: mediumpurple;
          cursor: pointer;
          transition: all 0.3s;
      }

      ul li:hover {
          background: purple;
          color: white;
      }

      ul li ul {
          padding: 0;
          position: absolute;
          top: 48px;
          left: 0;
          width: 150px;
          box-shadow: none;
          display: none;
          opacity: 0;
          visibility: hidden;
          -transition: opacity 0.3s;
```

```
        }

        ul li ul li {
            background: #555;
            display: block;
            color: white;
            text-shadow: 0 -1px 0 black;
        }

        ul li ul li:hover {
            background: dimgrey;
        }

        ul li:hover ul {
            display: block;
            opacity: 1;
            visibility: visible;
        }
    </style>
```

如果将其加载到浏览器中，那么每当鼠标指针悬停在 **Services** 选项上时，将看到另一个菜单，该菜单拥有 3 个新的菜单项。在本例中，我们打算单击 **Web Development** 子菜单项。

这类菜单很难实现自动化。JavaScript 不能触发 CSS :hover 事件（网上有一些人以为可以触发，还希望你也这样认为，但是这不管用）。我们需要找到一个替代方案。通常读者都会在此陷入困境，有人会看到在某些论坛上说可以自动实现该操作……

其实不用这么做，因为 Selenium 开发人员已经提供了一套解决方案。可以使用 Actions 类来解决问题。

那么，需要执行哪些操作呢？我们要让 Selenium 像人一样执行操作，这需要模拟真人使用页面的方式，并执行以下操作。

（1）移动鼠标指针，将其悬停在 **Services** 菜单项上。

（2）一旦将鼠标指针悬停在 **Services** 菜单项上之后，就要等候子菜单的出现。

（3）既然子菜单已经出现，就把鼠标指针移动到 **Web Development** 子菜单项上。

（4）当鼠标指针悬停在 **Web Development** 子菜单项上时，单击。

这样的描述方式看似非常冗长，但重要的是非常清楚所有要做的操作，因为我们会将上述的每一个步骤都编码到 Selenium 测试中。

接着，编写实现这些操作的代码。首先，需要获取页面，并设置一个 Actions 对象和一个 WebDriverWait 对象，代码如下。

```
driver.get("http://www.example.com/cssMenu.html");
Actions advancedActions = new Actions(driver);
WebDriverWait wait = new WebDriverWait(driver, 5, 100);
```

然后，需要在页面上找到与之交互的元素，代码如下。

```
WebElement servicesMenuOption = driver.findElement(By.id("services"));
WebElement webDevelopmentSubMenuOption =
driver.findElement(By.cssSelector("#services > ul > li:nth-child(2)"));
```

最后，使用 Actions 类来执行之前所提到的 4 个步骤，代码如下。

```
advancedActions.moveToElement(servicesMenuOption)
        .perform();

wait.until(ExpectedConditions.visibilityOf(webDevelopmentSubMenuOption));

advancedActions.moveToElement(webDevelopmentSubMenuOption)
        .click()
        .perform();
```

如你所见，Actions 类支持对操作进行链接。遗憾的是，它不支持对等待进行链接。因此，需要将 Actions 链分成两部分，然后在这两部分之间插入一个等待。

之所以要等待，是因为要确保在交互之前，浏览器有机会渲染子菜单。如果不这样做，就会偶尔遇到间歇性错误。时好时坏的测试可不是我们想要的，我们想确保在交互之前，子菜单已渲染完毕。因此，等待至关重要。

> 编写测试时请记得防患于未然。如果你拥有一台功能强大的新机器，而且只在 Chrome 等现代浏览器上进行测试，那么通常代码都能正常运行，无须添加等待来检查事情的动向。但一旦开始进行某些跨浏览器兼容性的检查，即便是相同的测试，也可能无法在运行着 Internet Explorer 8 的 VM 上正常工作。

实现方式看上去挺简单，令人满怀希望。但有没有什么注意事项呢？很遗憾，还真有。在某些不支持原生事件的浏览器上，代码可能没法正常运行。

如前所述，你无法通过 JavaScript 来触发 CSS :hover 事件。这意味着那些不支持原生事件的驱动无法模拟触发 CSS :hover 事件所必需的条件，测试将无法工作。举个例子，Mac OS X 上的 Safari 浏览器就是一种不支持原生事件的驱动程序，因此代码也无法在 Safari 浏览器上正常运行。

要让代码在 Safari 浏览器中正常运行，需要编写一些代码，以控制鼠标指针在屏幕上的移动。可一旦开始这样做，事情就会越变越复杂。第 8 章会讨论一些无法解决的难题，以及可能的变通之策。

6.2.2 使用拖放操作

另一个难以处理的 HTML 结构是支持拖放元素的页面。对于这个例子，我们将创建一个简单的 HTML 页面，通过 jQuery 来支持在界面上拖动元素。我们还要添加一个特殊元素，用于销毁那些可拖动的元素，当我们将那些元素拖到界面上时，会将其从页面中移除。先从基本的 HTML 开始。

```html
<!DOCTYPE html>
<html lang="en">
<head>
    <meta charset=utf-8>
    <title>Drag and drop</title>
    <style type="text/css">${TBC}</style>
    <script src="https://www.example.com/ajax/libs/jquery
    /2.1.3/jquery.min.js"></script>
    <script src="https://www.example.com/ajax/libs/jqueryui
    /1.11.3/jquery-ui.min.js"></script>
</head>
<body>
<header>
    <h1>Drag and drop</h1>
</header>

<div>
    <p>Drop items onto the red square to remove them</p>

    <div id="obliterate"></div>
    <ul>
        <li>
            <div id="one" href="#" class="draggable">one</div>
        </li>
        <li>
            <div id="two" href="#" class="draggable">two</div>
```

```
            </li>
            <li>
                <div id="three" href="#" class="draggable">three</div>
            </li>
            <li>
                <div id="four" href="#" class="draggable">four</div>
            </li>
            <li>
                <div id="five" href="#" class="draggable">five</div>
            </li>
        </ul>
    </div>
    </body>
    <script type="application/javascript">${TBC}</script>
    </html>
```

这段 HTML 代码中的一些链接指向 jQuery 库（这些库在之后将会用到），代码中还有一些${TBC}标记，我们将在其中添加一些样式和 JavaScript 代码。先添加样式。

这些样式将把元素转换成一些美观而易于交互的方框。正如之前所做的，可以将这些样式进行内联或放到外部文件中并链接，选择权归你。

```
<style type="text/css">
    li {
        list-style: none;
    }

    li div {
        text-decoration: none;
        color: #000;
        margin: 10px;
        width: 150px;
        border: 2px groove black;
        background: #eee;
        padding: 10px;
        display: block;
        text-align: center;
    }

    ul {
        margin-left: 200px;
        min-height: 300px;
    }
```

```
#obliterate {
    background-color: red;
    height: 250px;
    width: 166px;
    float: left;
    border: 5px solid #000;
    position: relative;
    margin-top: 0;
}
</style>
```

最后，需要加入 jQuery 代码，使拖放部件能真正动起来。这段代码很简单，应该很容易效仿。

```
<script type="application/javascript">
    $(function () {
        $(".draggable").draggable();

        $('#obliterate').droppable({
            drop: function (event, ui) {
                ui.draggable.remove();
            }
        });
    });
</script>
```

现在已有一个用于拖放的 Web 页面，上面有 1 个大框和 5 个小框（见下图）。小框可以在界面上拖来拖去，但如果把其中一个小框放到大框上，小框就会被销毁。请试着操作一下，确认页面是否完全正常工作。

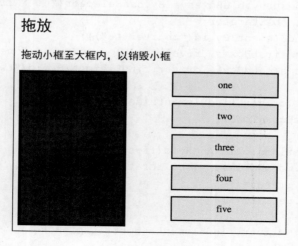

现在，需要编写 Selenium 测试。我们将编写一个简单的测试，用于检查剩下的小框数量。当把小框拖到大框上时，测试将检查小框是否成功销毁。

先从获取测试页面开始，再对将要与之交互的对象进行设置，然后检查是否拥有 5 个可拖动的小框，代码如下。

```
@Test
public void automateJavaScriptDragAndDrop() {
    driver.get("http://www.example.com/jsDragAndDrop.html");
    Actions advancedActions = new Actions(driver);
    final By destroyableBoxes = By.cssSelector("ul > li > div");
    WebElement obliterator =
    driver.findElement(By.id("obliterate"));
    WebElement firstBox = driver.findElement(By.id("one"));
    WebElement secondBox = driver.findElement(By.id("two"));

    assertThat(driver.findElements(destroyableBoxes).size()).isEqualTo(5);
}
```

让我们欣慰的是，一切都已就位，可以着手准备检查销毁小框的拖放功能是否生效了。我们已经设置好 advancedActions 对象，且已找到所有要与之交互的元素。因此，其余部分的代码应该是清晰明了的。

```
@Test
public void automateJavaScriptDragAndDrop() {
    driver.get("http://www.example.com
    /jsDragAndDrop.html");
    Actions advancedActions = new Actions(driver);
    final By destroyableBoxes = By.cssSelector("ul > li > div");
    WebElement obliterator =
    driver.findElement(By.id("obliterate"));
    WebElement firstBox = driver.findElement(By.id("one"));
    WebElement secondBox = driver.findElement(By.id("two"));

    assertThat(driver.findElements(destroyableBoxes).
    size()).isEqualTo(5);

    advancedActions.clickAndHold(firstBox)
            .moveToElement(obliterator)
            .release()
            .perform();

    assertThat(driver.findElements(destroyableBoxes).
```

```
    size()).isEqualTo(4);
}
```

这段代码通过 3 个步骤，来把元素拖到大框上。首先，找到要拖动的元素，单击元素并按住鼠标左键。然后，将元素移动（或者拖动）到大框中。最后，松开鼠标，销毁元素。

把小框拖到大框上进行销毁后，我们再次统计了界面上可用的小框总数，以确认现在是否只剩下 4 个小框，而不是 5 个。还可以确认拖动过的元素是否已经过期（也就是说，它不再位于 DOM 中），但是对于本例来说，统计总数已经足够了。

这些代码不仅有效，而且能将发生的事情描述得一清二楚，但还可以进一步精简代码。由于拖放是一种相当常见的操作，因此在里面有一个快捷命令，该命令可同时执行上述所有命令。

我们对测试进行扩展，让它销毁另一个小框。但是这一次使用的是 dragAndDrop() 方法，请在测试中添加以下代码。

```
advancedActions.dragAndDrop(secondBox, obliterator).perform();
```

```
assertThat(driver.findElements(destroyableBoxes).size()).
isEqualTo(3);
```

dragAndDrop() 方法有两个参数——要进行拖动的元素以及要拖动到的元素。

现在我们已拥有一段既精简又美观的代码，通过它可以执行功能强大的操作。

6.2.3　使用偏移量

我们把用于拖放的代码变得更复杂一点。这要对主页标签及其 JavaScript 代码进行更改，使自动化的实施更具有挑战性。

首先，修改 HTML 代码，在各个可拖动的元素中加入一个<span>元素。然后，把元素对应的文字转移到<span>中，代码如下。

```
<ul>
    <li>
        <div id="one" href="#" class="draggable">
            <span>one</span>
        </div>
    </li>
    <li>
        <div id="two" href="#" class="draggable">
            <span>two</span>
        </div>
```

```
        </li>
        <li>
            <div id="three" href="#" class="draggable">
                <span>three</span>
            </div>
        </li>
        <li>
            <div id="four" href="#" class="draggable">
                <span>four</span>
            </div>
        </li>
        <li>
            <div id="five" href="#" class="draggable">
                <span>five</span>
            </div>
        </li>
    </ul>
```

接下来，对 JavaScript 代码进行调整，将其修改成无法通过<span>元素来拖动<div>元素。这将迫使用户换一种方式进行操作，要把鼠标指针向左或右移开，避免鼠标指针悬停在文字上，代码如下。

```
<script type="application/javascript">
    $(function () {
        $(".draggable").draggable({cancel: "span"});

        $('#obliterate').droppable({
            drop: function (event, ui) {
                ui.draggable.remove();
            }
        });
    });
</script>
```

代码更新完毕后，请在浏览器中重新加载页面，然后进行试验。依然能一如既往地进行操作，但前提是要从框的其他部位拖动元素，而不是从显示文字的地方拖动。

现在，请试着运行之前在实施页面自动化时所编写的脚本，会发现脚本无法执行。问题的根源在于，当使用高级交互 API 来拖动界面上的元素时，执行单击和按住操作的默认坐标位于元素的中心。然而，现在我们已经在<div>元素的中心放置了一个<span>元素，而<span>元素是不可拖动的。要解决这个问题，需要找到一种方法——既要在<div>元素上单击并按住鼠标左键，又要避开<span>元素。我们看看能实现这种操作的代码。

```
@Test
public void automateJavaScriptDragAndDropWithOffset() {
    driver.get("http://www.example.com/
    jsDragAndDropWithHandle.html");
    Actions advancedActions = new Actions(driver);
    final By destroyableBoxes = By.cssSelector("ul > li > div");
    WebElement obliterator =
    driver.findElement(By.id("obliterate"));
    WebElement firstBox = driver.findElement(By.id("one"));

    assertThat(driver.findElements(destroyableBoxes).
    size()).isEqualTo(5);

    advancedActions.moveToElement(firstBox)
            .moveByOffset(-40, 0)
            .clickAndHold()
            .moveToElement(obliterator)
            .release()
            .perform();

    assertThat(driver.findElements(destroyableBoxes).
    size()).isEqualTo(4);
}
```

这一次，我们没有通过 clickAndHold(firstBox) 方法来把鼠标指针移动到元素上并执行单击的操作，而是将其拆分成更多步骤。首先，将鼠标指针移动到元素上。然后，将鼠标指针向左滑动 40 像素。最后，按住鼠标左键。

为什么是 40 像素？因为我查看过标签，在对<span>元素进行外观检查后，我发现它们的宽度并没有超过 32 像素。这意味着只需要向左移动 40 像素，就可以确保鼠标指针没有停留在<span>元素上，但它仍会悬停在整个按钮上。

试着运行前面更新过的测试。这一次，它将按预期拖动这些小框，一切都顺利进行。不过，你应该会注意到，目前的测试可能还存在一点瑕疵。于是我们再次修改测试代码，将其改成下面这样。

```
advancedActions.moveToElement(firstBox)
        .moveByOffset(-40, 0)
        .clickAndHold(firstBox)
        .moveToElement(obliterator)
        .release()
        .perform();
```

如果现在再运行测试，测试会执行失败。为什么会失败呢？这是由于把元素传给了 clickAndHold() 方法，结果它又把鼠标移动到元素的中心了。那么，之前的代码执行过哪些操作呢？操作如下。

（1）将鼠标指针移动到 `<div>` 元素的中心。

（2）将鼠标指针向左移动 40 像素。

（3）将鼠标指针移回 `<div>` 元素的中心。

（4）单击并按住鼠标左键。

这是一种常犯的错误。代码看起来像是对的，于是浪费了几小时来调试这些代码，怎么看都应该能正常运行，可就它就是出错。

 如果已使用了偏移量，请勿再向 clickAndHold() 方法传入元素。

那么，可否对之前的代码进行简化？修改代码，直接在 moveToElement() 命令中设置偏移量，而不再将其分为两部分，代码如下。

```
advancedActions.moveToElement(firstBox, -40, 0)
        .clickAndHold()
        .moveToElement(obliterator)
        .release()
        .perform();
```

如果再运行测试，那么一切都应该按照预期正常工作。

之前已经提到过，为了使测试通过，设置了一个固定的偏移量。然而，这种做法是不恰当的。这样设置偏移量和使用 Thread.sleep() 没什么不同，这是绝对不应该做的事情。相反，应该编写一个函数，使其可以在执行单击操作之前算出可以安全放置鼠标指针的位置。

 如果你正打算把某个硬编码的值放入测试中，请停下来，想一想。这可能是在无缘无故地给未来种下失败的种子。

现在，我们也知道这个函数应该考虑两种不同的鼠标指针起始位置——元素中心及元素左上角。遗憾的是，现实中并不存在通用函数。函数功能是否有效，完全取决于元素的渲染方式。

组装一个示例类，并用它计算适用于当前标签的指针位置。若你今后在现实世界中遇到此问题，希望这会给你提供一些帮助。首先，需要做出某些假设。以下是这里为这个类做出的假设。

- `<div>`元素是四边形。

- `<span>`元素是四边形。

- `<span>`元素始终位于`<div>`中心。

现在可以编写以下代码，完成相关实现。

```
package com.masteringselenium.tests;

import org.openqa.selenium.ElementNotVisibleException;
import org.openqa.selenium.WebElement;

import static com.masteringselenium.tests.CalculateOffsetPosition.
CursorPosition.CENTER;
import static com.masteringselenium.tests.CalculateOffsetPosition.
CursorPosition.TOP_LEFT;

public class CalculateOffsetPosition {

    public enum CursorPosition {
        TOP_LEFT,
        CENTER
    }

    final WebElement parentElement;
    final WebElement childElement;
    final CursorPosition cursorPosition;
    private int xOffset = 0;
    private int yOffset = 0;

    public CalculateOffsetPosition(WebElement parentElement,
    WebElement childElement, CursorPosition cursorPosition) {
        this.parentElement = parentElement;
        this.childElement = childElement;
        this.cursorPosition = cursorPosition;
        calculateOffset();
    }

    public int getXOffset() {
        return xOffset;
```

```
        }

        public int getYOffset() {
            return yOffset;
        }

        private void calculateOffset() throws ElementNotVisibleException {
            int parentHeight = parentElement.getSize().getHeight();
            int parentWidth = parentElement.getSize().getWidth();
            int childHeight = childElement.getSize().getHeight();
            int childWidth = childElement.getSize().getWidth();

            if (childHeight >= parentHeight && childWidth >=
            parentWidth) {
                throw new ElementNotVisibleException("The
                child element is totally covering
                the parent element");
            }

            if (cursorPosition.equals(TOP_LEFT)) {
                xOffset = 1;
                yOffset = 1;
            }
            if (cursorPosition.equals(CENTER)) {
                if (childWidth < parentWidth) {
                    xOffset = (childWidth / 2) + 1;
                }
                if (childHeight < parentHeight) {
                    yOffset = (childHeight / 2) + 1;
                }
            }
        }
    }
```

在处理偏移量时，因为需要能同时返回横坐标和纵坐标的偏移量，所以编写的是一个类，而不是一个方法。类的构造函数会分别读入父元素、子元素和一个枚举值，并告诉我们当前的鼠标位置是在左上角还是中间。

如果子元素的面积比父元素还大，首先要做的事就是抛出 ElementNotVisible Exception 异常。在这种情况下，元素是无法拖动的。因此，我们不妨让测试尽快失败。

TOP_LEFT 的计算很简单。如果子元素与父元素的大小不同，则偏移量（1,1）应始终有效，因为这会将指针放到父元素的左上角。

　　CENTER 的计算则相对复杂。需要先获取子元素目前的高度和宽度，然后计算出需要向上或向右移动的距离，才能把鼠标指针从子元素上挪开。如果子元素的某一维度与父元素相同，那么就不必计算此维度的偏移量，因为这没有意义。

　　我们现在已拥有两个 getter，分别用于获取横坐标和纵坐标的偏移量，并且可以在测试中使用。把这个类插入测试中，让测试使用中心偏移量，然后查看其运行情况。

```
@Test
public void automateJavaScriptDragAndDropWithOffsets() {
    driver.get("http://www.example.com/
    jsDragAndDropWithHandle.html");
    Actions advancedActions = new Actions(driver);
    final By destroyableBoxes = By.cssSelector("ul > li > div");
    WebElement obliterator =
    driver.findElement(By.id("obliterate"));
    WebElement firstBox = driver.findElement(By.id("one"));
    WebElement firstBoxText =
    driver.findElement(By.cssSelector("#one > span"));

    assertThat(driver.findElements(destroyableBoxes).
    size()).isEqualTo(5);

    CalculateOffsetPosition op =
            new CalculateOffsetPosition(firstBox,
            firstBoxText, CursorPosition.CENTER);

    advancedActions.moveToElement(firstBox)
            .moveByOffset(op.getXOffset(), op.getYOffset())
            .clickAndHold()
            .moveToElement(obliterator)
            .release()
            .perform();

    assertThat(driver.findElements(destroyableBoxes).
    size()).isEqualTo(4);
}
```

　　如你所见，我们对测试进行了一些小改动。需要先找到存放文字的元素，才能正确计算偏移量。然后，计算出所需的偏移量，并将其应用到操作中。一切都能正常工作，而且还能确保以后在 <span> 元素变大或 <div> 容器变小时，测试不会无缘无故地失败。

此时可以试着对 HTML 页面进行修改，把中间元素改成不同的大小。修改完成后，再次运行测试，看看它是不是仍然能按照预期工作。

6.2.4　使用快捷访问键

本节将重点介绍快捷访问键的处理方式。可以使用高级用户交互 API 来填写字段，但杀鸡焉用牛刀？填字段用 `Webdriver` 的 `.sendKeys()` 就足以胜任，而且不会有任何问题。与交互有关的问题是快捷访问键，因为它们并不依赖于 DOM 中的指定元素。

快捷访问键的使用颇具争议。有些人认为它们是易于访问的网站所必须具备的，而另一些人则认为它们弄巧成拙，不怎么实用。不管你对它们有何看法，在你职业生涯的某个阶段极有可能会遇到快捷访问键，了解如何处理它们始终是很有益的。

快捷访问键可能很难处理。当使用快捷访问键时，你其实并没有与元素进行交互，而只是向 Web 页面发送了一个按键事件，期望它能被浏览器所接收。这是采用 Selenium 实施自动化的一种特殊做法。而通常做法是创建页面对象，将页面拆分到各个组件中，用它们表示要进行交互的可见元素。因为快捷访问键不是页面的可见部分，触发前不需要与页面的指定部分进行交互，所以要采用略微不同的方式来进行处理。

要编写一个处理快捷访问键的程序，可以将其绑定到基类页面对象，要求其他所有页面对象都可以继承此对象。首先，需要一个有快捷访问键的网站，用于实施自动化。下面有几个简单的 HTML 页面，它们都设置了快捷访问键，用于互相导航。如果按下快捷访问键的组合键及数字键 1，将会显示主页；如果按下快捷访问键的修改键及数字键 9，则将会显示 About 页面。

首先，`accessKeysHome.html` 的代码如下。

```html
<!DOCTYPE html>
<html lang="en">
<head>
    <meta charset="UTF-8">
    <title>Title</title>
</head>
<body>
<nav>
    <a href="accessKeysHome.html" accesskey="1">Home</a>
    <a href="accessKeysAbout.html" accesskey="9">About</a>
</nav>
<h1>Home page</h1>
```

```
<div id="home">This is the home page</div>
</body>
</html>
```

然后，`accessKeysAbout.html` 的代码如下。

```
<!DOCTYPE html>
<html lang="en">
<head>
    <meta charset="UTF-8">
    <title>Title</title>
</head>
<body>
<nav>
    <a href="accessKeysHome.html" accesskey="1">Home</a>
    <a href="accessKeysAbout.html" accesskey="9">About</a>
</nav>
<h1>About page</h1>
<div id="about">This is the home page</div>
</body>
</html>
```

这些页面非常相似，只是文字略有变化。接下来，需要编写一些代码来触发快捷访问键，并确保能够在这两个页面之间进行导航。我本人是 Mac 用户，为了实行自动化而选择的浏览器是 Google Chrome，因此，对于这种操作系统/浏览器的组合，着手编写一个初步实现。

```
private void triggerAccessKey(String accessKey) {
    Actions advancedActions = new Actions(driver);
    advancedActions.keyDown(Keys.CONTROL)
            .keyDown(Keys.ALT)
            .sendKeys(accessKey)
            .perform();
}
```

这段代码非常简单，用于先按住 Ctrl 键和 Alt 键（在 Mac OS X 上用于激活 Chrome 的快捷访问键），然后按下传给该函数的单个按键。和之前一样，这里只调用了 `.perform()`，因为 `.build()` 部分是隐式调用的。现在，可以把该函数插入测试中。

```
@Test
public void testThatUsingAccessKeysWorks() {
    driver.get("http://www.example.com/accessKeysHome.html");
    WebDriverWait wait = new WebDriverWait(driver, 5, 100);
```

```
List<WebElement> home = driver.findElements(By.id("home"));

assertThat(home.size()).isEqualTo(1);

triggerAccessKey("9");
WebElement access =
wait.until(ExpectedConditions.visibilityOfElementLocated
(By.id("about")));

home = driver.findElements(By.id("home"));
assertThat(home.size()).isEqualTo(0);
assertThat(access.isDisplayed()).isTrue();
}
```

我们再次得到一个非常简单的测试。它会加载主页，并检查页面是否成功渲染。接下来，触发导航至 About 页面的快捷访问键。最后，检查当前显示的是否是所访问的页面，而非主页。这看上去的确很简单，不过还存在一些问题。

我们从第一个问题开始。回顾 .triggerAccesskey() 函数，你会注意到，我们虽然按住了 Ctrl 键和 Alt 键，但还没释放它们。如果 About 页面拥有一个类似于反馈表单的东西，要填写内容该怎么办？当试图按数字键 1 时，该函数会调用快捷访问键，然后导航回主页。如今修复问题挺简单，但是最好别忘记，在使用高级交互 API 来触发各种按键时，请务必检查是否进行过清理。下面是更新后的 .triggerAccessKey() 函数。

```
private void triggerAccessKey(String accessKey) {
    Actions advancedActions = new Actions(driver);
    advancedActions.keyDown(Keys.CONTROL)
            .keyDown(Keys.ALT)
            .sendKeys(accessKey)
            .keyUp(Keys.CONTROL)
            .keyUp(Keys.ALT)
            .perform();
}
```

第二个问题就有点难解决了。如果你试图执行之前的示例，但用的不是 Google Chrome 和 OS X，可能就会发现它根本无法工作。对于快捷访问键，并不存在 W3C 推荐标准，因此浏览器制造商无法得到相关指示，以决定应该使用哪种组合键来激活快捷访问键。这意味着各个浏览器制造商都会自己选择某种组合键并投入使用。更复杂的是，不同的操作系统以不同的方式使用键盘上的按键。这意味着，如果换了一种操作系统，那么即使继续用同一种浏览器，用于激活快捷访问键的组合键也会有所不同。

仍有任务摆在我们面前，我们应该让代码在跨平台方式下也可靠地运行。

> Mozilla 开发者网络（Mozilla Developer Network，MDN）上有一个关于快捷访问键的实用页面，其中提供了当前可用的快捷访问键的最新信息（请访问 Mozilla Developer 官方网站，然后在搜索框输入 accesskey 进行搜索，并查看搜索结果中的第一篇文章）。在尝试自行实现下述示例时，请务必查看此页面，以防情况发生变化。

我们先从一个表开始讲解，该表列出了调用快捷访问键的各种组合键。

浏览器	Windows 系统下的组合键	Linux 系统下的组合键	Mac OS X 系统下的组合键
Firefox	Alt + Shift + <Key>	Alt + Shift + <Key>	Ctrl + Alt + <Key>
Internet Explorer	Alt + <Key>	N/A	N/A
Edge	Alt + <Key>	N/A	N/A
Google Chrome	Alt + <Key>	Alt + <Key>	Ctrl + Alt + <Key>
Safari	N/A	N/A	Ctrl + Alt + <Key>
Opera	Alt + <Key>	Alt + <Key>	Ctrl + Alt + <Key>

现在，请阅读上述表格，看起来除了 Firefox 之外，各浏览器制造商在各个操作系统之间所设定的操作几乎是一致的。只要能确定测试是否可以在 OS X 上运行，就几乎得到了所需要的一切。不过，对于 Firefox，显然还有一些例外。我们编写相关的代码。

首先，创建一个 OperatingSystem 枚举，以便确定正在哪个操作系统上运行测试。

```
package com.masteringselenium.accessKeys;

public enum OperatingSystem {

    WINDOWS("windows"),
    OSX("mac"),
    LINUX("linux");

    private String operatingSystemName;
```

```java
OperatingSystem(String operatingSystemName) {
    this.operatingSystemName = operatingSystemName;
}

String getOperatingSystemType() {
    return operatingSystemName;
}

public static OperatingSystem getCurrentOperatingSystem() {
    String currentOperatingSystemName =
    System.getProperties().getProperty("os.name");
    for (OperatingSystem operatingSystemName : values()) {
        if (currentOperatingSystemName.toLowerCase()
        .contains(operatingSystemName.getOperatingSystemType()))
        {
            return operatingSystemName;
        }
    }

    throw new IllegalArgumentException("Unrecognised operating
    system name '" + currentOperatingSystemName + "'");
    }
}
```

然后，需要一个 Browser 枚举，可以用它来计算出运行测试的浏览器类型。

```java
package com.masteringselenium.accessKeys;

import org.openqa.selenium.remote.BrowserType;

public enum Browser {
    FIREFOX(BrowserType.FIREFOX),
    GOOGLECHROME(BrowserType.CHROME),
    SAFARI(BrowserType.SAFARI),
    OPERA(BrowserType.OPERA_BLINK),
    IE(BrowserType.IEXPLORE),
    EDGE(BrowserType.EDGE);

    private String type;

    Browser(String type) {
        this.type = type;
    }
```

```
public static Browser getBrowserType(String browserName) {
    for (Browser browser : values()) {
        if (browserName.toLowerCase().contains(browser.type)) {
            return browser;
        }
    }

    throw new IllegalArgumentException("Unrecognised
    browser name
    '" + browserName + "'");
    }
}
```

请注意，BrowserType 的定义是从 Selenium 中提取的，这是因为我们将使用驱动程序对象的现有功能来确定当前运行测试的浏览器类型。这意味着，如果在功能内部使用的名称发生了变化，我们将免费获得更新。现在，需要更新 .triggerAccessKey() 函数，并将所有内容组合在一起。

```
import com.masteringselenium.accessKeys.Browser;
import com.masteringselenium.accessKeys.OperatingSystem;
private void triggerAccessKeyLocal(String accessKey) {
    Actions advancedActions = new Actions(driver);
    OperatingSystem currentOS =
    OperatingSystem.getCurrentOperatingSystem();
    String currentBrowserName =
    driver.getCapabilities().getBrowserName();
    Browser currentBrowser =
    Browser.getBrowserType(currentBrowserName);

    switch (currentOS) {
        case OSX:
            advancedActions.keyDown(Keys.CONTROL)
                    .keyDown(Keys.ALT)
                    .sendKeys(accessKey)
                    .keyUp(Keys.ALT)
                    .keyUp(Keys.CONTROL)
                    .perform();
            break;
        case LINUX:
        case WINDOWS:
            if (currentBrowser.equals(FIREFOX)) {
                advancedActions.keyDown(Keys.ALT)
                        .keyDown(Keys.SHIFT)
```

```
                                     .sendKeys(accessKey)
                                     .keyUp(Keys.SHIFT)
                                     .keyUp(Keys.ALT)
                                     .perform();
                    } else {
                        advancedActions.keyDown(Keys.ALT)
                                     .sendKeys(accessKey)
                                     .keyUp(Keys.ALT)
                                     .perform();
                    }
                    break;
                default:
                    throw new IllegalArgumentException("Unrecognised
                    operating
                    system name '" + currentOS + "'");
        }
    }
```

为了简单起见，我们在这段代码中进行了一些假设。首先，假设你永远不会在 Linux 操作系统或 Mac OS X 上遇到 Internet Explorer 或 Edge 浏览器，因此这里忽略了这些场景。其次，假设你不会在 Windows 或 Linux 系统中遇到 Safari 浏览器，所以我们也略过了这些场景。这意味着其实我们唯一关注的浏览器是 Firefox。以后如果情况发生变化，那么可以在当前 switch 语句的各个 case 块中嵌套 switch 语句，目前其实还没有这样做的必要。

无论编写测试时用的哪种浏览器/操作系统的组合，现在如果再运行测试，一切都应该能正常运行。

然而，目前还存在一个问题：如果在 Selenium-Grid 上使用这段代码会怎么样？你所连接的网格计算机上的操作系统可能与你当前使用的操作系统不同。别担心，这也可以解决。RemoteWebDriver 实例应该具有一个名为 Platform 的功能。

我们最初并没有使用这个功能，原因在于它并不总是设置好的（不过以后应该会设置好，之后这将不再是个问题）。我们需要进行一些修改才能使用它，先从 OperatingSystem 枚举开始。Selenium 中有一个名为 Platform 的枚举，用于提供一系列可能的平台，并将它们映射到平台系列（Windows、UNIX、Mac 等）。实际上，可以用 Platform 枚举来代替 OperatingSystem 枚举，因为 RemoteWebDriver 对象已经有一个名为 driver.getCapabilities().getPlatform() 的方法。

现在立即动手删除已经无用的 OperatingSystem 枚举。接着，需要对 triggerAccessKey() 函数进行调整，以使用 Selenium 所提供的 Platform 枚举。

```
private void triggerAccessKey(String accessKey) {
    Actions advancedActions = new Actions(driver);
    Platform currentOS = driver.getCapabilities().getPlatform();
    Platform currentOSFamily = (null == currentOS.family() ?
    currentOS : currentOS.family());
    String currentBrowserName =
    driver.getCapabilities().getBrowserName();
    Browser currentBrowser =
    Browser.getBrowserType(currentBrowserName);

    switch (currentOSFamily) {
        case MAC:
            advancedActions.keyDown(Keys.CONTROL)
                    .keyDown(Keys.ALT)
                    .sendKeys(accessKey)
                    .keyUp(Keys.ALT)
                    .keyUp(Keys.CONTROL)
                    .perform();
            break;
        case UNIX:
        case WINDOWS:
            if (currentBrowser.equals(FIREFOX)) {
                advancedActions.keyDown(Keys.ALT)
                        .keyDown(Keys.SHIFT)
                        .sendKeys(accessKey)
                        .keyUp(Keys.SHIFT)
                        .keyUp(Keys.ALT)
                        .perform();
            } else {
                advancedActions.keyDown(Keys.ALT)
                        .sendKeys(accessKey)
                        .keyUp(Keys.ALT)
                        .perform();
            }
            break;
        default:
            throw new IllegalArgumentException("Unrecognised
            operating system name '" + currentOS + "'");
    }
}
```

可以看出，我们需要多做一些工作才能确保返回的是一个有效的系列。如果从功能中返回的是一个基础系列（如 Windows），那么若再调用 `.family()`，将返回一个 null 值。

可通过插入一个三元语句来解决这个问题，如果调用 .family() 返回的是 null，则此三元语句将确保只返回基础系列对象。

 不太明白什么是三元语句？它是一种条件运算符，这种运算符实际上只是 if-then-else 语句的一种简写方式。可以在 Oracle 官方网站查阅更多相关资料。先进入官网，单击 Product Documentation，在产品列表中选择 Java。页面跳转后，单击 Java SE documentation 链接，单击 Java Tutorials 链接。页面再次跳转后，单击 Learning the Java Language 链接，单击 Language Basics 链接。页面又一次跳转后，在左侧菜单中选择 "Equality, Relational, and Conditional Operators"。

现在，如果再次运行相同的测试，并将其连接到远程网格，那么一切都应该重新开始工作。但可能还存在一些边缘情况：可以在不设置平台功能的情况下实例化驱动程序对象。我们可以进一步对其进行扩展，以便在无法从驱动对象的功能中获取 Platform 的名称时，回头获取本地操作系统的名称，然后尝试使用它。

 请尝试自行扩展 .triggerAccessKey() 函数，以便在未给当前 driver 对象的功能指定 Platform 类型的情况下，可以引用本地操作系统。

要从各个角度覆盖所有场景是一项艰巨的任务，这是通过本次练习能够学到的一个重要经验。

 与键盘进行交互听上去挺简单。然而，因为存在跨平台兼容性的问题，所以实践起来会比最初想象的要困难得多。一般情况下我们无须关注这些事项，因为 Selenium API 已经提供了编写好的方法，它支持在多种浏览器/平台的组合上运行。但许多人总喜欢在第一时间探究自己的解决方案，而不是使用已提供的现成方案。如果下次再想这样做，请不要忘了，要使自己的解决方案支持跨平台且能正常运行要经历多少磨难。请扪心自问："这样做真有必要吗？"

6.2.5　高级交互 API 并非绝对有效

高级交互 API 的功能虽强，但并不完美。有时候，事情就是行不通。

我们来看看最后一个例子（即之前的拖放功能示例页面）。其代码之所以能正常工作，是因为使用 JavaScript 来创建拖放功能。

可以重新编写此页面，但用的是 HTML5 中的 `draggable` 属性，再添加一些事件监听器。然而，如果这样做，高级交互 API 将无法再对这些方框进行拖放，因为它还不支持此功能（当前 Selenium 版本为 3.12.0）。

随着新技术的出现，核心 Selenium 绑定需要一定时日才能支持它们。所以，如果它尚未支持某些功能，而你又需要编写对应脚本，应该怎么办？

可以给 Selenium 编写一个补丁，然后提交。或者用其他方式解决此问题。

要克服 Selenium 的缺点，最常用的一种办法是使用 JavaScript 执行器。下一章将介绍 JavaScript 执行器的工作原理，以及如何通过它来解决问题。

6.3　总结

本章展示了一系列场景，在这些场景下，若不使用物理键盘或鼠标，执行代码很不方便。在这种情况下，很多人会借助第三方工具，或者用一些高科技来与物理键盘或鼠标进行交互。

阅读完本章后，你就无须再那样操作。相反，你可以充分发挥高级交互 API 的潜力，用它来与键盘和鼠标进行交互。由于 API 还存在局限性，部分场景还不支持它，但这些场景是可以识别的。

下一章将探讨如何突破目前遇到的这些局限，并讨论如何充分运用 `JavascriptExecutor` 类的潜能来实现目标。在实现过程中，我们既会研究其功能，也会试问自己是否应该这样操作。

第 7 章
使用 Selenium 执行 JavaScript 代码

本章将讲述如何在 Selenium 中直接执行 JavaScript 代码段，探讨其适用范围，并研究如何通过这种方式来克服在编写脚本期间可能遇到的困难，同时也会通过一些案例来讲述某些注意事项。

本章所涉及的主题如下。

- 使用 JavaScript 与浏览器中的网站进行交互。

- 将 JavaScript 库注入当前网站中。

- 使用 JavaScript 执行复杂操作。

- 使用 JavaScript 提供一种能让用户与测试进行交互的方法。

首先，本章展示 JavascriptExecutor 是如何在 Selenium 中实现的。

7.1 JavaScript 执行器简介

Selenium 拥有一套成熟的 API，对于你想要执行的绝大多数自动化任务，API 都能够妥善处理。话虽如此，偶尔还会遇到一些问题，而 API 似乎还没有解决它们。在编写 Selenium 期间，开发团队对此非常上心，所以提供了一种能轻松注入并执行任意 JavaScript 代码段的方法。下面展示一个使用 Selenium 的 JavaScript 执行器的基本示例，代码如下。

```
driver.executeScript("console.log('I logged something to the Javascript console');");
```

这段代码现在可能还无法正常运行，这取决于传递的对象类型。如果传递的是 RemoteWebDriver 实例（包括 FirefoxDriver 和 ChromeDriver），代码就可以正常运行。但如果传递的是一个 **WebDriver** 实例，编译就无法通过。如果传递的是一个 `WebDriver` 对象，则需要执行以下操作。

```
JavascriptExecutor js = (JavascriptExecutor) driver;
js.executeScript("console.log('I logged something to the Javascript
console');");
```

因为 `WebDriver` 对象没有实现 `JavascriptExecutor` 接口，所以无法使用执行脚本的函数，除非对它进行转换。但如果直接使用 `RemoteWebDriver` 实例或继承于 `RemoteWebDriver` 的其他实例，就可以直接访问 `.executeScript()` 函数。目前主流的驱动实现都继承于 `RemoteWebDriver`，所以不必将对象转换为 `JavascriptExecutor` 类型。对于本章接下来的所有示例，假设传递的都是 `RemoteWebDriver` 对象（如果使用的是在第 1 章和第 2 章中创建的基础框架，则已经满足这一点）。下面是一个直接使用 `FirefoxDriver` 的示例，它可以证明这种方式的有效性。

```
FirefoxDriver driver = new FirefoxDriver(new FirefoxProfile());
driver.executeScript("console.log('I logged something to the Javascript
console');");
```

上面两个示例中的第 2 行代码可以命令 Selenium 执行任意一段 JavaScript 代码。在本例中，我们只在浏览器的 JavaScript 控制台中输出了一些内容。

我们还可以获取 `.executeScript()` 函数的返回值。举个例子，如果对第一个示例中的 JavaScript 脚本进行过调整，那么便可以让 Selenium 告知我们是否已成功将内容写入 JavaScript 控制台，代码如下。

```
driver.executeScript("return console.log('I logged something to the
Javascript console');");
```

在这个例子中，JavaScript 执行器返回的结果为 `true`。

JavaScript 代码的开头怎么会是 `return` 语句？这是由于 Selenium 在执行这段 JavaScript 代码时，是将其作为匿名函数的函数体来执行的。这意味着，如果没有在 JavaScript 代码段的开头加上 `return` 语句，Selenium 实际执行的是如下 JavaScript 函数。

```
var anonymous = function () {
    console.log('I logged something to the Javascript console');
};
```

该函数会在控制台中进行记录，但不返回任何内容。因此，我们无法访问 JavaScript 代码段的执行结果。如果在 `console.log()` 前面加上一个 `return` 语句，就会执行如下匿名函数。

```
var anonymous = function () {
    return console.log('I logged something to the Javascript
    console');
};
```

这确实能够返回有效的内容。在本例中，它返回的是向控制台写入文本的试验结果。如果成功将文本写入控制台，则会返回 true；如果失败，则返回 false。

需要注意的是，在本例中，把响应结果另存为对象类型，并非字符串类型或布尔类型。这是因为 JavaScript 执行器可以返回多种不同类型的对象。我们所能获得的响应类型如下。

- 如果结果为 null 或没有返回值，则返回 null。

- 如果结果是 HTML 元素，则返回 WebElement 类型。

- 如果结果是小数，则返回 double 类型。

- 如果结果不是小数，则返回 long 类型。

- 如果结果是布尔值，则返回 Boolean 类型。

- 如果结果是一个数组，则返回 List 对象。List 中包含的各个对象也遵循这种类型转换规则（支持嵌套列表）。

- 在其余情况下，返回 string 类型。

这份列表真是令人叹为观止，让人切身感受到这种方法的强大之处。但它还有更强大的功能，你还可以向 .executeScript() 函数传入参数。传入的参数可以是 Number、Boolean、String、WebElement 和 List 类型。

传入的参数将会存放在一个能被 JavaScript 代码访问的变量中，这个变量的名称为 arguments。对这个例子进行扩展，使其支持参数传递，代码如下。

```
String animal = "Lion";
int seen = 5;
driver.executeScript("console.log('I have seen a ' +
arguments[0] + ' ' + arguments[1] + ' times(s)');", animal, seen);
```

这一次，你将会看到我们成功地把以下文本输出到控制台中。

I have seen a Lion 5 times(s)

如你所见，JavaScript 执行器具有极大的灵活性。可以自由编写一些复杂的 JavaScript 代码，并通过 Java 代码传入多个不同类型的参数。

7.2　JavaScript 执行器的误用与滥用

现在我们已经掌握了在 Selenium 中执行 JavaScript 代码段的基本方法。到这一步，就有人会渐渐开始得意忘形了。

如果查阅 Selenium 用户的邮件列表，那么会看到许多人都在咨询元素无法单击的原因。大多数情况下，这是由于他们在尝试与不可见的元素进行交互时，不允许单击。这个问题的真正解决方案是，先执行一个能使元素可见的操作（与手工使用网站时执行的操作相同），再与之交互。

有人提供了一条捷径，用的是一种非常不明智的做法：使用 JavaScript 执行器来触发元素上的单击事件。如果这样做，测试可能会通过。但这种解决方案为什么是不明智的呢？

为了确定用户是否能够与元素进行交互，Selenium 开发团队已经投入了相当多的时间去编写相应代码。代码非常可靠。所以，如果 Selenium 断定当前不能与元素进行交互，那么是不太可能判断错误的。要确定是否能与元素进行交互，需要考虑很多因素，甚至包括元素的 z-index 属性。例如，假设你打算单击某个元素，而该元素上方又覆盖了一个透明元素，阻挡了单击操作，因此无法单击该元素。在视觉上，要单击的元素是可见的，但 Selenium 会正确地将其视为不可见。

如果此时调用 JavaScript 执行器来触发该元素上的单击事件，测试将会通过，但是当用户手动使用网站时，将无法与该元素进行交互。

然而，如果 Selenium 判断有误，其实你可以与想要单击的元素进行手动交互，又该怎么办？这听上去挺不错，但仍有两件事需要考虑。

首先，这种情况适用于所有浏览器吗？如果 Selenium 认定无法与某些内容进行交互，那么这可能是具有充分理由的。例如，标记或 CSS 是否太过复杂？是否需要进行简化？

其次，对于要进行交互的元素，它在今后会不会被阻挡是绝对无法预知的。如果现在就使用 JavaScript 执行器，一旦应用程序发生错误，那么测试很可能继续通过。当出现问题时，测试无法标记失败，简直比没有测试还糟！

如果把 Selenium 当成工具箱，那么 JavaScript 执行器无疑是其中一种非常强大的工具。然而，应当将 JavaScript 执行器视为最后一张底牌，当所有其他办法都行不通时才能启用它。很多人只要稍微遇到点困难，就把 JavaScript 执行器作为解决方案而滥用。

如果你正在使用 JavaScript 执行器来重写 Selenium 已经提供的代码，那绝对是错误的做法。你所编写的代码未必更加出色。因为这是 Selenium 开发团队长期以来一直在做的事，很多人都投入其中，大部分人都是该领域的专家。如果你还在编写在页面上查找元素的方法，则很可能已误入歧途。请使用 Selenium 已经提供的 .findElement() 方法。

在偶然情况下，你可能会发现 Selenium 中的 Bug，它妨碍你以期望方式与元素进行交互。许多人的第一反应就是使用 JavascriptExecutor 来编写相应代码，以解决 Selenium 中存在的问题。

请耐心等待。你是不是已经将 Selenium 升级到最新版本？在无须进行升级时，是否也依然坚持将 Selenium 升级到最新版？使用稍旧一点但工作正常的 Selenium 版本是完全可以接受的。不必无缘无故地强制升级，尤其是这意味着可能存在以前从未遇到的问题，你还要自己思考解决方案。

正确的做法是使用适合你的 Selenium 稳定版本。可以随时把 Bug 上报给 Selenium 项目组，甚至编写修复代码并提交拉取请求。不要给自己增加额外的工作来编写一个替代方案，它可能并不是理想的解决方案，除非真有必要。

7.3 JavaScript 执行器的正确用法

我们看一些示例，示例中的这些内容可以通过 JavaScript 执行器来实现，但无法通过 Selenium API 来实现。

首先，我们将从获取元素的文本开始。

获取元素的文本？这太简单了，可以直接使用现成的 Selenium API，代码如下。

```
WebElement myElement = driver.findElement(By.id("foo"));
String elementText = myElement.getText();
```

所以为什么还要用 JavaScript 执行器来查找元素的文本呢？

使用 Selenium API 可以轻松获得元素文本，但仅限于某些条件。用于获取文本的元素必须处于显示状态。如果 Selenium 认为元素没有显示，就会返回空字符串。如果你想从某个隐藏的元素中获取文本，那可就不走运了。你需要使用 JavaScript 执行器来实现对应的方法。

为什么要做这种事？假设你拥有一个响应式网站，可以根据不同的分辨率显示不同的元素，可能需要同时检查两个不同的元素是否都向用户展示了相同的文本。要做到这一点，需要同时获取可见元素及不可见元素的文本，以便进行比较。创建一个方法来获取隐藏的文本。

```
private String getHiddenText(WebElement element) {
    JavascriptExecutor js = (JavascriptExecutor)
    ((RemoteWebElement) element).getWrappedDriver();
    return (String) js.executeScript("return arguments[0].text",
    element);}
```

该方法具有一些巧妙之处。首先，我们获取了要进行交互的元素，然后提取出了与之相关的 `driver` 对象。通过将 `WebElement` 转换为 `RemoteWebElement` 来实现这一点，因为在转换之后就可以使用 `getWrappedDriver()` 方法了。这样便不会总是将驱动对象传来传去（在某些代码库中经常发生这种事）。

不巧的是，我们获得的是一个基础的 `WebDriver` 对象，而不是 `RemoteWebDriver` 对象，因此必须先将 `WebDriver` 对象转换为 `JavascriptExecutor` 对象，才能调用 `.executeScript()` 方法。接下来，开始执行 JavaScript 代码段，并把原来的元素作为参数传进去。最后，获得了调用 `executeScript()` 后的返回值，并将其转换为字符串类型，再把它作为整个方法的执行结果返回。

一般情况下，获取本文这种操作属于一种**代码异味**。测试不应该依赖于网站上显示的特定文本，因为它的内容随时都会发生变化。维护那些用来检查站点内容的测试，需要做大量工作，而且还会使功能测试变得脆弱无比。最好的办法是测试向网站注入内容的机制。如果你使用 CMS 来将文本注入指定的模板主键，则可以测试各个元素是否关联了正确的模板主键。

7.4　更复杂的案例

想看看更复杂的案例吗？你可能还记得在第 6 章中，我们了解了高级用户交互 API 的使用方法，用它与页面进行交互，以执行元素拖放操作。第 6 章中的实现方式是基于 jQuery 的，而不是基于 HTML5 原生代码的。然而，高级用户交互 API 无法处理基于 HTML5 的

拖放功能。所以，如果要自动实现一个基于 HTML5 的拖放操作，该怎么办？答案是使用
JavascriptExecutor。先看看 HTML5 版本的拖放示例页中的标签，代码如下。

```html
<!DOCTYPE html>
<html lang="en">
<head>
    <meta charset=utf-8>
    <title>Drag and drop</title>
    <style type="text/css">
        li {
            list-style: none;
        }
        li a {
            text-decoration: none;
            color: #000;
            margin: 10px;
            width: 150px;
            border-width: 2px;
            border-color: black;
            border-style: groove;
            background: #eee;
            padding: 10px;
            display: block;
        }

        *[draggable=true] {
            cursor: move;
        }

        ul {
            margin-left: 200px;
            min-height: 300px;
        }

        #obliterate {
            background-color: green;
            height: 250px;
            width: 166px;
            float: left;
            border: 5px solid #000;
            position: relative;
            margin-top: 0;
        }
```

```
            #obliterate.over {
                background-color: red;
            }
        </style>
</head>
<body>
<header>
    <h1>Drag and drop</h1>
</header>

<article>
    <p>Drag items over to the green square to remove them</p>

    <div id="obliterate"></div>
    <ul>
        <li><a id="one" href="#" draggable="true">one</a></li>
        <li><a id="two" href="#" draggable="true">two</a></li>
        <li><a id="three" href="#" draggable="true">three</a></li>
        <li><a id="four" href="#" draggable="true">four</a></li>
        <li><a id="five" href="#" draggable="true">five</a></li>
    </ul>
</article>
</body>
<script>
    var draggableElements = document.querySelectorAll('li > a'),
            obliterator = document.getElementById('obliterate');

    for (var i = 0; i < draggableElements.length; i++) {
        element = draggableElements[i];
        element.addEventListener('dragstart', function (event) {
            event.dataTransfer.effectAllowed = 'copy';
            event.dataTransfer.setData('being-dragged', this.id);
        });
    }
    obliterator.addEventListener('dragover', function (event) {
        if (event.preventDefault) event.preventDefault();
        obliterator.className = 'over';
        event.dataTransfer.dropEffect = 'copy';
        return false;
    });

    obliterator.addEventListener('dragleave', function () {
        obliterator.className = '';
```

```
        return false;
    });

    obliterator.addEventListener('drop', function (event) {
        var elementToDelete = document.getElementById(
         event.dataTransfer.getData('being-dragged'));
        elementToDelete.parentNode.removeChild(elementToDelete);
        obliterator.className = '';
        return false;
    });
</script>
</html>
```

请注意，这个页面看起来与在第 6 章中使用的页面非常相似。然而，它们的实现方式是不同的。

 请注意，需要一个支持 HTML5/CSS3 的浏览器才能使页面正常工作。最新版本的 Google Chrome、Opera Blink、Safari 和 Firefox 都可以正常工作，而 Internet Explorer 可能存在问题（这取决于所使用的版本）。要获取最新的 HTML5/CSS3 支持列表，请查看 caniuse 官方网站。

如果使用高级用户交互 API 来对页面进行自动化，那么会发现该方法不可行，因为高级交互 API 无法触发所有必需的触发器。这需要使用 JavascriptExecutor 强大的功能及出色的灵活性。

使用 JavascriptExecutor 执行复杂的 JavaScript 代码段

首先，需要编写一些 JavaScript 代码来模拟在执行拖放操作时需要触发的事件。为此，我们将创建 3 个 JavaScript 函数（注意，这 3 个函数用的不是 Java 代码）。第一个函数用于创建 JavaScript event 实例。

```
function createEvent(typeOfEvent) {
    var event = document.createEvent("CustomEvent");
    event.initCustomEvent(typeOfEvent, true, true, null);
    event.dataTransfer = {
        data: {},
         setData: function (key, value) {
            this.data[key] = value;
        },
        getData: function (key) {
```

```
            return this.data[key];
        }
    };
    return event;
}
```

然后，编写另一个函数，它用于触发所创建的 event 实例。该函数还支持传入元素上设置的 dataTransfer 值，我们需要用它来跟踪拖动中的元素。

```
function dispatchEvent(element, event, transferData) {
    if (transferData !== undefined) {
        event.dataTransfer = transferData;
    }
    if (element.dispatchEvent) {
        element.dispatchEvent(event);
    } else if (element.fireEvent) {
        element.fireEvent("on" + event.type, event);
    }
}
```

最后，还需要一个函数，该函数能同时调度前两个函数来模拟拖放操作。

```
function simulateHTML5DragAndDrop(element, target) {
    var dragStartEvent = createEvent('dragstart');
    dispatchEvent(element, dragStartEvent);
    var dropEvent = createEvent('drop');
    dispatchEvent(target, dropEvent, dragStartEvent.dataTransfer);
    var dragEndEvent = createEvent('dragend');
    dispatchEvent(element, dragEndEvent, dropEvent.dataTransfer);
}
```

请注意，需要给 simulateHTML5DragAndDrop 函数传入两个元素——要进行拖动的元素以及要拖动到的元素。

> 先在浏览器中试用 JavaScript 代码，绝对是一个好办法。可以将之前的函数复制到浏览器的控制台中再进行试用，以确保它们能按照预期正常工作。如果在 Selenium 测试中出现错误，就能大致断定它是由于 JavascriptExecutor 调用而出的错，而不是 JavaScript 代码有问题。

现在需要将这些脚本放到 JavascriptExecutor 中，并加入对 simulateHTML5 DragAndDrop 函数的调用（现在看到的是 Java 代码）。

```
private void simulateDragAndDrop(WebElement elementToDrag, WebElement
target) {
    driver.executeScript("function createEvent(typeOfEvent)
    {\n" + " var event = document.createEvent(\"CustomEvent\");
    \n" + " event.initCustomEvent(typeOfEvent, true, true, null);
    \n" +
                "       event.dataTransfer = {\n" +
                "           data: {},\n" +
                "           setData: function (key, value) {\n" +
                "               this.data[key] = value;\n" +
                "           },\n" +
                "           getData: function (key) {\n" +
                "               return this.data[key];\n" +
                "           }\n" +
                "       };\n" +
                "       return event;\n" +
                "}\n" +
                "\n" +
                "function dispatchEvent(element, event,
                transferData) {\n" +
                "       if (transferData !== undefined) {\n" +
                "           event.dataTransfer = transferData;\n"
                +     "       }\n" +
                "       if (element.dispatchEvent) {\n" +
                "           element.dispatchEvent(event);\n" +
                "       } else if (element.fireEvent) {\n" +
                "           element.fireEvent(\"on\" + event.type,
                event);\n" +
                "           }\n" +
                "}\n" +
                "\n" +
                "function simulateHTML5DragAndDrop(element,
                target) {\n" +
                "       var dragStartEvent =
                createEvent('dragstart');\n" +
                "       dispatchEvent(element, dragStartEvent);
                \n" +
                "       var dropEvent = createEvent('drop');\n" +
                "       dispatchEvent(target, dropEvent,
                dragStartEvent.dataTransfer);\n" +
                "       var dragEndEvent =
                createEvent('dragend');\n" +
                "       dispatchEvent(element, dragEndEvent,
```

```
                              dropEvent.dataTransfer);\n" +
        "}\n" +
        "\n" +
        "var elementToDrag = arguments[0];\n" +
        "var target = arguments[1];\n" +
        "simulateHTML5DragAndDrop(elementToDrag,
        target);",
        elementToDrag, target);
    }
```

这个方法其实只对 JavaScript 代码进行了封装。首先，获得一个 driver 对象，并将其转换为 JavascriptExecutor。然后，将 JavaScript 代码作为字符串传递给执行器。我们还对之前编写的 JavaScript 函数进行了一些补充，先设置了两个变量（这里使用变量主要是为了让代码更加清晰，若要内联这些变量也相当容易），这些变量用于存放以参数形式传进来的 WebElement。最后在调用 simulateHTML5DragAndDrop 函数时使用这些元素。

现在离解开难题只有一步之遥。为此，编写对应的测试，并在测试中使用 simulateDragAndDrop 方法，代码如下。

```
@Test
public void dragAndDropHTML5() {
    driver.get("http://www.example.com/dragAndDrop.html");

    By destroyableBoxes = By.cssSelector("ul > li > a");
    WebElement obliterator =
    driver.findElement(By.id("obliterate"));
    WebElement firstBox = driver.findElement(By.id("one"));
    WebElement secondBox = driver.findElement(By.id("two"));

    assertThat(driver.findElements(destroyableBoxes).size()).isEqualTo(5);

    simulateDragAndDrop(firstBox, obliterator);

    assertThat(driver.findElements(destroyableBoxes).size()).isEqualTo(4);

    simulateDragAndDrop(secondBox, obliterator);

    assertThat(driver.findElements(destroyableBoxes).size()).isEqualTo(3);
}
```

这个测试与在第 6 章中编写的测试非常相似。它会分别查找两个方框，然后使用模拟拖放功能，依次将其销毁。如你所见，JavascriptExecutor 的功能非常强大。

7.5　JavaScript 库的导入方式

从理论上来说，当事情进展到一定程度后，应该编写自己的 JavaScript 库，并将其导入，而不是作为字符串发送所有内容。而另一种选择是导入已有的库。

我们编写相应的代码，以便能按照自己的选择来导入 JavaScript 库。这段 JavaScript 代码并不复杂。要做的事情就是创建一个新的<script>元素，并在里面加载库文件。首先，要确保可以在当前类中访问 driver 对象。

```
private RemoteWebDriver driver;
@BeforeMethod
public void setup() {
    driver = getDriver();
}
```

然后，再添加一些代码，以注入<script>元素。

```
private void injectScript(String scriptURL) {
    driver.executeScript("function injectScript(url) {\n" +
            "    var script =
            document.createElement('script');\n" +
            "    script.src = url;\n" +
            "    var head =
            document.getElementsByTagName('head')[0];
            \n" +
            "    head.appendChild(script);\n" +
            "}\n" +
            "\n" +
            "var scriptURL = arguments[0];\n" +
            "injectScript(scriptURL);"
            , scriptURL);
}
```

为了使代码更加清晰，在注入之前，再次把 arguments[0]保存到一个变量中。但也可以根据需要内联这部分代码。现在剩下的任务就是把它注入页面中，然后检查它是否有效。我们可以开始编写测试了。

使用上述函数将 jQuery 注入 Google 网站中。需要做的第一件事就是编写一个方法，以获悉 jQuery 是否已成功加载，代码如下。

```
private Boolean isjQueryLoaded() {
    return (Boolean) driver.executeScript("return typeof jQuery
    != 'undefined';");
}
```

还需要编写一个 ExpectedCondition，它会帮我们计算出脚本成功注入的时刻（你会发现这里使用的 JavaScript 代码与之前是一样的）。

```
private static ExpectedCondition<Boolean> jQueryHasLoaded() {
    return webDriver -> {
        JavascriptExecutor js = (JavascriptExecutor) webDriver;
        return Boolean.valueOf(js.executeScript("return typeof
        jQuery !=
        'undefined';").toString());
    };
}
```

现在，你会发现这里的预期条件比想象中的要复杂一些。这是因为这里的预期条件将插入 WebDriverWait 对象的 .until() 方法中。遗憾的是，WebDriverWait 对象是用 WebDriver 来实例化的，而不是 RemoteWebDriver。也许你还记得，本章开头就讲过，要先将 WebDriver 对象转换成具有 .executeScript() 方法的对象。接下来，需要把所有内容都放到同一个测试中，代码如下。

```
@Test
public void injectjQueryIntoGoogle() {
    WebDriverWait wait = new WebDriverWait(driver, 15, 100);

    driver.get("http://www.baidu.com");

    assertThat(isjQueryLoaded()).isEqualTo(false);

    injectScript("https://code.jquery.com/jquery-latest.min.js");
    wait.until(jQueryHasLoaded());

    assertThat(isjQueryLoaded()).isEqualTo(true);
}
```

这是一个非常简单的测试。它先加载了 Google 网站，再检查 jQuery 是否存在。一旦确认了它不存在后，就将 jQuery 注入页面。然后，等待 jQuery 加载完毕。最后，为了让测试有始有终，加入了一个断言，以确定 jQuery 现在已经存在。

在本例中使用的是 jQuery，但你不必也使用 jQuery，可以注入任何的脚本。

7.6 JavaScript 库的导入原则

将 JavaScript 脚本注入页面中是非常容易的一件事，但在这么做之前，最好停下来，想一想。添加许多不同的 JavaScript 库，可能会影响站点的现有功能，可能会覆盖已有的同名函数，并对核心功能造成破坏。

如果你正在测试某个站点，那么注入的 JavaScript 库可能会使所有测试都无效。由于注入的脚本与站点上使用的现有脚本之间存在冲突，因此可能会出现故障。反之也是如此——注入脚本可能会使已经失效的功能又生效。

如果要将脚本注入现有站点中，一定要先考虑清楚后果。

如果要长期注入脚本，则最好添加一些断言，以确保要注入的这些函数在脚本注入前是不存在的。这样，以后如果开发人员在你不知情的情况下添加了同名的 JavaScript 函数，测试就可以标记失败。

7.7 如何执行异步脚本

到目前为止，看到的这些都是以同步方式编写的 JavaScript 代码段，但如果要在测试中执行一些异步 JavaScript 调用，又该怎么办呢？这一点是可以做到的。JavascriptExecutor 还拥有一个名为 executeAsyncScript() 的方法，该方法可以运行一些不会立即响应的 JavaScript 代码。我们来看一些示例。

首先，编写一段非常简单的 JavaScript 代码，它会等 25s 后才触发回调，代码如下。

```
@Test
private void javascriptExample() {
    driver.manage().timeouts().setScriptTimeout(60,
    TimeUnit.SECONDS);
    driver.executeAsyncScript("var callback =
    arguments[arguments.length - 1];
    window.setTimeout(callback, 25000);");
    driver.get("http://www.baidu.com");
}
```

请注意，这里定义了一个名为 callback 的 JavaScript 变量，它引用的是一个未设置的脚本参数。对于异步脚本，Selenium 需要定义一个回调，用于检测正在执行的 JavaScript 代码能在何时完成。这个 callback 对象会自动添加到参数数组的末尾，因此将它定义为 callback 变量。

如果现在运行这段脚本，那么它会先加载浏览器，然后静候 25s，等待 JavaScript 代码段完成执行并调用回调，再加载 Google 网站并结束运行。

这里还在 driver 对象上设置了脚本超时，它将最多花 60s 来等待 JavaScript 代码段的执行。

看看若脚本执行时间长于脚本超时会发生什么。

```
@Test
private void javascriptExample() {
    driver.manage().timeouts().setScriptTimeout(5,
    TimeUnit.SECONDS);
    driver.executeAsyncScript("var callback =
    arguments[arguments.length - 1];
    window.setTimeout(callback, 25000);");
    driver.get("http://www.baidu.com");
}
```

这一次，测试运行时会先等待 5s，然后抛出一个 ScriptTimeoutException 异常。这揭示了一个重点：在运行异步脚本时，需要给驱动对象设置脚本超时，让它们有足够的时间来执行。

如果将其作为普通脚本来执行，你猜会发生什么？我们来看看。

```
@Test
private void javascriptExample() {
    driver.manage().timeouts().setScriptTimeout(5,
    TimeUnit.SECONDS);
    driver.executeScript("var callback = arguments
    [arguments.length - 1];
    window.setTimeout(callback, 25000);");
    driver.get("http://www.baidu.com");
}
```

也许你的猜测是它会报错，但实际情况并非如此。脚本会正常执行，因为 Selenium 没有等待回调，所以它不会等待执行完成。由于 Selenium 没有等待脚本完成，因此它也不会触发脚本超时。所以最后不会抛出错误。

那个回调定义是怎么回事？这里并不存在用于设置 callback 变量的参数，为什么它没有出错？

这是由于 JavaScript 没有 Java 那么严格，它会尝试解析 arguments[arguments.length - 1]，然后识别出它还没有定义。因为没有定义，所以它会将回调变量设置为 null。在 setTimeout() 有机会完成调用之前，测试已先执行完毕。因此，不会看到有任何控制台错误。

如你所见，在使用异步 JavaScript 脚本时，很容易犯些小错误，结果导致它无法正常工作。因为给用户提供的反馈很少，所以这些错误也非常难以察觉。在通过 JavascriptExecutor 执行异步 JavaScript 脚本时，一定要格外小心。现在，我们已经了解了使用异步脚本的基本知识，现在运用这些知识去做一些更有趣的事情。

7.8　自动实现用户交互

我们不会始终把自动化用在编写测试上。有时候，我们也想对重复的任务实现自动化操作。许多重复的任务都很容易自动化，而其他一些任务并不是完全重复的，需要定期更改某种形式的用户输入。如果能够编写一个可以接受用户输入的 Selenium 脚本，那么就不用为必须执行的常规任务反复重写脚本了，这是不是很实用？

这些事是可以做到的，接下来将举例说明。首先，编写一段 JavaScript 代码，以便能将输入字段插入页面中。

```
var dataInput = document.createElement('div');
dataInput.id = "se_temp_markup";
dataInput.setAttribute("style","width: 200px; height: 100px; background-
color: yellow; z-index: 99999999; position: fixed; padding: 1rem;");
dataInput.innerHTML = "<p>Enter some text to use in the Selenium
test:</p>\n" +
    "<input type=\"text\" id=\"setest_collect_data\">\n" +
    "<button onclick=\"returnDataToSelenium()\">submit</button>";
```

这段脚本中有几处要点。首先，使用了 CSS 样式 "position: fixed" 和 "z-index: 99999999"，这会确保注入页面中的 HTML 片段位于所有内容的顶层。然后，给 input 元素指定了一个 id，以便稍后要从中提取数据时可以将它识别出来。最后，请注意，在按钮上添加了一个 onclick 事件，它会调用另一个函数。这个函数在触发后会将数据返回给 Selenium，以便在测试中使用这些数据。该函数如下。

```
var script = document.createElement('script');
script.innerHTML = "function returnDataToSelenium() {\n" +
    "    var userInput =
document.getElementById('setest_collect_data').value;
    \n" +
    "    document.getElementById(\"se_temp_markup\").remove();\n" +
    "    window.callback(userInput);\n" +
    "}";
```

请注意，这段 JavaScript 代码会写入页面的 HTML 中，而不是仅注入内存中。这是为了让它位于正确的上下文中，使之前注入的 HTML 能够对它进行调用。它的作用非常简单。首先收集用户输入的数据，并删除所有注入的 HTML。然后，调用 Selenium 注入的回调。最后，需要将所有的内容都写入 DOM 中。

```
var body = document.getElementsByTagName('body')[0];
body.appendChild(script);
body.appendChild(dataInput);
```

这段代码会找出当前页面中的<body>标签，然后注入之前自定义的内容。现在只剩下一处还未实现，即把 Selenium 回调绑定到 window 对象，以便让之前编写的函数可以与它进行交互。

```
window.callback = arguments[arguments.length - 1];
```

现在，需要将这些提示落到实处，因此创建一个示例，将它运用到 Google 搜索页面。

```
@Test
public void interactiveCallback() {
    driver.manage().timeouts().setScriptTimeout(45,
    TimeUnit.SECONDS);
    driver.get("http://www.baidu.com");

    String searchTerms = (String)
    driver.executeAsyncScript("window.callback =
    arguments[arguments.length - 1];\n" +
            "var dataInput = document.createElement('div');\n" +
            "dataInput.id = \"se_temp_markup\";\n" +
            "dataInput.setAttribute(\"style\", \"width: 200px;
            height: 100px;
            background-color: yellow; z-index: 99999999;
            position: fixed; padding: 1rem;\");\n" +
            "dataInput.innerHTML = \"<p>Enter some text to
            use in the
```

```
                  Selenium test:</p>\\n\" +\n" +
                  "   \"<input type=\\\"text\\\"
                  id=\\\"setest_collect_data\\\">
                  \\n\" +\n" +
                  "   \"<button
                  onclick=\\\"returnDataToSelenium()\\\">
                  submit</button>\";\n" +
      "\n" +
      "\n" +
      "var script = document.createElement('script');\n" +
      "script.innerHTML = \"function returnDataToSelenium()
      {\\n\" +\n" +   "   \"   var userInput =
      document.getElementById('setest_collect_data').value;
      \\n\" +\n" +   "   \"
      document.getElementById(\\\"se_temp_markup\\\")
      .remove();\\n\" +\n" +
      "       \"   window.callback(userInput);\\n\" +\n" +
      "       \"}\";\n" + "\n" +
      "var body = document.getElementsByTagName('body')[0];
      \n" +   "body.appendChild(script);\n" +
      "body.appendChild(dataInput);");


      WebElement googleSearchBox = driver.findElement(By.name("q"));
      googleSearchBox.sendKeys(searchTerms);
      googleSearchBox.submit();
   }
```

这看起来应该很眼熟。我们已经创建了一个 JavascriptExecutor 对象，并且将脚本超时设置成 45s。这个时间应该足够我们在脚本超时之前输入文字。将脚本执行的结果转换为字符串，然后使用这段字符串将数据输入 Google 搜索框，再提交。当测试运行时，你应该会看到界面左上角有一个黄色小框，它要求输入内容。一旦输入文字并提交，方框就会消失，而这些文字将用于 Google 搜索。因为测试的运行速度非常快，所以如果你的计算机本身就很快，可以再添加一个显式等待来检查加载的搜索结果页面。

先显示一个文本框以输入文字，再将这些文字注入另一个文本框中的脚本，目前并不是最实用的，但它揭示了无限的可能性。除了给用户提供文本框之外，它还可以弹出一个单选按钮，让用户可以从已有的流程集或预定义的数据集中任选一个。还可以将脚本放到一个循环中，每次运行结束时都询问是否要再次运行。这种可能性只受想象力和 JavaScript 编写能力的限制。

7.9 总结

`JavascriptExecutor` 的用法具有无限的可能性，本章对其中一些可能性进行了探讨。我们所接触的仅是一些皮毛，但本章为进一步学习提供了一个良好而坚实的平台。

阅读完本章后，你应该能信心十足地通过浏览器来执行 JavaScript 代码段，同时能掌握传入参数的方式。除了使用同步 JavaScript 代码段外，你还可以使用异步 JavaScript 代码段来增强测试，用它在自动化脚本中构建用户交互。最后，对于 JavaScript 执行器，你应该能分辨出哪些情况下应该使用它，哪些情况下不该使用它。

下一章将介绍 Selenium 的一些局限性，同时还会讨论如何规避这些局限性，并使用其他工具来增强 Selenium。

第 8 章
实事求是

本章将讨论一些无法用 Selenium 去做的事情，一些不该用 Selenium 去做的事情，以及一些可规避其局限性的解决方案。本章所涉及的主题如下。

- 下载文件。

- 检查网络流量。

- 测试负载。

本章首先会探讨的是一个老生常谈的主题——使用 Selenium 下载文件。

8.1 使用 Selenium 下载文件

在你职业生涯的某个阶段，很可能会遇到支持用户下载内容的网站。可下载的内容分为许多不同类型。最常见的内容可能是 PDF 文件，图片（PNG、JPG 和 GIF 格式），存档文件，以及安装程序。

如果你正在访问某个站点，且站点支持下载某些类型的文件，就会有人期望你测试该功能是否有效。时机一到，为该功能编写自动化检查的想法就会应运而生。

8.1.1 使用场景

假设你在一个小型的敏捷团队中工作，与技术主管、业务分析师和产品所有者正在召开前期规划会议。产品负责人希望为用户提供一些新功能，使他们能够从你当前负责的网站上下载 PDF 文件。这些 PDF 文件将包含法律条款和法定条件以满足法定要求，因此提供这些条款和条件非常重要。如果无法下载这些文件，那么你所在的公司可能会被处以巨额罚款。在规划期间，你的团队认为这是一个相对次要的功能，对于开发人员来说，这易于实现。你也认为只需要单击浏览器中的下载链接即可轻松地执行一个快速的手工测试，来检查其功能是否有效。目前你还不知道这些文件的内容是什么，因为法务部还没有相关回复。

该功能编写完之后，PDF 文件能正常下载，手工测试没有发现问题，看起来是签字结项的好时机了。第二天，你找到产品负责人，本打算与她一同验证新功能，结果出问题了。这天早上恰好有一个新构建版本推送到测试环境，看来 PDF 文件已经不在那里了。在迅速调查后，发现文件已经被意外删除，虽然已对此次变更进行了还原，但是测试环境依然无法恢复正常。进一步调查后，发现 PDF 的链接也出现了错误，它们现在链接到的是不存在的文件。当问题修复后，最终得以成功地向产品负责人展示新功能。但总体来说，这一天可真是一团糟，没有人会为此感到骄傲。这次事故揭示了这样一个事实：未来是不确定的，很容易就会出错。

8.1.2　面临的问题

产品负责人心里明白此功能是能正常工作的，但经过这次事件后，她的信心发生了动摇，希望你可以找到一种办法以确保将来不会再发生这样的事。作为一个团队，所有成员都达成了共识，如果开发人员做出的更改破坏了 PDF 文件的下载功能，那么 Linux CI 服务器上的构建应该变为红色。

8.1.3　下一步的行动

编写自动检查代码的重任落在了你的肩上。接下来你打开开发 IDE，开始编写 Selenium 代码。你打算将手动执行的操作复刻到自动化脚本中。步骤如下。

（1）加载包含下载链接的页面。

（2）在页面上找到<a>元素。

（3）单击该元素。

等等，这是一个陷阱。一旦你单击了下载链接，测试就会停止，因为 Selenium 无法与操作系统级别的对话框进行交互。

你可以查阅 Selenium 邮件列表，并且会发现有许多文章都在讨论这个问题。其中大多数人似乎都在提倡使用另一种叫作 AutoIt 的工具，还有一些人建议使用 Java Robot 类。几乎你读到的每一篇文章都在讨论如何与操作系统级别的对话框进行交互。

保持冷静。

现在是时候退一步思考了，先想想你真正要测试的是什么。

8.1.4　真需要下载文件吗

是否真需要下载文件？对于这个问题，通常会得到这样的答复："是的，肯定需要！必须要确保下载功能是正常的，保证它在代码变更后仍然可用。"

目前这听上去挺合情合理的。接着，这里提出了以下问题。

- 打算下载多少个文件？
- 这些文件有多大？
- 有足够的磁盘空间来存放所有文件吗？
- 是否具有持续下载这些文件的网络容量？
- 一旦下载完这些文件，打算如何处置它们？

对于最后一个问题，回答是最有意思的。参与讨论的人通常会这样答道："我也不知道，要不删除吧？我只需要知道它能下载即可，其实我并不打算用它来干什么。"

所以真正的问题在于是否真需要下载文件才能达到测试的目的。其实你真正想要表达的是，在单击 PDF 下载链接时，能确保从服务器获得有效的响应。

你其实并不是要检查是否可以下载文件，而是要检查是否有无效的链接。

这是值得测试的，但实际上并不需要下载任何文件。因此，现在我们先不要尝试与操作系统级别的对话框进行交互，直接看如何检查链接是否有效。

8.1.5　检查链接是否有效

检查链接其实非常简单。所有要执行的操作无非就是找到页面上的链接，从它的 href 属性中提取出 URL，然后向该 URL 发送 HTTP GET 请求，检查是否会产生有效的响应。

我们创建相关代码以实现这个检查。

首先，需要在 POM 中添加一些依赖项。

```
<properties>
    <commons-io.version>2.6</commons-io.version>
    <httpclient.version>4.5.5</httpclient.version>
</properties>
```

```
<dependency>
    <groupId>org.apache.httpcomponents</groupId>
    <artifactId>httpclient</artifactId>
    <version>${httpclient.version}</version>
    <scope>test</scope>
</dependency>
<dependency>
    <groupId>commons-io</groupId>
    <artifactId>commons-io</artifactId>
    <version>${commons-io.version}</version>
    <scope>test</scope>
</dependency>
```

既然已经导入了必需的库文件，就该查看相关代码了。

```
package com.masteringselenium.downloader;

import org.apache.http.client.methods.*;

public enum RequestType {
    OPTIONS(new HttpOptions()),
    GET(new HttpGet()),
    HEAD(new HttpHead()),
    PATCH(new HttpPatch()),
    POST(new HttpPost()),
    PUT(new HttpPut()),
    DELETE(new HttpDelete()),
    TRACE(new HttpTrace());

    private final HttpRequestBase requestMethod;

    RequestType(HttpRequestBase requestMethod) {
        this.requestMethod = requestMethod;
    }

    public HttpRequestBase getRequestMethod() {
        return this.requestMethod;
    }
}
```

首先，我们拥有一个枚举，它定义了各类 HTTP 请求，用这些请求可获取网站的内容。大多数情况下，我们会用到 GET 请求，但有些时候会使用其他请求，因此现在不妨也添加它们。接着，讨论实际发送请求的部分。

首先，需要有一个基础类。

```java
package com.masteringselenium.downloader;

import org.apache.http.HttpResponse;
import org.apache.http.NameValuePair;
import org.apache.http.client.HttpClient;
import org.apache.http.client.entity.UrlEncodedFormEntity;
import org.apache.http.client.methods.HttpEntityEnclosingRequestBase;
import org.apache.http.client.methods.HttpRequestBase;
import org.apache.http.impl.client.HttpClientBuilder;
import org.apache.http.protocol.BasicHttpContext;

import java.io.IOException;
import java.net.MalformedURLException;
import java.net.URI;
import java.util.List;

public class FileDownloader {

    private RequestType httpRequestMethod = RequestType.GET;
    private URI fileURI;
    private List<NameValuePair> urlParameters;
    public void setHTTPRequestMethod(RequestType requestType) {
        httpRequestMethod = requestType;
    }

    public void setURLParameters(List<NameValuePair> urlParameters)
    {
        this.urlParameters = urlParameters;
    }

    public void setURI(URI linkToFile) throws MalformedURLException
    {
        fileURI = linkToFile;
    }
}
```

　　这里创建了一个对象，这个对象只需要实例化一次，就可以多次用来下载不同的文件。这里创建了几个 Setter，分别设置要查询的 URI、要发送的请求类型，以及对于 POST/PATCH/PUT 请求所需的 URL 参数。我们已经将默认的请求类型设置为 GET，毕竟它是最常用的类型，你只需要提供 URI 即可。下一步是创建相关代码，实现与远程服务器的通信。

```
private HttpResponse makeHTTPConnection() throws IOException,
NullPointerException {
    if (fileURI == null) throw new NullPointerException("No file
    URI specified");

    HttpClient client = HttpClientBuilder.create().build();

    HttpRequestBase requestMethod =
    httpRequestMethod.getRequestMethod();
    requestMethod.setURI(fileURI);

    BasicHttpContext localContext = new BasicHttpContext();

    if (null != urlParameters && (
            httpRequestMethod.equals(RequestType.PATCH) ||
                    httpRequestMethod.equals(RequestType.POST) ||
                    httpRequestMethod.equals(RequestType.PUT)
    )) {
        ((HttpEntityEnclosingRequestBase) requestMethod)
                .setEntity(new UrlEncodedFormEntity(urlParameters));
    }

    return client.execute(requestMethod, localContext);
}
```

如果你忘记指定 URI，这段代码很快就会执行失败，然后抛出 NullPointerException 异常。对于某些请求类型，通常需要添加对应的 urlParameters，这是目前唯一比较复杂的地方。

既然已经可以建立连接了，接下来就需要做如下事情。

```
public int getLinkHTTPStatus() throws Exception {
    HttpResponse downloadableFile = makeHTTPConnection();
    int httpStatusCode;
    try {
        httpStatusCode =
        downloadableFile.getStatusLine().getStatusCode();
    } finally {
        if (null != downloadableFile.getEntity()) {
            downloadableFile.getEntity().getContent().close();
        }
    }
    return httpStatusCode;
```

```
}
```

这段代码使用了先前的方法来与远程服务器进行通信，然后获取了所关注文件的 HTTP 状态码。可以通过 HTTP 状态码来判断文件是否存在，确定是否有问题。如果文件存在，则期望的 HTTP 状态码为 200（OK），或者甚至是 302（重定向）。如果文件不存在，则期望的 HTTP 状态码为 404（未找到），或者可能是更糟糕的情况，如 500（内部服务器错误）。

至于哪种 HTTP 状态码表示测试通过，哪种表示失败，这是由你来定义的。之前的代码仅用于获取 HTTP 状态码。

虽然这段代码很实用，但是它还不够完美。很多网站都不允许直接下载文件，它们上面有一些受保护的内容，只能由拥有有效账户的人来下载。

现在，你应该已经拥有用于登录待测试网站的 Selenium 脚本了，它使你能获取要下载的 URI。可以使用 Selenium 提供的信息来欺骗网站，使它以为 Selenium 会话会实际执行下载操作。先给 FileDownloader 类添加一个构造函数，它要求必须传入一个 WebDriver 对象。

```
private RemoteWebDriver driver;

public FileDownloader(RemoteWebDriver driverObject) {
    this.driver = driverObject;
}
```

接下来，需要用这个驱动对象来获取相关信息，以便能将请求伪装成从浏览器发起的请求。我们将复制用户代理信息。

```
private String getWebDriverUserAgent() {
    return driver.executeScript("return
    navigator.userAgent").toString();
}
```

然后，需要复制 Cookie。

```
private BasicCookieStore getWebDriverCookies(Set<Cookie> seleniumCookieSet)
{
    BasicCookieStore copyOfWebDriverCookieStore = new
    BasicCookieStore();
    for (Cookie seleniumCookie : seleniumCookieSet) {
        BasicClientCookie duplicateCookie = new
        BasicClientCookie(seleniumCookie.getName(),
        seleniumCookie.getValue());
```

```
        duplicateCookie.setDomain(seleniumCookie.getDomain());
        duplicateCookie.setSecure(seleniumCookie.isSecure());
        duplicateCookie.setExpiryDate(seleniumCookie.getExpiry());
        duplicateCookie.setPath(seleniumCookie.getPath());
        copyOfWebDriverCookieStore.addCookie(duplicateCookie);
    }

    return copyOfWebDriverCookieStore;
}
```

现在，需要的信息已经应有尽有，可以伪装成 Selenium 所驱动的浏览器了，因此我们对 makeHTTPConnection() 方法进行一些调整，让它使用这些信息。

```
private HttpResponse makeHTTPConnection() throws IOException,
NullPointerException {
    if (fileURI == null) throw new NullPointerException("No file
    URI specified");

    HttpClient client = HttpClientBuilder.create().build();

    HttpRequestBase requestMethod =
    httpRequestMethod.getRequestMethod();
    requestMethod.setURI(fileURI);

    BasicHttpContext localContext = new BasicHttpContext();

    localContext.setAttribute(HttpClientContext.COOKIE_STORE,
    getWebDriverCookies(driver.manage().getCookies()));
    requestMethod.setHeader("User-Agent", getWebDriverUserAgent());
    if (null != urlParameters && (
            httpRequestMethod.equals(RequestType.PATCH) ||
                httpRequestMethod.equals(RequestType.POST) ||
                httpRequestMethod.equals(RequestType.PUT))
            ) {
        ((HttpEntityEnclosingRequestBase) requestMethod)
        .setEntity(new UrlEncodedFormEntity(urlParameters));
    }

    return client.execute(requestMethod, localContext);
}
```

目前已复制 Selenium 驱动的浏览器中设置好的信息，以便检查 HTTP 状态的代码可以使用这些信息来发送请求。现在，如果使用这段代码访问站点上受保护的内容，那么网站会以为 Selenium 会话是在正确地调用和提取文件。

> 这适用于大多数网站，但并非所有网站。有些站点使用的是 HttpOnly Cookie，它无法在本地进行设置，而且 JavaScript 也抓不到。如果你正在使用这种 Cookie，便无法直接进行设置，但这也是分情况的。有一些驱动程序实现可以让这类 Cookie 可见，而其他的则不能。你无法在本地设置 HttpOnly Cookie，但是某些驱动程序实现支持在本地设置一个普通的 Cookie，这个 Cookie 会覆盖服务器端的旧 Cookie。一般来说，遇到这种情况后，最多只能设置一个普通的 Cookie，然后一切随缘。如果你在 JavaScript 控制台中键入 document.cookies，将会看到一个 Cookie 列表，这些 Cookie 都是 Selenium 能够稳定获取的。根据需要，可以在直接在本地修改这些 Cookie。

我们把目前为止编写的所有代码都放到一个测试示例中，以便看清楚这些代码是如何工作的。我们还需要一个非常简单的页面以供 Selenium 读取。然而，创建一个需要登录并使用 Cookie 的站点并非易事，因此我们将创建一个允许所有人都下载文件的示例站点。为了让 Selenium 可以访问，需要将这段 HTML 上传到 Web 服务器上。

```
<!DOCTYPE HTML PUBLIC "-//W3C//DTD HTML 4.01 Transitional//EN"
"http://www.w3.org/TR/html4/loose.dtd">
<html>
<head>
    <title>Download Test</title>
</head>
<body>
    <h1>Download a Test PDF File!</h1>
    <p>To download it click <a id="fileToDownload"
    href="pdf/TestFile.pdf">Here</a>!</p>
    <img id="anImage" src="images/smyImage.png" alt="anImage">
</body>
</html>
```

请注意，示例 HTML 代码中的 href 属性并不是一个完整的 URI，而是一个相对路径。这并无不妥，Selenium 会把相对路径转换成一个完整的 URI，因此我们无须添加额外代码来完成这项工作。你可以看到这里已添加了一个 PDF 文档的链接。也可以使用自己喜欢的 PDF 文档，将它存放到相关位置，以确保链接能正常访问（在这个位置也可以不存放任何文件，以便测试错误情况）。

现在要编写一个 Selenium 测试，它会使用 FileDownloader 类来解析页面、获取链接并检查文件是否存在（请注意，需要修改 driver.get() 语句中的 URL，使其指向之前上传这段 HTML 的路径）。

```
private RemoteWebDriver driver;
@BeforeSuite
public void setup() throws MalformedURLException {
    driver = getDriver();
}

@Test
public void statusCodeFromEmbeddedFile() throws Exception {
    FileDownloader downloadHandler = new FileDownloader(driver);
    driver.get("http://www.example.com/downloadTest.html");
    WebElement fileThatShouldExist =
    driver.findElement(By.id("fileToDownload"));
    URI fileAsURI = new
    URI(fileThatShouldExist.getAttribute("href"));

    downloadHandler.setURI(fileAsURI);
    downloadHandler.setHTTPRequestMethod(RequestType.GET);

    assertThat(downloadHandler.getLinkHTTPStatus()).isEqualTo(200);
}
```

现在我们已有一个可运行的测试，它可以检查 PDF 文件是否存在于服务器上。

你可能已经注意到，示例 HTML 代码中有一个 <img> 标签。请试着修改之前的示例，将其改为检查页面上的图片是否存在，而不是检查 PDF 文件。请仔细想想，图片是用的哪个属性来保存 URI 的。请注意，<img> 标签是没有 href 属性的，必须使用其他属性来实现。

如果你顺利地修改了测试脚本，将其改为检查图片是否存在，就会发现，测试一开始是失败的，其输出如下。

```
org.junit.ComparisonFailure:
Expected :[200]
Actual :[404]
```

这表示我们期望查找的图片是不存在的（404 是一种 HTTP 状态码，表示 Not found）。

显然，要能实际找到或者下载文件，需要先将所选择的 PNG 图片存放到正确的位置（这与 PDF 示例是同一个道理）。现在，你已经得到了一个无法查找文件的测试范例，也同时拥有一个成功查找文件的范例。希望这能给你充分的信心，可以准确地检查出图片是否存在，甚至不用使用那些用来比较图片的代码。

 既然你已经实现了一个基本的场景，就可以将它变得更复杂一点。你需要找到这样一个网站，在登录后才能从该网站下载文件或查看图片，同时它使用的是客户端 Cookie。请修改之前的测试，让它能登录该站点，并检查在登录状态下是否可以访问文件或图片。然后试试在不登录的情况下执行相同的测试，看看有什么区别。你会发现 HTTP 状态码有很多种，掌握这些状态码是很有用处的，详见维基百科上的文章 "List of HTTP status codes"。

我们回顾原先的场景。现在已有一个测试，它能够检查添加到网站中的 PDF 文件是否在每个新版本中都是可用的。为此，我们对 href 属性进行了检查，检查它是否确实引用了正确的 URI。获取到 URI 后，我们会请求它所引用的文件，检查是否能得到一个有效的 HTTP 状态码。

现在，产品负责人及相关团队都感到非常满意，他们信心倍增，相信以后对下载功能的相关代码进行调整时，不会破坏相关功能。

8.1.6　下载文件的办法

在之前的场景中，我们其实并不需要下载文件，因为我们不关注文件的内容。我们进一步扩展此场景。假设产品负责人现在已经获得了需要从网站上下载的 PDF 文件。法务部已经向她明确表示，如果提供的文件有误，将会造成法律上的问题，因此我们必须确保每个版本的文件都是正确的。

现在我们有了新需求：我们的确需要下载文件，同时还要检查其内容是否正确。现在又该怎么办呢？办法有几个，我们来看看这几个选项。

- 使用 AutoIt 来单击下载对话框。
- 编写 Java Robot 类来单击下载对话框。
- 修改浏览器设置，当单击链接时自动下载文件。
- 扩展现有的代码。

当然，可以直接扩展现有的代码，但会不会变成为了写代码而写代码呢？我们先看看其他的选项。

1. AutoIt

曾经有一次我们对文件下载问题进行了调查，Selenium 用户列表中的每个用户都对 AutoIt 赞不绝口，所以这肯定是个不错的解决方案，对吧？

AutoIt 是一种脚本语言，但仅用于 Windows GUI 的自动化。如果使用的是 Windows 系统，那么这倒是挺不错的，但 CI 服务器在 Linux 系统上运行。

可以为 Selenium 测试添加一个 Windows 构建代理来规避这个问题，但这样就会失去跨浏览器的兼容性。Safari 中的下载处理起来会非常棘手，因为唯一值得支持的版本运行在 OS X 上。

还需要考虑开发人员的情况。他们使用各种计算机操作系统——Windows、Linux 和 OS X。如果实现 AutoIt 方案，就会妨碍大部分开发人员在本地运行构建，除非给他们提供 VM（虚拟机）。但只为了下载单个文件，就创建 VM，这听上去有点牛鼎烹鸡的感觉。

看来 AutoIt 并不适合我们。

2. Java Robot 类

那么 Java Robot 类怎么样呢？

从兼容性的角度来看，Java Robot 类要好得多，可以编写支持跨平台运行的代码。但这并不表示就没有问题了。遇到的第一个问题是，操作系统的对话框各不相同，因此我们可能需要为每个操作系统编写不同的分支代码。

假设我们决定按照这种思路解决问题，是不是就万事大吉了？最初可能一切正常，但测试运行到第二次时，就会遇到新问题。因为文件已经存在，所以会询问是否要覆盖文件或使用新文件名来保存。这意味着不得不向 Java Robot 的实现中添加更多的逻辑。如果换了另一个已存在的文件名，该怎么办？要将该文件彻底删除吗？

遇到的问题会越来越多，我们还要针对这些问题编写相应的解决方案，这可不是很快就能写出来的简单代码。

3. 浏览器自动下载

那么，将浏览器配置为自动下载文件怎么样？

因此这种方案可以彻底消除对话框，所以我们无须再编写任何复杂的代码来与对话框进行交互，也无须再处理已经存在的同名文件。如果文件已经存在，浏览器会自动在文件名末尾追加一个数字。

这听起来蛮不错的，我们已经完全解决了对话框的交互问题以及文件的命名问题。听上去我们终于得到了一个胜出的方案。

令人扫兴的是，这种方案还有问题。如果下载的文件已经存在，你如何得知刚刚下载的文件的名称？我们是不是还要检查文件的时间戳来确定它是什么时候下载的？

Selenium 并不知晓具体的下载过程，因为这完全是由浏览器来控制的。这便引入了一些错综复杂的新问题。怎么知道文件是什么时候下载完的？在文件下载完之前，测试会不会将完成并关闭浏览器了？

这听起来就像是，如果我们要实施浏览器自动下载的方案，就还要实现一些高深的计算逻辑来推算出文件名，以及是否成功下载文件。

4．扩展现有的代码

我们的目标是得到一个合适的文件下载方案，而现有的这些代码已经完成了大部分工作。我们已经模拟出浏览器的状态，然后与要下载的内容建立连接。如果要进一步对其进行扩展，应该不会太难，不是吗？

我们之前已经与服务器建立了连接，以获取需要的文件。现在的情况是要通过此连接来下载文件，而不仅仅是要检查 HTTP 状态码。我们可以调用需要的任何文件，同时也知道文件是什么时候下载完的，因为这些操作都是由代码来控制的。

这会不会就是完美的解决方案了？不一定。如前所述，对于 HttpOnly 的 Cookie，这种方案是有问题的。然而，它是目前为止看上去复杂度最低的一种方案。

8.1.7 使用 Selenium 协助下载文件

将这些备选方案都浏览了一遍之后，我们将使用复杂度最低的方案并扩展现有的代码。在目前场景中，HttpOnly 的 Cookie 并不是什么问题，因为没有使用这种 Cookie，所以不必担心与之相关的潜在问题。

> 如果你打算使用这种解决方案，就应该先识别相关风险。如果你使用的是 HttpOnly Cookie，则需要检查是否能成功模拟出 HttpOnly Cookie。你肯定不希望写出不符合目标的代码。

我们无须对现有代码进行任何修改。相反，我们会编写一个新的方法，它会使用已经与服务器建立的连接完成文件的下载。

```
public File downloadFile() throws Exception {
    File downloadedFile = File.createTempFile("download", ".pdf");
    HttpResponse fileToDownload = makeHTTPConnection();
    try {
        FileUtils.copyInputStreamToFile(fileToDownload.getEntity()
        .getContent(), downloadedFile);
    } finally {
        fileToDownload.getEntity().getContent().close();
    }
    return downloadedFile;
}
```

该方法将在临时目录下创建一个文件，然后通过已经与远程服务器建立的连接，将所有的数据以流的方式从远程文件传输到刚创建的文件中。然后，关闭与远程服务器的连接，并返回创建的文件。

我们使用标准的 Java 库来创建临时文件，这是为了确保文件的唯一性。这种方式还有一个好处，由于将文件存放在临时目录下，因此操作系统会在需要的时候对它进行自动清理，无须我们自己做清理工作。

把这段新代码插入测试中，看看它的运行情况。

```
@Test
public void downloadAFile() throws Exception {
    FileDownloader downloadHandler = new FileDownloader(driver);
    driver.get("http://www.example.com/
    downloadTest.html");
    WebElement fileThatShouldExist =
    driver.findElement(By.id("fileToDownload"));
    URI fileAsURI = new
    URI(fileThatShouldExist.getAttribute("href"));

    downloadHandler.setURI(fileAsURI);
    downloadHandler.setHTTPRequestMethod(RequestType.GET);

    File downloadedFile = downloadHandler.downloadFile();

    assertThat(downloadedFile.exists()).isEqualTo(true);
    assertThat(downloadHandler.getLinkHTTPStatus()).isEqualTo(200);
}
```

1. 单击链接与直接下载文件的差异

实际上，它们是完全相同的下载方式。当你单击链接的时候，浏览器会向 Web 服务器发送一个 HTTP GET 请求并建立连接。连接建立后，浏览器就会开始将文件下载到临时目录中。然后，浏览器通知操作系统，告知它文件正在下载并询问应如何处理。这时，你就会看到一个操作系统级别的对话框，因为操作系统会暂缓对该请求的处理，先征求你的意见。

一旦操作系统知道具体要使用什么文件名、使用哪个下载路径，以及是否决定要覆盖已有文件，操作系统就会将这些信息传递回浏览器。然后，浏览器会将已下载的文件复制到操作系统指定的临时路径下。

我们所实施的这种解决方案，实际上会把浏览器和操作系统通通排除在外。很多人第一次看到这种解决方案时会觉得有些别扭。如果你也有同感，不妨再读读上面两段。

请注意，单击下载链接（通常是一个带有 href 属性的锚点元素，如果情况稍微复杂点，也有可能是表单发布按钮）的操作，是唯一要与网站进行交互的操作。开发人员所编写的代码并不具备下载功能，它们只是给浏览器提供了一个可以识别和处理的链接。

通过绕过浏览器和操作系统代码，你摆脱的只是开发团队无力控制的那部分代码。我们要面对现实，如果你单击了一个本来有效的锚点来下载文件，但浏览器中的一个 Bug 阻碍接下来的工作，那么无论你怎么做都无能为力。你可以将 Bug 提交给浏览器供应商，但你不能强迫他们去修复 Bug。即使你可以强迫他们修复这个问题，你也不可能强迫所有的用户下载最新版的浏览器。

其次，对于浏览器供应商所发布的浏览器版本，单击链接之后无法下载文件的可能性有多大？这似乎是微乎其微的。浏览器厂商非常清楚他们在干什么，对于文件下载功能是否可用，如果他们连一个相关的测试都没有，一定会让人大吃一惊。

至此，我们已经能成功下载文件，并且测试已通过。是不是已经大功告成？答案是没有，还差一点——我们还没有检查下载的文件是否正确。

2. 检查下载的文件是否正确

实际上，检查下载的文件是否正确是测试中最重要的部分。能支持下载文件，甚至实际上已经在下载文件，都不能证明文件是正确的。

那要如何才能证明文件是正确的呢？因为下载的文件是 PDF 文件，所以可能要编写一些读取 PDF 文件的代码，然后扫描文件中的所有文字，检查它是否正确。

怎么知道这些文字是不是正确的呢？可以将 PDF 文件的所有文字都放到测试中，但文字量太大了。每当 PDF 文件发生变化时，同步更新测试会让人非常头疼，而且我们也不知道法务部门每隔多久又会要求我们更新。这听起来可不是什么好办法。

> 请尽量避免在测试中写入硬编码的内容。这会让测试在设计上变得难以维护、成本高昂，而且脆而不坚。人们会频繁调整显示给用户的文字。如果仅是一些小改动就会让测试通通失败，那可就误事了。请重点关注需要测试的功能，只检查绝对必要的内容。

要检查文件是否正确，最简单明了的办法是将它与一个已知的正确副本进行比较。这样，我们就无须在测试中存放文件里的文字。如果下载的文件与原始文件相符，则说明这一定是正确的文件。

因此，现在我们拥有两个 PDF 文件：一个是已知的正确文件，另一个是下载的文件。下一步是将它们进行对比。如前所述，人们通常会寻找用于读取 PDF 文件的库，然后扫描这两个文件，同时对比它们的文字，检查是否有错。

我们要怎么做才能实现这一点呢？

我们需要一些用于操作 PDF 文件的库，毕竟总不能让我们自己来写。Apache 有一个名为 PDFBox 的库，它支持文字的提取。库肯定是有效的，但是一旦从 PDF 文件中提取出文字，就需要进行比较，检查它是否正确。

在本例中要检查的是 PDF 文件。但如果要比较的不是 PDF 文件呢？如果是 PNG、JPG 或者 Word 文档，又该怎么办？虽然目前我们还不必支持其他类型的文件，但保持代码的开放性始终是值得的。拥有一个简单的解决方案，支持多种文件类型，终归是一件好事。因此，在寻求解决方案时，还需要考虑可能会使用各种不同的库来处理各种不同格式的文件，这一点请务必牢记。

下一个需要解决的问题是需不需要显示出这两个文件之间的差异。这就要编写更多的代码，而且要导入更多的库，因为我们需要想办法计算下载的文件和已知正确文件之间的差异，并将其显示出来。

还有另外一个问题。那个已知的正确文件可能非常大，要把它放在哪里？放到源码控制中吗？我个人认为，在源码控制中存储大型文件并不是理想解决方案。我不想耗费几小时来复制源码库，而且众所周知，在服务器配置不正确的情况下，源码控制中的大文件会引发问题。也许你不需要担心这个，也许源码控制平台的管理员已经考虑到这些问题，但你需要知晓这些风险。

其实这里探讨的仅仅是冰山的一角。我相信你肯定还可以找出更多的疑问，并针对这个通用方案，提出更多需要解决的问题。听起来我们要做的工作要开始没完没了了。

我们就此停住，请记住 KISS（Keep It Simple and Stupid，简单至上）原则。实际上，我们并不需要读取文件然后逐行对比文字。如果测试失败，也不需要显示差异，只需要知道文件是否正确即可。可以一直保存下载的文件副本，这样一旦测试失败，就可以让人手工检查是哪里出的问题。

不是所有的东西都需要自动化。有些东西让人来检查会更容易。通过自动化方式来获取一些可以由人轻松检查的信息，并无不妥。但对于人脑能在几秒内完成的工作，如果要让计算机处理要花几小时，这样的尝试就没有必要了。无论如何，一旦测试失败，有头脑的人都会看看是怎么回事。

那么，如何降低场景的复杂度，让代码变得简易呢？其实很简单，因为这个问题已经解决了。

如果以前你在网上下载过文件，那么可能会发现，许多站点在提供文件的同时，还发布了文件的 MD5/SHA1 散列值。你可以获取已下载文件的 MD5/SHA1 散列值，并将它与发布的散列值进行比较。如果散列值相符，则表示文件已正确下载，你得到的是正确的文件。这种办法之所以有效，是因为在获取文件的非随机（unsalted）MD5/SHA1 散列值时，对于相同的文件一定会生成相同的散列值。因此，如果我们获取了已下载文件的散列值，并将它与已知正确文件的散列值进行比较，就可以立即判断出文件是否正确。如果散列值不相符，则可以将测试标记为失败，然后保存文件，以便之后进行手工检查。

通过这种办法大大简化了代码。要手工检查引起测试失败的错误文件，可以选择的实用程序有上百种，它们都能执行文件对比的操作。如果出现问题，你可以选择其中一种实用程序，快速显示出它们之间的差异。

这并不表示不能自行编写比较这两个文件的代码。而是说，这并非初版测试需要编写的内容。一般来说，我们并不希望下载错误的文件，所以也不希望耗费太多的时间去编写用不到的代码。如果文件经常变来变去，这也没有什么大碍。我们只需要下载更新后的文件，获取新文件的 MD5/SHA1 散列值，再对测试进行一些快速的更改。但如果测试老是会莫名其妙地失败，你可能就要考虑编写一些更复杂的代码来辅助你更轻松地诊断问题了。

所以，我们编写一段代码，用于检查文件的散列值，并对文件是否符合预期做出快速回应。

```
package com.masteringselenium.hash;

public enum HashType {
    MD5,
    SHA1
}
```

先编写一个枚举，该枚举将会在散列检查类中引用，用于确定要使用的散列类型。如果你只执行一种散列类型的检查，可能就不必再额外增加复杂度，但在本例中，我们将同时支持 MD5 和 SHA1 这两种类型。接下来，编写相关代码，获取已下载的文件并生成散列值。

```
package com.masteringselenium.downloader;

import org.apache.commons.codec.digest.DigestUtils;

import java.io.File;
import java.io.FileInputStream;
import java.io.FileNotFoundException;

public class CheckFileHash {

    public static String generateHashForFileOfType(File
    fileToCheck, HashType hashType) throws Exception {
        if (!fileToCheck.exists()) throw new
        FileNotFoundException(fileToCheck + " does not exist!");

        switch (hashType) {
            case MD5:
                return DigestUtils.md5Hex(new
                FileInputStream(fileToCheck));
            case SHA1:
                return DigestUtils.sha1Hex(new
                FileInputStream(fileToCheck));
            default:
                throw new
                UnsupportedOperationException(hashType.toString()
                + " hash type is not supported!");
        }
    }
}
```

这段代码依然非常简单，只需要传入文件和散列类型，就会返回相应的散列值。然后便能在测试中使用，代码如下。

```
@Test
public void
downloadAFileWhilstMimickingSeleniumCookiesAndCheckTheSHA1Hash() throws
Exception {
    FileDownloader downloadHandler = new FileDownloader(driver);
    driver.get("http://www.example.com/downloadTest.html");
    WebElement fileThatShouldExist =
driver.findElement(By.id("fileToDownload"));
    URI fileAsURI = new URI(fileThatShouldExist.getAttribute("href"));

    downloadHandler.setURI(fileAsURI);
    downloadHandler.setHTTPRequestMethod(RequestType.GET);
    File downloadedFile = downloadHandler.downloadFile();

    assertThat(downloadedFile.exists()).isEqualTo(true);
    assertThat(downloadHandler.getLinkHTTPStatus()).isEqualTo(200);
    assertThat(generateHashForFileOfType(downloadedFile, SHA1))
            .isEqualTo("8882e3d972be82e14a98c522745746a03b97997a");
}
```

请注意，在之前测试中检查的是一个指定的 SHA1 散列值。因为这里显示的散列值与你上传的 PDF 文件是不匹配的，所以你要自己生成期望的散列值。这在 OS X/Linux 操作系统上应该会非常简单，因为其上应该已经安装过 openssl，只需要运行 openssl sha1 <path/to/file> 或 openssl md5 <path/to/file> 即可。而在 Windows 操作系统上，需要从 Microsoft 官网下载文件校验和完整性验证程序（File Checksum Integrity Verifier，FCIV）。下载完成后，接下来的事就又非常简单了：运行 FCIV sha1 <path/to/file> 或 FCIV md5 <path/to/file> 即可。

要使用不同的散列类型，只需要简单更改代码中的散列类型和期望的散列值。

```
@Test
public void downloadAFileWhilstMimickingSeleniumCookiesAndCheckTheMD5Hash()
throws Exception {
```

```
FileDownloader downloadHandler = new FileDownloader(driver);
driver.get("http://www.example.com/downloadTest.html");
WebElement fileThatShouldExist =
driver.findElement(By.id("fileToDownload"));
URI fileAsURI = new URI(fileThatShouldExist.getAttribute("href"));

downloadHandler.setURI(fileAsURI);
downloadHandler.setHTTPRequestMethod(RequestType.GET);
File downloadedFile = downloadHandler.downloadFile();

assertThat(downloadedFile.exists()).isEqualTo(true);
assertThat(downloadHandler.getLinkHTTPStatus()).isEqualTo(200);
assertThat(generateHashForFileOfType(downloadedFile, MD5))
        .isEqualTo("d1f296f523b74462b31b912a5675a814");
}
```

现在你已经拥有了这些简洁的代码，它们可以帮助你检查下载的文件是否正确。

8.2　通过 Selenium 无法跟踪网络流量

有一个功能已屡次申请，但 Selenium 还不支持，它就是监控浏览器网络流量的功能。尽管存在很多不满的呼声，但是 Selenium 开发团队曾明确表示不会在 WebDriver API 中添加此功能。他们不添加这个功能的原因其实是非常合理的。

Selenium 会驱动浏览器，但它不会与浏览器所用的底层机制进行交互。因此，Selenium 在加载页面时，其实是在要求浏览器加载页面。它本身不会与页面所在的远程服务器进行交互（这是浏览器做的事），因此它根本就不知道浏览器是如何与远程服务器进行交互的。这些交互并不属于 WebDriver 的范围，而且从来都不是。

然而，问题并不是完全明朗的。旧的 Selenium 的确具有一些功能，它们支持获取网络流量，但仅限于使用 Firefox 浏览器。所有的参与人员都一致认为这可能是个坏主意，因为它依赖于指定供应商的实现，而且不具有跨浏览器的兼容性。在旧的 Selenium 中曾经存在这种不完善的功能，这一事实被当成了一种证据，人们通常会认为 Selenium 2（以及之后的 Selenium 3）理应为跟踪网络流量提供一些支持。

然而，这并不合理。别忘了 Selenium 2 是 Selenium 和 WebDriver 相结合的产物。这也标志着已正式弃用 Selenium 1 API（尽管由于通信问题，官方立场曾发生改变，但现在会在 Selenium 3 中正式弃用），而 WebDriver 才是每个人应该继续使用的全新解决方案。弃用 Selenium 1 API 的一个原因是它为太多人提供了杂七杂八的功能，已经变得臃肿不堪。

再重新拾回一些由于臃肿不堪且弃用的东西，除了雪上加霜之外，实在没有任何意义。

8.3　跟踪网络流量的办法

然而，上述消息不一定全都是坏消息。Selenium 没有明确提供对网络流量的支持，但是它确实为相关代理提供了支持。如果要跟踪网络流量，最好的办法是什么？当然，非代理莫属！

虽然可用的代理有很多，但是我们会重点关注其中一个——BrowserMob 代理。BrowserMob 代理在编写的时候就已经考虑过自动化的情况了，而且非常容易与 Selenium 集成。看一个基本实现。

```
package com.masteringselenium.tests;

import net.lightbody.bmp.BrowserMobProxy;
import net.lightbody.bmp.BrowserMobProxyServer;
import net.lightbody.bmp.client.ClientUtil;
import net.lightbody.bmp.core.har.Har;
import net.lightbody.bmp.core.har.HarEntry;
import org.openqa.selenium.Proxy;
import org.openqa.selenium.WebDriver;
import org.openqa.selenium.firefox.FirefoxDriver;
import org.openqa.selenium.firefox.FirefoxOptions;
import org.openqa.selenium.remote.CapabilityType;
import org.testng.annotations.AfterSuite;
import org.testng.annotations.Test;
import static org.assertj.core.api.Assertions.assertThat;

public class ProxyBasedIT {

    private static WebDriver driver;

    @AfterSuite
    public static void cleanUpDriver() {
        driver.quit();
    }

    @Test
    public void usingAProxyToTrackNetworkTraffic() {
        BrowserMobProxy browserMobProxy = new
        BrowserMobProxyServer();
```

```
browserMobProxy.start();
Proxy seleniumProxyConfiguration =
ClientUtil.createSeleniumProxy(browserMobProxy);

FirefoxOptions firefoxOptions = new FirefoxOptions();
firefoxOptions.setCapability(CapabilityType.PROXY,
seleniumProxyConfiguration);
driver = new FirefoxDriver(firefoxOptions);
browserMobProxy.newHar();
driver.get("https://www.baidu.com");
    }
}
```

这个基本实现非常简单。首先，创建 BrowserMobProxy 实例，启动它。然后，使用
BrowserMobProxy 团队提供的便捷的 ClientUtil 类创建 Selenium 代理配置。接着，
我们通过 FirefoxOptions 对象来告知 Selenium 要使用这个代理配置。Selenium 启动
后，所有的网络流量现在都会通过 BrowserMobProxy 进行路由。

如果要记录流量，需要做的第一件事便是通过 BrowserMobProxy 来创建网络流量的
HTTP 存档（或 **HAR**）。然后，使用 Selenium 导航到任意网站，同时执行一些操作。操作
完成后，就可以检索由 BrowserMobProxy 创建的 HTTP 存档。

在本章前面的部分，我们编写过一些代码，用于检查指定资源的 HTTP 状态码。也可以通
过代理来做同样的事情。扩展这些测试来看看这种解决方案具有多大的实用性。

首先，编写一段代码来查找指定 HTTP 请求，并返回相应的状态码。

```
private int getHTTPStatusCode(String expectedURL, Har httpArchive)
{
    for (HarEntry entry : httpArchive.getLog().getEntries()) {
        if (entry.getRequest().getUrl().equals(expectedURL)) {
            return entry.getResponse().getStatus();
        }
    }
    return 0;
}
```

如你所见，HTTP 存档的解析非常简单。可以先获取一个列表，然后对其进行遍历，
直到找出需要的条目。

然而，这也暴露了一个潜在的隐患。如果存档太大了，又该怎么办？对于本示例的测
试，其实不存在问题，因为我们只发出一个请求，所以解析存档不会花太长时间。但需要
注意的是（在撰写本书时），即使对于这一个请求，也生成了 17 个条目。显然，这将取决

于代码运行时在 Google 主页上放置了哪些内容。可以想象一下，如果遍历完一两条标准的用户轨迹，存档会有变得有多大。

既然我们已经拥有了查找 URL 对应状态码的函数，接下来就需要对测试进行扩展，以使用这部分额外的代码。

```
@Test
public void usingAProxyToTrackNetworkTrafficStep2() {
    BrowserMobProxy browserMobProxy = new BrowserMobProxyServer();
    browserMobProxy.start();
    Proxy seleniumProxyConfiguration =
    ClientUtil.createSeleniumProxy(browserMobProxy);

    FirefoxOptions firefoxOptions = new FirefoxOptions();
    firefoxOptions.setCapability(CapabilityType.PROXY,
    seleniumProxyConfiguration);
    driver = new FirefoxDriver(firefoxOptions);
    browserMobProxy.newHar();
    driver.get("https://www.baidu.com");

    Har httpArchive = browserMobProxy.getHar();
    assertThat(getHTTPStatusCode("https://www.baidu.com/",
    httpArchive))
            .isEqualTo(200);
}
```

这里又可以看到另一个潜在的隐患。如果仔细查看测试代码，就会发现我们访问的 URL 和断言中用的 URL 不一样，断言中的 URL 多了一个斜杠。有一个简单的解决办法，就是在指定任何基础 URL 时，都要确保已带上斜杠，但这稍不留神就会弄错。

在之前的测试中，我们用 BrowserMobProxy 来收集具体调用的 HTTP 状态码。请试着将这种实现方案与本章开头编写的最初实现方案进行比较。看看每种方案分别要用多长时间才能实现。统计完这两种方案的时间后，将它们分别用到相同的测试中，然后计算每个测试执行完所需的时间。哪种方案的速度更快？计算出来后，请试着扩展测试，让它们遍历更长的用户轨迹，以便创建更多的 HTTP 流量，然后再次计算测试时间。这对测试时间产生了什么样的影响？你更偏向把哪种方案应用到自己的代码库中？

必须指出的是，收集 HTTP 状态代码并不是可以对网络流量执行的唯一操作。事实上，刚才举的例子都不是比较好的解决方案，但这并不意味着就没有其他更好的用法了。有些事情只能通过跟踪网络流量才能做到。

比如，如果你正在编写一个结账用的应用程序，并且当在事务执行过程中导航到另一个不同的 URL 时，需要确保事务能显式取消，那么跟踪网络流量是非常理想的方案。类似地，如果要检查指定网络请求是否按照指定的方式格式化，也需要对网络流量进行扫描。

代理还可以实现一些其他功能。

你可能还想模拟网络连接比较恶劣的情况。要实现这一点，可以配置代理来限制上传和下载的速度。如果我们先屏蔽一些内容，然后对用户轨迹中的每一个步骤都进行截屏，会有什么效果？你可以轻松快速地看到在图像不可用的情况下，整个流程是什么样的。

如果能够对网络流量进行访问或操作，就可以做许多既有趣又不寻常的事情。

我们已经拥有一个非常基本的代理实现，但在目前的形式下，它并不适合与之前在本书中创建的测试框架同时使用。我们要了解如何扩展框架才能支持代理。

首先，POM 文件要稍微调整，以便支持在命令行上设置代理详情。为此，需要先添加一些额外的属性。

```
<properties>
    <project.build.sourceEncoding>UTF-
8</project.build.sourceEncoding>
    <project.reporting.outputEncoding>UTF-
8</project.reporting.outputEncoding>
    <java.version>1.8</java.version>
    <!-- Dependency versions -->
    <selenium.version>3.12.0</selenium.version>
    <testng.version>6.14.3</testng.version>
    <assertj-core.version>3.10.0</assertj-core.version>
    <query.version>1.2.0</query.version>
    <commons-io.version>2.6</commons-io.version>
    <httpclient.version>4.5.5</httpclient.version>
    <!-- Plugin versions -->
    <driver-binary-downloader-maven-plugin.version>1.0.17
</driver-binary-downloader-maven-plugin.version>
    <maven-compiler-plugin.version>3.7.0
</maven-compiler-plugin.version>
    <maven-failsafe-plugin.version>2.21.0
</maven-failsafe-plugin.version>
```

```
<!-- Configurable variables -->
<threads>1</threads>
<browser>firefox</browser>
<overwrite.binaries>false</overwrite.binaries>
<headless>true</headless>
<remote>false</remote>
<seleniumGridURL/>
<platform/>
<browserVersion/>
<screenshotDirectory>${project.build.directory}
/screenshots</screenshotDirectory>
<proxyEnabled>false</proxyEnabled>
<proxyHost/>
<proxyPort/>
</properties>
```

如你所见，这里并没有给相关属性设置默认值，但是如果你知道代理的详情，可以自行添加。proxyEnabled 属性的默认值这里设置的是 false，如果你打算一直使用代理，可以将其更改为 true。

接下来，需要将这些属性设置成系统属性，以便测试能读取它们。

```
<plugin>
    <groupId>org.apache.maven.plugins</groupId>
    <artifactId>maven-failsafe-plugin</artifactId>
    <version>${maven-failsafe-plugin.version}</version>
    <configuration>
        <parallel>methods</parallel>
        <threadCount>${threads}</threadCount>
        <systemPropertyVariables>
            <browser>${browser}</browser>
            <headless>${headless}</headless>
            <remoteDriver>${remote}</remoteDriver>
            <gridURL>${seleniumGridURL}</gridURL>
            <desiredPlatform>${platform}</desiredPlatform>
            <desiredBrowserVersion>${browserVersion}
            </desiredBrowserVersion>
            <screenshotDirectory>${screenshotDirectory}
            </screenshotDirectory>
            <proxyEnabled>${proxyEnabled}</proxyEnabled>
            <proxyHost>${proxyHost}</proxyHost>
            <proxyPort>${proxyPort}</proxyPort>
            <!--Set properties passed in by the driver binary
            downloader-->
```

```
            <webdriver.chrome.driver>${webdriver.chrome.driver}
            </webdriver.chrome.driver>
            <webdriver.ie.driver>${webdriver.ie.driver}
            </webdriver.ie.driver>
            <webdriver.opera.driver>${webdriver.opera.driver}
            </webdriver.opera.driver>
            <webdriver.gecko.driver>${webdriver.gecko.driver}
            </webdriver.gecko.driver>
            <webdriver.edge.driver>${webdriver.edge.driver}
            </webdriver.edge.driver>
        </systemPropertyVariables>
    </configuration>
    <executions>
        <execution>
            <goals>
                <goal>integration-test</goal>
                <goal>verify</goal>
            </goals>
        </execution>
    </executions>
</plugin>
```

我们现在准备开始调整其余代码。首先，需要更新 DriverFactory 类，让它能读取代理设置。要做到这一点，需要添加一些额外的类变量，使用它们来读取在 POM 中设置的系统变量。

```
private final boolean proxyEnabled = Boolean.getBoolean("proxyEnabled");
private final String proxyHostname = System.getProperty("proxyHost");
private final Integer proxyPort = Integer.getInteger("proxyPort");
private final String proxyDetails = String.format("%s:%d", proxyHostname,
proxyPort);
```

然后，需要修改 instantiateWebDriver 方法，以便在 proxyEnabled 变量的值为 true 时，会配置 DesiredCapabilities 来使用代理。

```
private void instantiateWebDriver(DriverType driverType) throws
MalformedURLException {
    System.out.println(" ");
    System.out.println("Local Operating System: " +
operatingSystem);
    System.out.println("Local Architecture: " + systemArchitecture);
    System.out.println("Selected Browser: " + selectedDriverType);
    System.out.println("Connecting to Selenium Grid: " +
```

```
useRemoteWebDriver);
System.out.println(" ");

DesiredCapabilities desiredCapabilities = new
DesiredCapabilities();

if (proxyEnabled) {
    Proxy proxy = new Proxy();
    proxy.setProxyType(MANUAL);
    proxy.setHttpProxy(proxyDetails);
    proxy.setSslProxy(proxyDetails);
    desiredCapabilities.setCapability(PROXY, proxy);
}

if (useRemoteWebDriver) {
    URL seleniumGridURL = new
    URL(System.getProperty("gridURL"));
    String desiredBrowserVersion =
    System.getProperty("desiredBrowserVersion");
    String desiredPlatform =
    System.getProperty("desiredPlatform");

    if (null != desiredPlatform && !desiredPlatform.isEmpty()) {
        desiredCapabilities.setPlatform
        (Platform.valueOf(desiredPlatform.toUpperCase()));
    }

    if (null != desiredBrowserVersion &&
    !desiredBrowserVersion.isEmpty()) {
        desiredCapabilities.setVersion(desiredBrowserVersion);
    }

    desiredCapabilities.setBrowserName(selectedDriverType.toString());
    webDriver = new RemoteWebDriver(seleniumGridURL,
    desiredCapabilities);
} else {
    webDriver =
    driverType.getWebDriverObject(desiredCapabilities);
}
}
```

　　代码就这些，改起来其实挺简单。现在既可以在命令行上指定代理，又可以在 POM 文件中预先配置代理。从这个角度来看，给浏览器插入公司的代理信息固然不错，但是如果要使用 BrowserMobProxy，这就不可取了。之前在测试示例中使用 BrowserMobProxy 时，请注意，它是以编程方式来启动 BrowserMobProxy 实例的，在测试中是与该实例进行交互的。要做到这一点，我们希望加入对 BrowserMobProxy 的支持，同时我们也希望能够转发对公司代理的调用。

再次扩展框架，让它能支持这些功能。首先，要在 **POM** 文件中添加 browsermob-core 的依赖项。

```
<dependency>
    <groupId>net.lightbody.bmp</groupId>
    <artifactId>browsermob-core</artifactId>
    <version>2.1.5</version>
    <scope>test</scope>
</dependency>
```

这将为具体的实现方式提供完整的 BrowserMobProxy 库。然后，更新 DriverFactory，让它支持 BrowserMobProxy。先从两个类变量的添加开始，代码如下。

```
private BrowserMobProxy browserMobProxy;
private boolean useBrowserMobProxy = false;
```

稍后将使用这些变量来保存要启动的 BrowserMobProxy 实例的引用，并跟踪它的使用情况。下一步是更新 instantiateWebDriver 方法。

```
private void instantiateWebDriver(DriverType driverType, boolean
useBrowserMobProxy) throws MalformedURLException {
    System.out.println(" ");
    System.out.println("Local Operating System: " +
    operatingSystem);
    System.out.println("Local Architecture: " + systemArchitecture);
    System.out.println("Selected Browser: " + selectedDriverType);
    System.out.println("Connecting to Selenium Grid: " +
    useRemoteWebDriver);
    System.out.println(" ");

    DesiredCapabilities desiredCapabilities = new
    DesiredCapabilities();

    if (proxyEnabled || useBrowserMobProxy) {
        Proxy proxy;
        if (useBrowserMobProxy) {
            usingBrowserMobProxy = true;
            browserMobProxy = new BrowserMobProxyServer();
```

```
            browserMobProxy.start();
            if (proxyEnabled) {
                browserMobProxy.setChainedProxy(new
                InetSocketAddress(proxyHostname, proxyPort));
            }
            proxy = ClientUtil.createSeleniumProxy(browserMobProxy);
        } else {
            proxy = new Proxy();
            proxy.setProxyType(MANUAL);
            proxy.setHttpProxy(proxyDetails);
            proxy.setSslProxy(proxyDetails);
        }
        desiredCapabilities.setCapability(PROXY, proxy);
    }

    if (useRemoteWebDriver) {
        URL seleniumGridURL = new
        URL(System.getProperty("gridURL"));
        String desiredBrowserVersion =
        System.getProperty("desiredBrowserVersion");
        String desiredPlatform =
        System.getProperty("desiredPlatform");

        if (null != desiredPlatform && !desiredPlatform.isEmpty()) {
            desiredCapabilities.setPlatform(Platform.valueOf
            (desiredPlatform.toUpperCase()));
        }

        if (null != desiredBrowserVersion &&
        !desiredBrowserVersion.isEmpty()) {
            desiredCapabilities.setVersion(desiredBrowserVersion);
        }

        desiredCapabilities.setBrowserName(selectedDriverType.toString());
        webDriver = new RemoteWebDriver(seleniumGridURL,
        desiredCapabilities);
    } else {
        webDriver =
        driverType.getWebDriverObject(desiredCapabilities);
    }
}
```

现在还传入了另一个布尔值，用于确定是否使用 BrowserMobProxy。于是我们既可以将 RemoteWebDriver 配置为使用普通代理，又可以使用 BrowserMobProxy，还可以同时使用这两种方法。如果需要用公司的代理服务器来访问待测试站点，这种方式可以确保仍然可以使用公司代理以及 BrowserMobProxy。但是我们还有一些工作要做，需要修改 getDriver() 方法来控制是否启用 BrowserMobProxy。

```
public RemoteWebDriver getDriver(boolean useBrowserMobProxy)
throws MalformedURLException {
    if(useBrowserMobProxy != usingBrowserMobProxy){
        quitDriver();
    }
    if (null == webDriver) {
        instantiateWebDriver(selectedDriverType,
        useBrowserMobProxy);
    }
    return webDriver;
}

public RemoteWebDriver getDriver() throws MalformedURLException {
    return getDriver(usingBrowserMobProxy);
}

public void quitDriver() {
    if (null != webDriver) {
        webDriver.quit();
        webDriver = null;
        usingBrowserMobProxy = false;
    }
}
```

上述代码中有一些变化。首先，创建了一个新的方法 getDriver(boolean useBrowserMobProxy)，该方法通过一个布尔值来指定是否启用 BrowserMobProxy。然后，将这个布尔值与 DriverFactory 中存储的 usingBrowserMobProxy 布尔值进行比较，判断是要启动还是停止 BrowserMobProxy。

无论是启动还是停止 BrowserMobProxy，都会调用 quitDriver() 来终止当前的 WebDriver 实例，然后创建一个新的实例，这是因为在实例化 WebDriver 对象时需要指定代理的设置。

现在旧的 getDriver() 方法会调用新的 getDriver(boolean useBrowserMobProxy) 方法，但后一个方法会始终将 useBrowserMobProxy 的值设置为 DriverFactory 中存

放的值，以便沿用之前的设置。`DriverFactory` 方法可以直接使用它，而且无须进行任何修改就能让现有代码正常运行。

对 `DriverFactory` 进行的最后一项更改是创建一个名为 `getBrowserMobProxy()` 的方法。

```
public BrowserMobProxy getBrowserMobProxy() {
    if (usingBrowserMobProxy) {
        return browserMobProxy;
    }
    return null;
}
```

该方法将返回 `BrowserMobProxy` 实例，以便能对它发送命令。这样便可以开始收集流量了，还可以对收集好的流量进行检查。

最后一步是通过调整 `DriverBase` 类，提供这些功能。首先，需要想办法获取启用了 `BrowserMobProxy` 的驱动实例。

```
public static RemoteWebDriver getBrowserMobProxyEnabledDriver() throws
MalformedURLException {
    return driverThread.get().getDriver(true);
}
```

然后，还需要一种获取 `BrowserMobProxy` 对象的方法。

```
public static BrowserMobProxy getBrowserMobProxy() {
    return driverThread.get().getBrowserMobProxy();
}
```

现在一切已准备好在测试中使用了。为什么不编写一个检查网络流量的测试（如之前在本章写的那个）来试试呢？

8.4　使用 Selenium 编写性能测试

从理论上来说，可以使用 Selenium 执行性能测试。可以启动一个超大型的 Selenium-Grid，然后使它指向某一个应用程序，在上面运行大量的测试。

可为什么人们一般都不这样做呢？

要实现这样强大的功能，需要配置一个 Grid，它实际上可以满足流量充足的性能测试环境，因此这种方案的成本高昂。另外，还要考虑 Selenium-Grid 的设置与维护成本。话虽如此，随着以下云服务和相关工具的出现，情况逐渐得以改善。

- Ansible（详见 Ansible 官方网站）

- Chef（详见 Chef 官方网站）

- Puppet（详见 Puppet 官方网站）

现在成本要比以前低得多了。一旦完成了基础工作，就很容易启动从属对象，用于在必要时把这些对象附加到 Selenium-Grid 上。因此，时至今日，这已经是可以做到的事情了。

但有这样做的必要吗？

首先，必须静下来想想实际要测试的是什么。当托管网站的服务器处于负载状态时，它实际上在做什么？服务器所做的其实是通过网络接收浏览器发出的请求，在服务器上进行相关计算后，再向浏览器发送一个响应。

这些其实都不需要与用户在界面上看到的内容（通常称这些内容为表示层）进行交互，而 Selenium 是一种与表示层进行显式交互的工具。为什么要使用一个旨在与表示层进行交互的工具来给服务器发送大量的网络流量呢？

就好比工具箱里只有锤子这一种工具，用的时候只能把什么东西都当成钉子看。比如，一颗螺钉虽然在形状上像钉子，但如果用锤子使劲敲打螺钉，多半能把螺钉钉入墙壁。而且没准还能成功地把一幅画挂到螺钉上。

这种事情经常发生在 Selenium 身上。你会发现有些测试人员对 Selenium 颇为精通，但对其他工具一窍不通。这时 Selenium 就开始演变成他们的锤子。这种情况通常是人们用 Selenium 之类的工具来做性能测试的原因。

既然这个主意不怎么好，那么为什么还要继续讨论它？这是因为我们还可以用 Selenium 来创建性能测试，而且值得庆幸的是，基于本章前面已经编写过的相关代理的实现，做起来会非常容易。

要做的是启动 JMeter，并将它作为记录网络流量的代理服务器。然后，在代理连接期间，用 Selenium 运行测试。当 Selenium 测试驱动浏览器时，会向服务器发送网络请求，JMeter 代理将收集这些请求，并构建一个基本的测试计划。

显然，创建性能测试计划并不是对捕获的请求进行重新编码并回放那么简单。但它确实能提供一个坚实的基础，如果我们已经有一系列在 Selenium 中编写好的用户轨迹，并打算将这些用户轨迹作为性能测试的基础，这种方式就会非常有用。

此处的重点在于如何用 Selenium 建立坚实的基础。可以在此基础上进行构建，也可以把它们发送给构建性能测试脚本的人员来实现。

所以，首先，启动 JMeter，同时对 Selenium 将会连接的代理进行设置。需要在测试计划中添加一个 HTTP（S）测试脚本记录器。

（1）在测试计划中添加测试脚本记录器（见下图）。

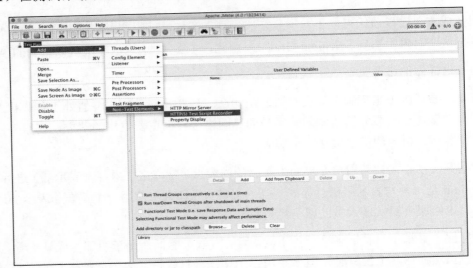

然后，需要设置端口和目标控制器，这样 JMeter 便可以记录网络流量。

（2）设置端口和目标控制器（见下图）。

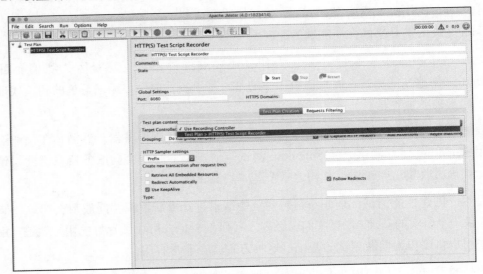

最后，单击 Start 按钮。这时就会看到一个弹出窗口，告知 JMeter 保存临时根证书（对于部分浏览器，可能需要将它设置为受信任根证书）的位置。只需要单击 OK 按钮绕过这一步即可。

现在 JMeter 代理已经启动，而且也准备好接受连接了。现在需要运行 Selenium 测试，让它们连接到 JMeter 代理。由于已经扩展了 Selenium 测试框架来支持代理，因此需要做的只是在命令行上提供代理的详细信息。

```
mvn clean install -DproxyEnabled=true -DproxyHost=localhost -
DproxyPort=8080
```

最后，等待测试运行完。关闭 JMeter 代理，保存测试计划。于是在 JMeter 中就有了一个性能测试计划的雏形，可以在此基础上进行构建。我们可以通过这种方式来使用 Selenium，以便在 JMeter 中记录所有类型的用户轨迹。这比人工执行所有场景要快得多，而且大大节省了生成初始数据集的时间。

在使用 JMeter 代理的过程中，请勿使用多个线程来加快速度。你打算捕获的是有意义的用户轨迹，这可以根据网络请求进行跟踪。如果并发执行多个线程，那么会把并发运行的所有测试的网络请求混在一起。这不但难以阅读，而且对于 JMeter 性能测试套件来说，这也算不上一个良好的基础。

8.5　使用 Selenium 进行渗透测试

在产品构建期间，有些事情一般不会考虑，渗透测试就是其中之一。通常将渗透测试视为由第三方执行的测试，一旦某个版本通过了常规测试，就会由精通此领域的第三方来执行它。

不过这种看法是有问题的，因为到这个时候才修复安全问题，不但成本高昂，而且需要进行大量的重构，甚至重写。如果能在早期开发阶段尽可能多地进行渗透测试，不是会更好吗？这样便能形成一个快速的反馈循环，让我们在开发生命周期的早期就进行更改，这会大大降低成本。

Selenium 没有内置的渗透测试功能，但可以用其他工具来补充。其中一个十分优秀的工具可以很好地与 Selenium 协同工作，它就是 **Zed Attack Proxy（ZAP）**。关于 ZAP 的更多信息，请在百度中搜索关键字 OWASP Zed Attack Proxy Project。

　　ZAP 是一种渗透测试工具，用于搜寻 Web 应用程序中的漏洞。ZAP 是浏览器和待测试网站之间的代理。在使用待测试网站的时候，ZAP 会记录所有的网络调用，并用它们来构建一系列攻击配置。在网站上使用的功能越多，ZAP 用来构建攻击配置的信息就越多。

　　一旦检查完站点的各个功能，就可以通知 ZAP 根据收集的信息来构建一系列攻击配置。然后，ZAP 会对站点发起一系列攻击，并记录它找到的潜在漏洞。

　　显然，使用过的功能越多，ZAP 拥有的信息就越多，攻击效果也就越好。如果你用 Selenium 来测试网站，那么基本上可以肯定，这些测试覆盖了大部分的功能。

　　所以，我们要做的是将 ZAP 设置成一个代理，然后使用代理实现的相关代码，通过 ZAP 运行 Selenium 测试，这样它就能为站点生成一个攻击配置。

　　ZAP 的设置非常简单。步骤如下。

　　（1）打开 ZAP（见下图）。

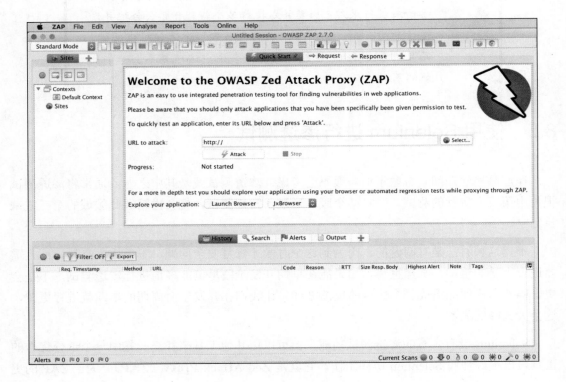

（2）在菜单栏中，选择 Tools→Options（见下图）。

（3）选择 Local Proxies 选项（见下图）。

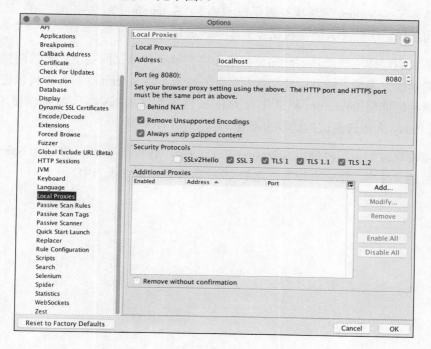

（4）将代理地址设为"localhost"，然后选择端口。在本例中要使用的端口号为"8080"。

现在，需要用这个代理来运行 Selenium 测试，以便 ZAP 能监控网络流量并构建攻击配置。要使用的命令如下。

```
mvn clean install -DproxyEnabled=true -DproxyHost=localhost -
DproxyPort=8080
```

现在请等待测试执行完成。之后就可以通知 ZAP 对待测试站点发起攻击。在执行攻击时，它会揭示存在的漏洞，在结束时会提供一份待调查的事项列表。

> ZAP 的报告可能非常冗长，请不要忘记它报告的只是潜在的漏洞。它记录的信息并非全部都是具有高优先级的待修复问题，有些可能是你目前还没用到的技术中的漏洞。许多人第一次用 ZAP 运行网站时，都会虚惊一场。

8.6　总结

本章讲述了 Selenium 无法执行的操作，探讨了 Selenium 的一些扩展方式，让它能与其他工具协同工作，这些工具能给测试工具库添砖加瓦。

本章结束后，你应该能具备一些良好的策略来检查待测试网页上的无效链接，还应该具有合理的解决方案来下载及验证文件。本章还展示了将 Selenium 与各种代理进行集成的方法。这使我们能将 Selenium 测试作为 JMeter 性能测试的基础，同时可以使用 OWASP Zed Attack Proxy 为渗透测试构建攻击配置。

下一章将探讨如何同时使用 Selenium 与 Docker，展示在 Docker 中启动 Selenium-Grid 是多么容易的一件事，还会介绍如何把 Docker 集成到构建过程当中。

第 9 章
将 Docker 整合到 Selenium 中

本章将简要介绍 Docker，以及如何同时使用 Docker 与 Selenium。这有助于你了解 Docker 的潜在功能，促进你思考把它集成到当前构建过程中的各种办法。

本章将探讨 Docker 的基础知识，以及如何在 Selenium 中使用 Docker，涉及的主题如下。

- 在计算机上安装 Docker。

- 使用 Docker 来设置 Selenium-Grid。

- 将 Docker 容器作为构建的一部分来启动。

9.1　Docker 简介

什么是 Docker？

Docker 就像是一台**虚拟机**（Virtual Machine，VM），但它并不是虚拟机。在传统的 VM 设置中，需要先有一台计算机，在上面安装操作系统，然后安装虚拟机管理程序，如 VirtualBox（更多信息请访问 VirtualBox 官方网站）和 VMware（关于 VMware 的更多信息，请查看官方网站）。然后就可以在虚拟机管理程序上创建 VM 镜像，将它模拟成一台计算机。这个镜像拥有自身的 BIOS 及模拟硬件。接下来，可以在镜像上安装操作系统，这通常称作客户机操作系统。完成这些操作后，就可以启动客户机操作系统，并将其视为一台普通的计算机来使用（见下图）。

如果要隔离应用程序，可以创建多个客户机操作系统，但是这样做的成本太高。

Docker 则略有不同（见下图）。首先，Docker 是安装在宿主机（而不是安装在虚拟机管理程序）上的程序。其次，Docker 可以在一种称为容器的设备中启动应用程序。容器是完全隔离的，就像是一台虚拟机。但是，Docker 使用的是宿主机操作系统，而不是客户机操作系统。

因此 Docker 具有如下优势。

- 容器不像虚拟机那样占用大量资源。

- 容器的启动速度比虚拟机快得多。

那么，Docker 是如何做到这一点的呢？它使用了一种名为**命名空间**（namespace）的 Linux 技术。以下是 Linux 的命名空间。

- `pid`：用于进程隔离。

- `net`：用于管理网络接口。

- `ipc`：用于管理进程间通信。

- `mnt`：用于管理挂载点。

- `uts`：用于隔离内核和版本标识符。

Docker 使用这些命名空间来隔离容器。这意味着它们根本不知道在宿主机操作系统上运行的其他程序。这些容器具有自己独立的进程树，以及独立的网络栈等。

Docker 的精妙之处在于，所有的容器都可以彼此交互。这意味着可以将许多单独的容器组合在一起，形成更复杂的内容。

我们以基本的 **Linux**、**Nginx**、**MySQL** 和 **PHP**（**LNMP**）设置为例进行说明。 一般情况下，这需要创建一个 Linux 虚拟机，然后在上面安装 Nginx、PHP 和 MySQL。

通过 Docker，可以将栈划分到多个容器。最常见的设置方式是分别添加一个支持 PHP 的 Nginx 容器和一个 MySQL 容器。然后可以将这两个容器链接在一起，从而得到 LNMP 栈。

例如，如果要更新 MySQL，只需要先删除 MySQL 容器，然后再添加一个新容器。

等等！如果先删除 MySQL 再重新启用它，数据会不会全部丢失？

这其实并不是什么问题，因为 Docker 还可以创建数据容器，所以可以创建一个数据专用的容器，用来保存 MySQL 写到磁盘上的所有数据，同时完全与 MySQL 的安装隔离开。

Docker 非常强大，但最困难的部分是要弄清楚如何将复杂的系统划分为运行在单个进程上的小容器。人们已经习惯了按照某个工作系统具有多少个组件的思路来思考，很难打破这种思维模式。

这些东西听起来倒是不错，但要如何使用呢？

首先需要把 Docker 安装到系统上。Docker 一直在蓬勃发展，要想了解具体的安装方式，最好的办法是访问 Docker 官方网站。将鼠标悬停在 Products 菜单上，再单击 Docker Engine，然后查阅该页面。它清楚地概述了各种可用的选项，并且拥有要进行基本安装所需的全部信息。

完成基本安装后，就可以在终端（如果是 Windows 系统，则是用命令提示符）运行 `docker run hello-world` 命令来检查一切是否正常。

9.2　通过 Docker 启动 Selenium-Grid

在某些时刻，大多数 Selenium 用户都会尝试启动 Selenium-Grid。但就如启动其他服务一样，这是一个相当头疼的过程。可能遇到的一些问题如下。

- 需要安装哪些软件才能启动 Selenium-Grid？

- 如何让 Selenium 保持最新版本？

- 如何让浏览器保持最新版本？

- 若节点上的浏览器出现无响应的情况，要如何处理？

- 一般情况下，要如何处理无响应的节点？

- 如何确保驱动程序文件（如 ChromeDriver）为最新版本？

可以用 Docker 来解决这些问题。首先从使用 Docker 来启动 Selenium-Grid 开始。

Docker 背后的基本思想是划分出各个只做某一件事情的小容器。遗憾的是，Selenium 的 Docker 镜像比其他大多数镜像都要大，因为它们需要访问某种形式的 GUI，并且具备齐全的浏览器安装文件。如果你的网络连接速度较慢，那么接下来的一步可能要花一段时间。

首先，要从 Docker Registry 下拉一些容器（要了解更多信息，请访问 Docker Hub Registry 网站）。需要获取的镜像有 Selenium-Grid hub、Firefox Selenium-Grid node 和 Chrome Selenium-Grid node。

可以用 `pull` 命令来获取它们，代码如下。

```
docker pull selenium/hub:3.11.0
docker pull selenium/node-firefox:3.11.0
docker pull selenium/node-chrome:3.11.0
```

这样就会下载在本地构建 Selenium-Grid 所需的 3 个容器。

在下载时可以不指定版本号，只要使用 `docker pull selenium/hub` 就会拉取最新的可用版本。但在本章的各个示例中，用的是某个指定版本，这是因为自动下拉最新版本并非总是一个好主意。可能在新版本的实现中有一些破坏性的更改，它会要求同步更改本地代码。

镜像下载完毕后，就可以启动它们了。首先，需要启动 Selenium-Grid hub，代码如下。

```
docker run -d -p 4444:4444 --name selenium-hub selenium/hub:3.11.0
```

如果在镜像还没有拉取之前就运行容器，并且计算机能连上互联网，那么它照样能正常工作。Docker 非常智能，它能识别出本地没有存储相关的镜像。当意识到这一点后，它就会在运行前处于自动下载镜像的状态。

这里解析这条命令。参数“-d”用于确保 `selenium-hub` 容器会作为守护进程来运行。Docker 容器的设计初衷是启动、执行其预期功能，然后关闭。如果不使用参数 “-d”，那么在切换容器时会立即关闭 Docker 容器。接下来，使用 4444 端口在 Docker 容器和 Docker 主机之间映射出一条信道，这样就可以使用主机的 IP 地址与容器进行通信。每个 Docker 容器都具有自己独立的网络栈，并且无法查看与之毫无关联的其他内容。

有很多办法可以把其他内容关联到 Docker 容器上。可以在主机上开启某个端口，用它来进行通信。可以使用 `--link` 开关在容器之间建立显式链接，还可以使用 Docker Compose 文件构建一个完整的自包含系统。

这里给容器指定了一个名称以便它易于识别。但如果没有给容器指定名称，那么 Docker 就会自动分配一个名称。虽然这些随机名称挺有意思，但是难以分辨出各个名称下运行的进程。考虑到这一点，最好给容器指定一个合理且具有描述性的名称。在本例中，容器的命名为 `selenium-hub`。最后，还指定了容器镜像的名称及将要使用的版本。

一旦完成容器的启动，就可以使用以下命令来检查它是否存在。

```
docker ps
```

这会使用列表显示出当前正在运行的所有容器。因为已经开通了主机和容器之间的信道，所以还可以打开 Web 浏览器，并浏览 Selenium-Grid 控制台。这非常简单，只需要在浏览器中导航到以下 URL 即可。

```
http://127.0.0.1:4444/grid/console
```

在浏览器中导航到上述 URL 后，应该会看到如下界面。

现在需要启动一些节点，并将它们连接到 Selenium-Grid。先从 Firefox 浏览器开始。

docker run -d --link selenium-hub:hub selenium/node-firefox:3.11.0

和之前的做法一样，将容器作为守护进程来运行，这样它就不会关闭。但这次没有在容器与 Docker 主机之间开启一个端口。相反，将这个容器链接到之前已经启动的 selenium-hub 容器上。还没有给这个节点指定名称，但这并无大碍。如果名称没有指定，则 Docker 会自动分配一个。和上一条命令一样，最后，指定了容器的标识符和版本号。

如果刷新浏览器，则现在应该会看到如下界面。

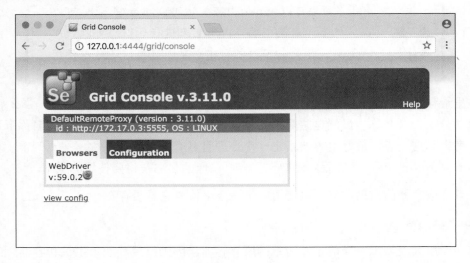

接下来，要添加一个 Chrome 节点，使其作为另一种可选的浏览器，代码如下。

```
docker run -d --link selenium-hub:hub selenium/node-chrome:3.11.0
```

命令和之前的一模一样。只是这次指定的是一个不同的容器 ID。如果刷新浏览器，则现在应该会看到如下界面。

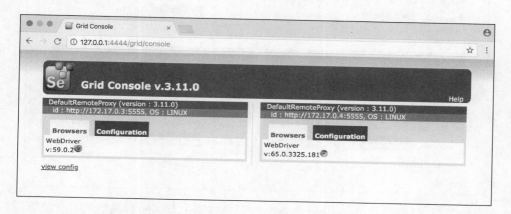

现在请在终端中输入以下内容。

```
docker ps
```

这将会使用列表显示出当前活动中的容器（见下图）。

可以看到，即使在启动节点时没有给它们命名，Docker 也给它们生成了唯一的名称。要启动更多 Chrome 节点，代码如下。

```
docker run -d --link selenium-hub:hub selenium/node-chrome:3.11.0
docker run -d --link selenium-hub:hub selenium/node-chrome:3.11.0
docker run -d --link selenium-hub:hub selenium/node-chrome:3.11.0
docker run -d --link selenium-hub:hub selenium/node-chrome:3.11.0
```

请注意，这里使用的命令与之前一模一样，但不会出现任何错误。如果现在刷新浏览器，就能看到启动的所有额外节点（见下图）。

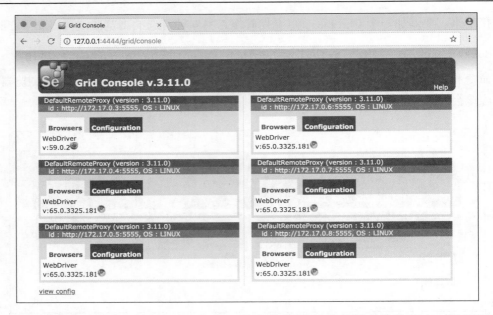

现在如果重新运行 `docker ps` 命令，就会在终端中看到所有其他节点（见下图）。

```
Shar:~ fyre$ docker ps
CONTAINER ID        IMAGE                          COMMAND                 CREATED              STATUS              PORTS                    NAMES
a1a5d2e70cd0        selenium/node-chrome:3.11.0    "/opt/bin/entry_poin…"  About a minute ago   Up About a minute                            pensive_raman
9b7b5670698c        selenium/node-chrome:3.11.0    "/opt/bin/entry_poin…"  About a minute ago   Up About a minute                            naughty_visvesvaraya
10105fbea83f        selenium/node-chrome:3.11.0    "/opt/bin/entry_poin…"  About a minute ago   Up About a minute                            sad_shannon
c06c225f29fe        selenium/node-chrome:3.11.0    "/opt/bin/entry_poin…"  About a minute ago   Up About a minute                            gracious_leakey
6f348932ef1d        selenium/node-chrome:3.11.0    "/opt/bin/entry_poin…"  2 minutes ago        Up 2 minutes                                 lucid_hopper
966b82c9c4d9        selenium/node-firefox:3.11.0   "/opt/bin/entry_poin…"  3 minutes ago        Up 3 minutes                                 eager_pare
56add68c0f67        selenium/hub:3.11.0            "/opt/bin/entry_poin…"  3 minutes ago        Up 3 minutes        0.0.0.0:4444->4444/tcp   selenium-hub
```

可以用这种方式来启动任意数量的节点。节点数量的上限只受计算机能力的限制。如果不需要那么多节点，可以关闭其中一些。由于 Chrome 节点实在太多了，因此关闭了其中一个节点，它的容器 ID 为 6f348932ef1d。

docker stop 6f348932ef1d

> 计算机不同，支持运行的容器数量也不相同。如果只运行 5 个节点，你的计算机就已经在苦苦支撑了，可能就需要关闭一些。请根据经验计算出可以同时打开的浏览器数量。你的计算机应该足以处理相同的节点数量。

如果重新运行 `docker ps` 命令，就会看到现在只有 5 个节点在运行（见下图）。

```
Shar:~ fyre$ docker ps
CONTAINER ID        IMAGE                          COMMAND                 CREATED              STATUS              PORTS                    NAMES
a1a5d2e70cd0        selenium/node-chrome:3.11.0    "/opt/bin/entry_poin…"  3 minutes ago        Up 3 minutes                                 pensive_raman
9b7b5670698c        selenium/node-chrome:3.11.0    "/opt/bin/entry_poin…"  3 minutes ago        Up 3 minutes                                 naughty_visvesvaraya
10105fbea83f        selenium/node-chrome:3.11.0    "/opt/bin/entry_poin…"  3 minutes ago        Up 3 minutes                                 sad_shannon
c06c225f29fe        selenium/node-chrome:3.11.0    "/opt/bin/entry_poin…"  3 minutes ago        Up 3 minutes                                 gracious_leakey
966b82c9c4d9        selenium/node-firefox:3.11.0   "/opt/bin/entry_poin…"  4 minutes ago        Up 4 minutes                                 eager_pare
56add68c0f67        selenium/hub:3.11.0            "/opt/bin/entry_poin…"  5 minutes ago        Up 5 minutes        0.0.0.0:4444->4444/tcp   selenium-hub
```

请试着运行以下命令。

docker ps -a

在本例中，我们又会看到 6 个节点（见下图）。

当容器停止时，Docker 并不会删除它，因此还可以执行一些操作，例如，查看日志或者将容器的内容复制到 TAR 文件中，这样就可以检查这些内容了。但是一旦容器停止了，就真的停止了，无法重新启动它。容器停止后，可以使用以下命令将其删除。

docker rm 6f348932ef1d

如果你停止了指定名称的容器（如 selenium-hub 容器），那么在启动另一个同名容器之前，必须先删除它。

如果运行的容器很多，那么按照容器 ID 停止各个容器会非常耗时。不过，Docker 提供了一种很好的快捷方式，可以用来停止所有容器。

docker stop $(docker ps -q)

> **TIP**
>
> $(docker ps -a) 是一种称为命令替换的 bash 提示。它可以获取任意命令的输出，并用这些输出来替换自身。要了解更多相关信息请在百度中搜索 Advanced Bash-Scripting Guide，进入 tldp 官网后，在目录中选择 Command Substitution 并查看。

要删除镜像，也可以使用以下命令。

docker rm $(docker ps -qa)

综上所述，现在我们已经可以快捷地启动 Selenium-Grid，而且在使用完之后还能快速删除它。

9.3　在新的 Selenium-Grid 上运行测试

现在我们已经知道了快速启动 Selenium-Grid 的方法，但目前为止，还没有看到它的实际应用。我们要面对这个问题，如果不能用 Selenium-Grid 来运行测试，它就没什么用处。

如果你已经关闭了 Selenium-Grid，请重新启动一下。

```
docker run -d -p 4444:4444 --name selenium-hub selenium/hub:3.11.0
docker run -d --link selenium-hub:hub selenium/node-firefox:3.11.0
docker run -d --link selenium-hub:hub selenium/node-chrome:3.11.0
```

接下来，将重用在第 1 章和第 2 章中创建的 Selenium 框架，它支持与 Selenium-Grid 进行连接。因此，只需要使用以下来命令指定网格的 URL。

```
mvn verify -Dremote=true -Dbrowser=firefox -
DgridURL=http://127.0.0.1:4444/wd/hub
```

这会在 Selenium-Grid 上运行测试，而 Selenium-Grid 之前已经在 Docker 中设置好了。测试启动后，请刷新网格控制台，同时注意观察节点状态的变化。还可以通过多个线程使用多个节点，代码如下。

```
docker run -d -p 4444:4444 --name selenium-hub selenium/hub:3.11.0
docker run -d --link selenium-hub:hub selenium/node-chrome:3.11.0
docker run -d --link selenium-hub:hub selenium/node-chrome:3.11.0
```

```
mvn verify -Dremote=true -Dbrowser=chrome -DgridURL=http://127.0.0.1:4444/
wd/hub -Dthreads=2
```

另外，甚至还可以对其中一个测试进行修改，让它刻意失败。这样会生成屏幕截图，展示测试失败时浏览器中发生的操作。

Selenium-Grid 功能齐全，可以用于真正的测试。

9.4 将 Docker 容器的启动作为构建的一部分

正如之前所看到的，Docker 容器的启动和关闭都非常容易。如果能将其作为构建的一部分，不是会很有用吗？

在理想情况下，构建过程将构建应用程序，然后将其安装到 Docker 容器中。之后对这个容器运行测试，如果一切正常，就可以在一个私有的 Docker Registry 中发布这个容器。可以通过推广模式将这个 Docker 容器传播出去，直至它上线。最后，我们就拥有了一些已经上线的内容，它与当初构建和测试的那个容器完全一致。因此，我们知道它是正常工作的。如果上线后出现任何问题，可以在测试环境中轻松启动该容器的另一个实例以便重现问题。与其传递应用程序的安装包，不如传递预先安装好的并且能正常运行的应用程序。

我们看看如何将容器的启动作为构建的一部分。在这个示例中，我们将会启动之前创建的 Selenium-Grid，然后会用它进行一些测试，来验证它是否有效。当然，这个过程还可以用来启动其他任何类型和任何用途的容器。这个示例只是一个让你快速上手和运行的练习。

我们将会建立项目结构（见下图）。

从上述截图中可以看出，首先，要编写几个用来控制 Docker 的 shell 脚本。其中第一个脚本用于启动容器，其名称为 startDockerContainers.sh，代码如下。

```bash
#!/usr/bin/env bash

set -euo pipefail

docker run -d -p 4444:4444 --name selenium-hub selenium/hub:3.11.0
docker run -d --link selenium-hub:hub selenium/node-firefox:3.11.0
docker run -d --link selenium-hub:hub selenium/node-chrome:3.11.0
```

为什么要在#!/usr/bin/env bash 命令中使用"#!"符号？因为这会通知shell脚本在当前环境中查找bash文件。如果在#!/bin/bash/命令中设置了"#!"符号，那么它将给 bash 文件设置一个显式路径。这个路径并非在所有系统上都是正确的。在多个系统之间传递某一脚本时，这些系统的 bash 安装可能略有差异，使用#!/usr/bin/env bash 更具有可移植性。接下来是 set -euo pipefail 命令，这条命令是什么意思？首先，-e 选项会使 bash 脚本在命令失败时立即退出，这有助于识别失败的命令，并使它更易修复。然后是-o pipefail 选项，它用于确保在将一个命令的结果传递给另一个命令时，bash 脚本会以合理的状态退出。最后是-u，它会使 bash 脚本将未设置的变量视为错误。只要存在未设置的变量，它就会立即退出。这有助于跟踪分配错误，并揭示出未使用的闲置变量。另外还有一个-x版本，它对于调试非常有用，会在执行每条命令之前将它们都输出到控制台。

第二个脚本用于关闭并删除容器，其名称为 stopDockerContainers.sh，代码如下。

```
#!/usr/bin/env bash

set -euo pipefail
docker stop $(docker ps -q)
docker rm $(docker ps -qa)
```

由于我们扩展了第 1 章和第 2 章中编写的初始 Selenium 实现，因此这里用的是maven-failsafe-plugin。这意味着在集成阶段会执行所有测试，因此我们要在集成前的阶段启动 Docker 容器，然后在集成后的这一阶段再关闭它们。因为这是一个 Maven 项目，所以我们将通过 Maven 插件在相关阶段执行这些 shell 脚本。

```
<plugin>
    <artifactId>exec-maven-plugin</artifactId>
    <groupId>org.codehaus.mojo</groupId>
    <version>1.6.0</version>
    <executions>
        <execution>
```

```
            <id>Start Docker</id>
            <phase>pre-integration-test</phase>
            <goals>
                <goal>exec</goal>
            </goals>
            <configuration>
                <executable>
                    ${project.build.scriptSourceDirectory}/
                    startDockerContainers.sh
                </executable>
            </configuration>
        </execution>
        <execution>
            <id>Stop Docker</id>
            <phase>post-integration-test</phase>
            <goals>
                <goal>exec</goal>
            </goals>
            <configuration>
                <executable>
                    ${project.build.scriptSourceDirectory}/
                    stopDockerContainers.sh
                </executable>
            </configuration>
        </execution>
    </executions>
</plugin>
```

 别忘了使用 `chmod +x` 命令把 shell 脚本先变成可执行的。如果不这样做，`exec-maven-plugin` 将无法执行它们。

在创建脚本时，我们用的是标准的 Maven 项目结构。这意味着可以利用`${project.build.scriptSourceDirectory}` Maven 变量来轻松定位 POM 中的脚本。

现在就可以运行测试了，容器的停止和启动都将作为构建的一部分。但现在仍未完工，我们还需要知道如何才能连接到 Selenium-Grid，让它的启动也作为构建的一部分。不必担心，这并不困难。要使用的命令，与之前在 Selenium-Grid 还不是构建的一部分时所用的命令一模一样。

```
mvn clean verify -Dremote=true -Dbrowser=firefox -
DgridURL=http://127.0.0.1:4444/wd/hub
```

　　理想情况下，一切都能正常工作，但是你可能已经注意到一些问题。虽然 Docker 容器启动得非常快，但有时还不够快。在实际进行下一步操作之前，要先确保容器已经启动，才不会出现问题。可以修改 `startDockerContainers.sh` 文件来实现这一点，代码如下。

```
#!/usr/bin/env bash

set -euo pipefail

docker run -d -p 4444:4444 --name selenium-hub selenium/hub:3.11.0
docker run -d --link selenium-hub:hub selenium/node-chrome:3.11.0
docker run -d --link selenium-hub:hub selenium/node-firefox:3.11.0

echo -n "Waiting for grid to load."
while ! curl http://127.0.0.1:4444/grid/console > /dev/null 2>&1
do
    echo -n "."
    sleep 1
done
echo " "
echo "Connected to grid successfully"
```

　　这会在脚本中添加 `curl` 命令，它会试着查找 Selenium-Grid hub。如果连接不上，就会休眠 1s，然后再试一次。如果连接成功，就会退出 `while` 循环，并向控制台输出一条表示成功的消息。这段脚本非常简单，如果 Selenium-Grid 没有启动，它就会一直重试。

> 如果你想尝试 bash 脚本的编写，可以试着扩展这个脚本，让它在超过一段时间后就放弃执行。请看看是否可以将这个脚本修改成在 45s 后超时，并在控制台中输出适当的消息。这项修改并不困难，而且了解一些 bash 脚本的编写知识，在日后可能会对你有所帮助。

　　到目前为止，我们看到的这些内容都是基于脚本的。也许应该探索更多以 Maven 为中心的方案，毕竟我们的项目目前都非常依赖 Maven。

9.5　使用 Docker Maven 插件

　　可用的 `docker-maven` 插件是存在的。实际上，可用的插件还不止一个。在撰写本书时我就找出了 7 个，现在可能还更多。但在写这本书的时候，所有的插件都有一个致命的缺陷——它们不支持 Linux 套接字。这意味着只有在运行 boot2docker 时，它们才能真正变得有用。这确实不怎么理想，但还是值得研究一下它们的使用方式。我试过的第一个真正符合个人需求的插件是 Wouter Danes 编写的那个，遗憾的是，这个项目已经结束了。因此，我不得不换了一个，而 fabric8 似乎符合我当前的需求（请访问 GitHub 官方网站，在搜索框中输入"fabric8io/docker-maven-plugin"进行搜索）。

根据之前编写的 shell 脚本来实现 Maven 插件。

```
<plugin>
    <groupId>io.fabric8</groupId>
    <artifactId>docker-maven-plugin</artifactId>
    <configuration>
        <images>
            <image>
                <alias>hub</alias>
                <name>selenium/hub:3.11.0</name>
                <run>
                    <ports>
                        <port>4444:4444</port>
                    </ports>
                    <wait>
                        <log>Selenium Grid hub is up and
                        running</log>
                    </wait>
                </run>
            </image>
            <image>
                <alias>selenium-chrome</alias>
                <name>selenium/node-chrome:3.11.0</name>
                <run>
                    <links>
                        <link>hub</link>
                    </links>
                    <wait>
                        <log>The node is registered to the hub and
                                ready to use</log>
                    </wait>
                </run>
            </image>
            <image>
                <alias>selenium-firefox</alias>
                <name>selenium/node-firefox:3.11.0</name>
```

```
                    <run>
                        <links>
                            <link>hub</link>
                        </links>
                        <wait>
                            <log>The node is registered to the hub and
                                    ready to use</log>
                        </wait>
                    </run>
                </image>
            </images>
        </configuration>
        <executions>
            <execution>
                <id>start</id>
                <phase>pre-integration-test</phase>
                <goals>
                    <goal>start</goal>
                </goals>
            </execution>
            <execution>
                <id>stop</id>
                <phase>post-integration-test</phase>
                <goals>
                    <goal>stop</goal>
                </goals>
            </execution>
        </executions>
    </plugin>
```

　　这段代码可以分成两大部分。首先是用于容器定义的镜像部分。在本例中，有 3 个与 shell 脚本中相同的容器。第一个是 hub（由于插件似乎不支持与带有连字符 "-" 的别名进行链接，因此稍微改了一下名称）。我们还配置了一个 "4444：4444" 的外部端口映射，这样测试就可以与 hub 进行通信了，同时使用了 wait 配置元素来指定容器预期输出的日志，这样便能获悉它是否已成功启动。然后，还有两个 Selenium-Grid 节点，它们都使用 links 配置元素链接到 hub。

　　其次是拥有两段 execution 代码块的执行部分。它们分别用于在集成测试阶段之前启动这些容器和在集成测试阶段结束后停止这些容器。这里直接反映出了之前 exec-maven-plugin 所做的事情。

　　到目前为止，这些功能看起来与之前的实现一模一样。不过这次我们打算做一点额外的改动——调整 POM 中的 `seleniumGridURL` 属性，这样就无须在命令行中进行设置了。

```
<seleniumGridURL>http://127.0.0.1:4444/wd/hub</seleniumGridURL>
```

现在还有一些事要做。由于默认情况下会在由 Docker 启动的 Selenium-Grid 上运行测试，因此还要将远程属性的默认值更改为 `true`。

```
<remote>true</remote>
```

现在只要运行一条测试，就可以查看实际效果。

`mvn clean verify`

我们并没有指定使用哪种浏览器。由于在本例中并不关心选的是哪种，因此默认会选择 Firefox 浏览器。接着就可以看到测试如往常般运行，但是这次的输出内容看起来更像是标准的 Maven 输出。

9.6 使用 Docker Compose

到目前为止，我们已经研究了脚本的编写和 Maven 插件的使用，但还没研究过目前 Docker 建议读者遵循的方案——Docker Compose。Docker Compose 是一种工具，可以让你使用 YAML 文件来定义一个具有多个容器的系统。然后就可以使用 Docker Compose 来启动或停止该系统。我们为 Selenium-Grid 设置这样一个系统。首先，创建一个名为 `docker-compose.yml` 的文件。

```yaml
version: '2.2'
services:
  selenium-hub:
    image: selenium/hub:3.11.0
    ports:
    - 4444:4444

  chrome:
    image: selenium/node-chrome:3.11.0
    links:
    - selenium-hub:hub

  firefox:
    image: selenium/node-firefox:3.11.0
    links:
    - selenium-hub:hub
```

可以看到，在这里再次定义了同一种系统，但这次是 YAML 格式的。现在可以通过 Docker Compose 来启动 Selenium-Grid。

```
docker-compose up -d
```

这里没有什么悬念，Docker Compose 会运行，创建网格设置，然后退出。和之前一样，可以通过浏览器导航到 http://127.0.0.1:4444/grid/console 来检查一切是否正常。另外，还可以运行以下命令来检查 Docker Compose 的功能是否齐全。

**mvn clean verify -Dremote=true -Dbrowser=firefox -
DgridURL=http://127.0.0.1:4444/wd/hub**

Docker Compose 的功能和之前的功能完全一样，如果你觉得差不多了，就可以运行以下命令来停止它。

docker-compose down

Docker Compose 会关闭并删除所有相关容器，以便为以后再次运行做好准备。现在的这种配置比前两种方案要简单得多，但要如何将它插入 Maven 项目中呢？比较幸运的是，我们用的这款 Maven 插件恰好支持 Docker Compose。可以修改 POM 文件中的配置来实现这一点。首先，需要在 src/test 下面创建一个名为 docker 的目录。然后，将 dockercompose.yml 文件保存在那里。最后，修改 POM 中的插件配置，让它指向 Docker Compose 文件。

```
<plugin>
    <groupId>io.fabric8</groupId>
    <artifactId>docker-maven-plugin</artifactId>
    <configuration>
        <images>
            <image>
                <external>
                    <type>compose</type>
                    <basedir>src/test/docker</basedir>
                    <composeFile>docker-compose.yml</composeFile>
                </external>
            </image>
        </images>
    </configuration>
    <executions>
        <execution>
            <id>start</id>
            <phase>pre-integration-test</phase>
```

```
            <goals>
                <goal>start</goal>
            </goals>
        </execution>
        <execution>
            <id>stop</id>
            <phase>post-integration-test</phase>
            <goals>
                <goal>stop</goal>
            </goals>
        </execution>
    </executions>
</plugin>
```

如你所见，这些代码立刻就简洁了不少。我们已经将 40 行左右的配置简化到只有 11 行。在功能上，因为它与之前 Maven 插件的实现一模一样，所以依然可以用相同的命令在 Selenium-Grid 上运行测试。

mvn clean verify

不得不说，在这些方案中，Docker Compose 的实现是最轻松和最简洁的。

9.7　Docker 的不足之处

Docker 拥有巨大的潜力，遗憾的是，它无法永远满足人们的期望和要求。即使 Microsoft 现在已经有了对 Docker 容器的原生支持，但对于 Internet Explorer 容器我们一直都没有看到什么希望。如果你仍要在 Internet Explorer 中进行测试，那可就遗憾了，目前它还只能在实体机或虚拟机上进行管理。不妨往好的方面想，Internet Explorer 变得越来越没有价值了，希望我们以后再也用不到它。那么 Edge 怎么样？如果能在 Docker 中启动一些 Edge 容器，从而脱离用于测试 Edge 的 Windows 实体机或虚拟机，那就太好了。可惜，这看上去仍然遥遥无期。Windows 的 Docker 容器目前还不支持 Windows GUI，而且连有效的使用案例可能都寥寥无几。

我们可以继续祈祷，不过从浏览器自动化的角度来看，Docker 确实没有完全发挥出它最初具有的潜力。

9.8　总结

在本章中，我们花了一些时间来安装 Docker，然后研究了启动 Selenium-Grid 的方法。

虽然本章重点关注的是 Selenium-Grid 的运行，但你应该能看出还有更多潜在的 Docker 应用程序。

在本章结束之际，你应该已会使用 Docker 来启动和停止容器，并将这个过程作为构建的一部分。同时还分别用 bash 脚本、Docker Compose 以及 Maven 插件进行了实现。

下一章将会探索不断发展的机器学习和人工智能领域，以及它们将会对 Selenium 的未来产生的影响。

第 10 章
展望 Selenium 的未来

Selenium 3 终于得以问世了，那么它的未来会怎样呢？它的下一个主要版本将会是 Selenium 4，Selenium 将会使 Selenium 与 W3C WebDriver 规范（请在百度中搜索 WebDriver W3C Living Document 进行查询）保持一致。但在这个举动之后，目前似乎并没有太多关于未来发展的计划。毫无疑问，W3C WebDriver 在未来将得到增强，Selenium 需要与它保持一致，但 W3C 规范的更改并非一夜之间能实现。Selenium API 不但会趋于稳定，而且更改的次数也会大幅减少。

所以，如果 Selenium 本身的变化不大，那么未来会是怎样的呢？除非你闭门造车，否则肯定听说过很多关于机器学习和人工智能这类激动人心的技术。

10.1 机器学习——全新的追求

机器学习（最终会发展成人工智能）如今是自动化领域中广为流传的术语。它被寄予厚望，但它实际上可以用来做什么样的测试呢？

从理论上讲，它可以学习系统的工作原理，然后运用这些知识来搜索系统中已知的 Bug，从而接替测试人员的工作。这听起来很惊人（或者说很吓人，这取决于你的看法），而且有些含糊其辞，毕竟测试人员看到的是数百种不同的信息。

现在这一切听起来简直是噩耗：机器学习的末日即将来临，即将淘汰所有的测试人员。但我不认为真会发生这种事，机器学习系统需要学习如何工作。如果没有经过适当的培训，它们将无法以期望的方式工作。此外，虽然多年来我与众多颇具才华、经验丰富的测试人员一起工作过，但他们仍然会将一些问题遗漏在测试过的系统中，我自己也是如此。我从没见过哪个人能找出系统中的每一个 Bug。凭什么认为机器学习就会与众不同？归根结底，我们是经验的产物，而我们的测试方式部分是由接受培训的方式塑造的，部分是由以往测过的系统中的出错经验塑造的。

每个人的培训和经验都有差异，这种差异会使我们发现其他人发现不了的 Bug。我们如何为人工智能提供这样的差异和经验？是不是最终要训练多个不同的人工智能，然后将其中一些应用在要测试的系统上，这样才能让它们发现不同的事物？如果要用几个人工智能才能观察事物，那为什么不让一些人来提供另一种观点呢？

然后，我们还要验证用于创建人工智能的机器学习算法是否按预期工作。我们不仅需要训练这些人工智能，还要检查训练是否得当。如果连具体的训练结果都拿不出来，那要如何验证它是不是已经受过查找 Bug 的训练呢？

总体来说，随着技术的进步，人们的工作也会不断变革。个人认为，测试人员的工作将发生翻天覆地的改变，而其中的一项工作将会是投入更多的时间来教机器如何成功地进行测试。其中的一些知识将同时适用于多个不同的网站，而另一些则不然。我认为对于一台机器来说，最难的事情是学会检查待测试系统的外观和给人的感觉。说到底，视觉和感觉是非常情绪化的，正确与否在很大程度上取决于一个人的观点。另外，根据目标受众的情况，网站的外观和感觉也会有很大的变化。

我们进一步研究这个场景。请试想一下，人工智能受到的教导是查看带有软饮料广告的网站。这些网站大多数都是色彩斑斓、酷炫无比的，而且针对的是年轻的一代。同时它们还经常会展示非常醒目的广告语，暗示你如果喝了那种品牌的软饮料，就将成为世界上最酷的极限运动实践者。

假设要把人工智能应用到殡葬站点。这种网站只具有中性的颜色，周围也没有杂七杂八的广告语，广告语让人觉得使用他们的服务会很“酷炫”。人工智能会茫然失措，整个网站的风格都与它格格不入。如果你让这个系统任意记录所有外观和感觉上的错误，它可以记得酣畅淋漓，但它发现的大多数错误都是无效的。请再想象一下，如果这个系统足够先进，它可以开始对网站进行修改，自动修复它发现的所有错误。你能想象吗？一个殡葬网站有着醒目的颜色和广告语，比如，“只有最酷的人才会让我们来埋葬至亲！”这绝对是一场彻头彻尾的灾难。

当然，可以训练人工智能，让它支持殡葬网站，但如果又要把它应用到软饮料站点呢？与之前一样，人工智能所处的上下文才是关键，而测试人员具备的一项技能是可以针对不同类型的站点切换上下文。现在，我相信这样的目标最终是能够实现的，可以训练出一种能分辨网站类型并且针对这种站点类型使用特定算法的人工智能。但是要能识别和切换到不同类型的站点，需要做大量的工作。另外，销售软饮料的公司通常不会涉及殡葬业务，反之亦然。为什么要耗费大量的时间去训练人工智能，让它支持上下文切换这种没有什么价值的功能呢？我觉得更可能的情况是，各个公司会搭建自己的人工智能，这种人工智能是专门为他们所创造的内容而设计的。

我认为最关键的一点是，不管人们怎么说，机器学习（以及延伸出来的人工智能）不会成为能解决一切问题的银弹。如前所述，在自动化方面从来就没有银弹。

因为这是一本关于 Selenium 的书，所以显然应关注的是机器学习对 Selenium 测试有何帮助。它主要有助于以下 3 个领域。

- 机器学习可以用来检查测试结果，帮助识别问题。
- 机器学习可以用来自动修复测试中发现的错误。
- 机器学习可以用来编写测试。

请注意，上面列出的这 3 点是互相依赖的。如果机器学习系统不能通过查看结果来识别问题，那么它就无法自动修复测试中的错误。如果它无法自动修复现有测试中的错误，那么编写自己的测试又从何做起？

因此，我们了解一下机器学习的这 3 个领域，看看到目前为止它实际提供了什么。你今天可能已经在使用机器学习的第一个领域——视觉验证。

10.2 视觉验证

我从来都不是视觉验证（这是一种通过代码来检查屏幕上看到的内容和应该显示在屏幕上的内容是否一致的实践）的坚定拥护者。过去我尝试过这种东西，但似乎从来没有真正达到炒作中的那种程度。抓取网站截图，然后将它与一个已知的正确副本进行比较，这个想法听起来不错，但结果总是令人失望的。

过去我一直在孜孜不倦地编写代码，以便它能支持截图，然后再逐像素进行比对，检查图像是否匹配。但问题是它很少能满足要求：存在很多的变数，比如，受不同计算机上不同分辨率的影响，或者渲染引擎有细微差异，这些都可能导致肉眼无法察觉的颜色变化，但对于计算机来说这些绝对是有区别的。这样下去迟早要把亮度和对比度也考虑进去。看来唯一可行的办法是必须允许一定的差异百分比。

使用差异百分比来计算屏幕上显示的内容是否正确，会成为视觉测试的致命弱点，这种差异百分比本身就没有意义。假设有 3 张屏幕截图——基本图像、图像 1 和图像 2。图像 1 和图像 2 与基本图像的相似度均为 75%。然而，图像 1 和图像 2 截然不同：图像 1 拥有肉眼难以察觉的颜色变化，而图像 2 显示的标题栏不一样。

大约 4 年前，Wraith（请访问 GitHub 官方网站，在搜索框输入"BBC-News/wraith"进行搜索，并查看该项目）等工具开始出现，但这只坚定了我的观点：这不是有用的工具，我不会把它添加到自己的自动化工具库里。这类工具在 README.md 中展示的例子，把我之前在使用视觉验证时见过的所有问题都展露无遗（见下图）。

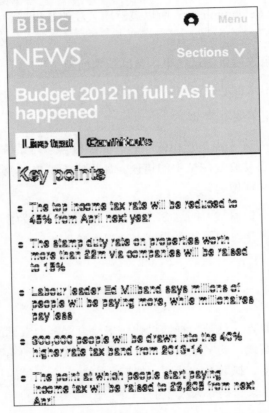

可以看到，在屏幕右上角的 Menu 文字的左侧，出现了一个之前不存在的新可视化工件。这是一个足以让测试失败并调查那块屏幕区域发生变化的正当原因。然而，当你继续往下移动屏幕时，会发现所有的差异都是由于轻微的渲染变化而造成的，像素向左或向右移了一点。就算存在这些差异，如果仔细查看，实际上也能阅读这篇文章中的文字。但自动化能以这个为依据来判定测试是通过还是失败吗？在我看来是不能的。

在每次构建时都截图，然后保存这些图像（这样人们就可以亲自检查是否有令人担忧的差异），仍然是很有用的做法。然而，人类并不善于关注意想不到的变化。

如果在前面没有在一开始就指出屏幕右上角的差异，你会注意到吗？由于屏幕上大部分显示不全的文字明显只是渲染上的微小差异，你会将测试标记为通过吗？

几年前，我听说有一种叫作 **Applitools Eyes** 的新工具，最初我还以为它是视觉验证的另一种尝试，这多半又会让我失望。然而，有一些试用过的同事似乎又对它情有独钟，因此我把它添加到了自己的待研究列表中。在对其真正进行深入研究之前，我去伦敦参加了 2016 年的 Selenium 峰会，会上 Adam Carmi 做了一次演讲，展示了 Applitools Eyes 的一些基础知识。在这次演讲中，Adam Carmi 在现场进行了编程，而且进展得相当顺利。让我印象最深刻的是，Adam Carmi 编写的代码非常简洁且格式精良。他很清楚自己在做什么，而且真正对 Selenium 了如指掌。

10.2.1　Applitools Eyes

本节将会介绍如何完成一个基本的 Applitools Eyes 实现，以便展示其用途。以第 1 章和第 2 章中创建的代码为基础，将 Applitools Eyes 的相关代码加入其中。你无须支付任何费用来获取 Applitools Eyes 的完整功能，他们提供的试用账号就可以访问所有功能（但前提是用 Chrome 或 Firefox 浏览器登录他们的网站）。

重要的事情要先做。先在 POM 中加入 Applitools 代码的依赖项。

```
<dependency>
    <groupId>com.applitools</groupId>
    <artifactId>eyes-selenium-java3</artifactId>
    <version>3.32.1</version>
</dependency>
```

接下来，对 `DriverFactory` 类进行一些修改，使它拥有一个 `eyes` 对象，这与类里面的驱动对象一样。首先，需要在代码中加入以下变量。

```
private String currentTestName;
private Eyes eyes;
private final String eyesAPIKey = System.getProperty("eyesAPIKey",
"<DEFAULT_KEY_HERE>");
private final Boolean disableEyes = Boolean.getBoolean("disableEyes");
```

`currentTestName` 用于将 `eyes` 抓取的截图划分到指定的测试中。`eyes` 对象是主要的控制对象，用于与 Applitools 服务器进行通信，并将数据传递给它们，以及执行一些操作，例如，抓取当前屏幕的截图等。

然后，添加 `eyesAPIKey` 变量，它用于在 Applitools 服务器上进行必需的认证。最后，添加一个名为 disableEyes 的布尔变量，它用于在当前运行的测试中禁用 eyes。这样每次不截图和上传至 Applitools 服务器也可以运行测试。由于这是一项收费服务，根据个人的订阅情况，可以使用的时长有一定限制。因此我们希望你能在调试出错时关闭这些功能，以免在无意比较截图的情况下在订阅时间内匆匆忙忙。

接下来，添加一些方法。

```
public void setTestName(String testname) {
    currentTestName = testname;
}
```

之前创建了 currentTestName 变量来跟踪当前的测试名称。显然，还需要能根据当前的测试名称对其进行更新，只需要一个很小的方法就能够做到这一点。

最后是完成所有实际工作的代码。

```
public Eyes openEyes() throws Exception {
    if (null == eyes) {
        eyes = new Eyes();
        eyes.setApiKey(eyesAPIKey);
        eyes.setIsDisabled(disableEyes);
        eyes.open(getDriver(), "Google Example", currentTestName);
    }

    return eyes;
}
```

这个方法和 getDriver() 方法类似。在调用它时，它会先查看是否已存在有效的 eyes 对象。如果存在，就返回它以备使用。如果不存在，就会生成一个。生成时会实例化 eyes 对象并加入 API 密钥，然后确定是否真要开始向 Applitools 服务器发送数据，也可以不使用 disableEyes 标记。

不论是什么情况，eyes.open() 都会执行，这是因为我们希望返回的是一个有效的 eyes 对象，这样才能避免在 eyes 禁用时出现空指针错误。请注意，这里将 getDriver() 方法传递给 eyes.open()，而不是仅传递类里面的 driver 变量。

这是为了确保不会在无意中发送一个空的驱动程序对象，导致在驱动程序实例化之前无法截图（显示一个网页还未加载的空白驱动程序屏幕，可能都比这种让人困惑的空指针异常好）。接下来的参数是应用程序名称，它可以让 Applitools 把测试筛选到对应的存储空间。如果用同一个 Applitools 账号测试多个应用程序，就可以得到与指定应用程序对应的测试存储空间。最后传入的是测试名称，这样便能获悉与之相关的测试截图。

最后，需要添加一个用于清理的方法。

```
public void closeEyes() {
    try {
        eyes.close();
    } finally {
        eyes.abortIfNotClosed();
    }
    eyes = null;
}
```

这不过是在尝试关闭与 Applitools 服务器的连接。如果没有彻底关闭该服务器，则将强制终止，确保不会遗留任何已打开的连接。最后再将 eyes 对象设置为 null，以确保下次调用 openEyes() 时会再次执行实例化新对象的过程。

既然已经完成对 DriverFactory 的修改，就还需要对 DriverBase 进行调整。

首先，在各个测试启动之初，需要确保能成功地将测试名称传入 DriverFactory，因为它现在会负责 eyes 对象的实例化。

```
@BeforeMethod(alwaysRun = true)
public static void setTestName(Method method) {
    driverThread.get().setTestName(method.getName());
}
```

TestNG 可以简化这种实现方式。因为 TestNG 已经扫描过所有测试方法，并且可以将它们放入一个巨大的存储空间中，所以它已经具有这些测试方法的基础信息。TestNG 还支持将这种基础信息传入我们自己的方法中，前提是使用 @BeforeMethod 注释。在这里，只需要使 TestNG 传入待运行方法的相关信息，提取出方法名称，并将它设置为 DriverFactory 中的当前测试名称。

接下来，需要在测试中提供一种从 DriverFactory 中取出 eyes 对象的方法，它与 getDriver() 方法的工作方式完全一致。

```
public static Eyes openEyes() throws Exception {
    return driverThread.get().openEyes();
}
```

最后，在测试末尾进行清理时，需要确保同时清理了 eyes 对象。只需要对 closeDriverObjects() 方法进行简单调整，确保它也调用了 closeEyes() 方法即可。

```
@AfterSuite(alwaysRun = true)
public static void closeDriverObjects() {
```

```
    for (DriverFactory webDriverThread : webDriverThreadPool) {
        webDriverThread.quitDriver();
        webDriverThread.closeEyes();
    }
}
```

我们现在准备在测试中加入屏幕比对功能。我们已经拥有了基本的 Google 示例，接下来添加一个视觉检查。

```
private RemoteWebDriver driver;

@BeforeMethod
public void setup() throws MalformedURLException {
    driver = getDriver();
}

private void googleExampleThatSearchesFor(final String searchString) throws
Exception {
    driver.get("http://www.baidu.com");

    WebElement searchField = driver.findElement(By.name("q"));

    searchField.clear();
    searchField.sendKeys(searchString);

    System.out.println("Page title is: " + driver.getTitle());
    searchField.submit();

    WebDriverWait wait = new WebDriverWait(driver, 10);
    wait.until((ExpectedCondition<Boolean>) d ->
d.getTitle().toLowerCase().startsWith(searchString.toLowerCase()));

    openEyes().setMatchLevel(MatchLevel.LAYOUT);
    openEyes().checkWindow("Search results for " + searchString);

    System.out.println("Page title is: " + driver.getTitle());
}

@Test
public void googleCheeseExample() throws Exception {
    googleExampleThatSearchesFor("Cheese!");
}
```

现在可以运行这个测试，用它来设定基准图像。

每次运行测试时，如果通知了 Applitools，就会在 Applitools 服务器上执行一些检查。如果服务器找不到所选应用程序及测试名称的测试记录，就会把它当成一个新的测试，它抓取的任何截图都会作为后续运行的基准。因此，如果你更改了测试名称，Applitools 会以为你要创建新的基准。在更改测试名称时请慎重，不要忘记测试视觉上的更改，因为这是在创建新的基准，而不是为了与旧的截图进行比较。

登录 Applitools 网站，现在将看到如下界面。

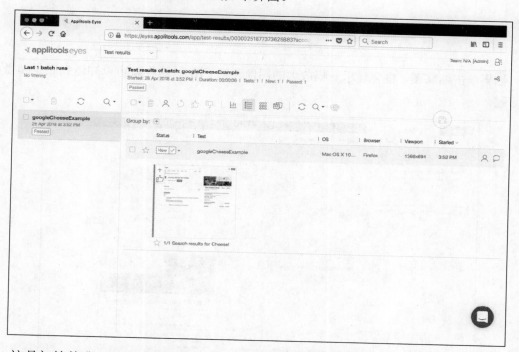

这是初始基准，所有后续的测试都会与它进行比较。我们再次运行同一个测试。这一次可能会看到如下界面。

如果单击缩略图，将会显示一幅放大的图像（见下图），这样就可以知道到底是哪里出了问题。

如你所见，Google 会展示搜索的时间。因为这个时间会根据一系列因素（服务器负载、网络性能、搜索缓存等）而变化，所以不可能始终得到相同的时间。因此，现在需要将这个区域标记为已知会发生变化的区域。

　　先选中这个会发生变化的区域，接着在这个区域周围绘制一个方框，让 Applitools 知晓应该忽略这个区域，然后单击大拇指向上的那个图标并保存（见下图）。

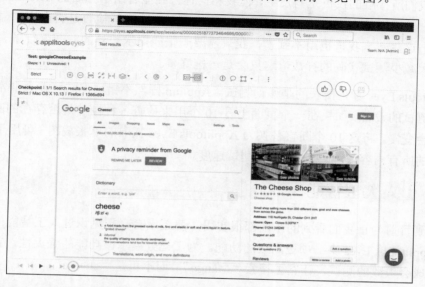

　　测试将会变为绿色。再次运行测试，检查一切是否正常，观察后续的测试运行是否不会再有任何问题（见下图）。

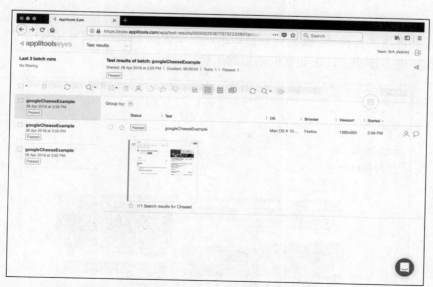

　　这次会看到测试如预期般变成了绿色。如果查看截图，则会看到展示搜索时间的数字又发生了变化。一切都很顺利。我们既拥有了对网站的视觉验证，又能确保页面速度发生变化时不会被误认为失败。

现在我们所接触的仅仅是些皮毛，但我相信你已经能看出增强后的 Selenium 有多么强大。当第一次试用这个工具时，我发现可以从代码中删除大量检查是否向用户显示各种内容的断言。这些断言我再也用不到了，我只需要一张能揭示差异的截图就行了。这样的工具可以大大减少测试代码的行数，这只会是一桩好事。

Applitools Eyes 真正擅长的是移动测试。Appium 固然不错，但它可能会非常慢，这取决于运行测试的设备。如果在一个页面上有 10 个用来检查各种控件是否存在的断言，那就真的可能会变慢。将这 10 个断言替换为 Applitools Eyes 抓取的单张截图（可用于一次性检查屏幕上的所有内容），能大幅度提升测试速度。

10.2.2　引入人工智能

虽然到目前为止我们看到的东西都很实用，但还没有真正见识过人工智能的用法。本节介绍 Applitools Eyes 中一项更高级的功能。为了充分展示该功能的强大性，首先需要将测试修改成会失败的测试，让它去搜索"Mango"，而不再是"cheese"。

```
@Test
public void googleCheeseExample() throws Exception {
    googleExampleThatSearchesFor("Mango!");
}
```

如果现在再次运行测试，就会看到它如预期般地失败了。查看视觉比对结果（见下图），就会发现很多地方都变了，正如我们期望的那样。

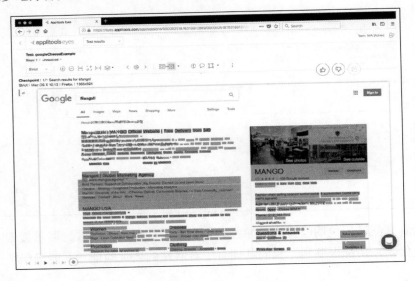

再次调整测试，修改 Applitools Eyes 使用的匹配策略。默认情况下，它用的是 STRICT 级别，这会显示出所有视觉上的变化。现在要将其切换到 LAYOUT 匹配级别。

```
private void googleExampleThatSearchesFor(final String searchString) throws
Exception {

    WebDriver driver = DriverBase.getDriver();

    driver.get("http://www.baidu.com");

    WebElement searchField = driver.findElement(By.name("q"));

    searchField.clear();
    searchField.sendKeys(searchString);

    System.out.println("Page title is: " + driver.getTitle());
    searchField.submit();

    (new WebDriverWait(driver, 10)).until(new
    ExpectedCondition<Boolean>() {
        public Boolean apply(WebDriver driverObject) {
            return driverObject.getTitle().toLowerCase().
            startsWith(searchString.toLowerCase());
        }
    });
    openEyes().setMatchLevel(MatchLevel.LAYOUT);
    openEyes().checkWindow("Search results for " + searchString);
    System.out.println("Page title is: " + driver.getTitle());
}
```

如果现在再次运行测试，就会看到输出的内容发生了很大变化（见下图）。

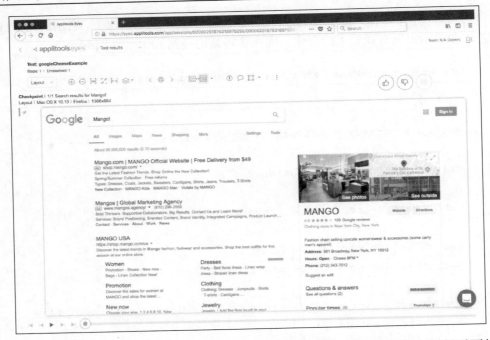

　　Applitools Eyes 仍然发现了一些差异，但它这次使用人工智能程序来判断页面的物理布局是否发生改变。它忽略了文本和图像上的差异，仅突出显示视觉布局中的结构变化。这不是一个非常公平的测试。以 Google 为例，在 Google 搜索结果页面上有很多动态区域，它们可能会以难以预料的方式发生变化。试想一下，如果将它应用到一般的购物网站或者一般的博客网站上，这些网站拥有相当固定的结构。对于这两种网站，Applitools Eyes 都会让测试通过。

　　我认为这是一个非常令人振奋的例子，它展现了视觉测试的未来，以及现在已经能达到的效果。当我第一次看到该示例时，我感到非常震惊。虽然还有很长的路要走（毕竟这些工具还处于早期阶段），但它们现在仍然非常强大，而且以后只会越来越强大。这个功能几乎快要接近机器学习的下一个领域——自我修复测试。

10.3　自我修复测试

　　目前，人工智能在自动化界的主要关注领域之一就是自我修复测试。在这里，人工智能能够分析待测试网站中发生的导致测试失败的变化是否为预期变化。如果它识别出这是一个预期变化，那么人工智能将会自动修改代码来修复此问题。

目前已有一些提供这类服务的工具。下面是最受欢迎的 3 种工具。

- Mabl：请参见 Mabl 官方网站。

- Testim：请访问 Testim 官方网站，在 Products 菜单中选择 Automate。

- Testcraft：请参见 Testcraft 官方网站。

在这 3 种工具中，只有 Testcraft 明确表示自己使用了 Selenium。

这些工具通常从两个方面开展工作。一方面，它们会爬取网站，找出可用的页面，然后建立网站的镜像。另一方面，它们依靠录制和回放技术来训练它们。在撰写本书时，还没有办法将自己的 Selenium 代码传递给这些系统，但这是可以理解的。要亲自录制和回放场景，然后将其转换为人工智能能够理解的代码，会更容易一点。而要解析自定义代码，并理解它的意图，实际上是相当困难的。

其思路在于，一旦训练好这些工具，它们就会定期检查网站，验证一切是否依然正常。如果检测到变化，要么将其标记为有待修复的错误，要么使用自我修复算法去修改测试，使这些测试不再失败。它们给自我修复功能提供的内容有微小的定位器变化或者元素颜色变化等。

从这里开始我就表示怀疑了。以前我见过由于刻意的设计决策而更改元素颜色的情况，我也见过由于录入错误而误改元素颜色的情况。人工智能怎么知道是哪种情况导致的颜色变化呢？在我看来这是不可能的，除非人工智能可以明白你要完成的工作。如果要对元素颜色进行更改，那么这个变化多半是正确的；如果不要对颜色进行更改，那这很可能是错误的。在得不到额外信息的情况下，人工智能如何才能分清这些不同的上下文？

在未来的某一天，这些系统可能会尝试读取待完成工作中的具体数据，推算出即将发生的变化，但到了这个时候，人工智能肯定也能编写应对各种变化的代码。

现在请回顾上一节中的 Applitools Eyes 示例，其结尾是一个检测屏幕布局的例子。我认为这是一个自我修复测试的范例。我们其实并不关心某个页面上显示的指定文本或图像，但确实会关心其布局是不是以指定方式显示的。文本和图像可以随意更改，但是一旦破坏了布局，测试就会失败。在某种程度上，这已经是一种自我修复测试了。

在这里要记住一个要点，即良好的测试包含众多层次的测试和检查。人工智能取得的一些进步将为我们提供实用的自我修复测试，但在其他领域，还需要由人来做出最后的决定。

10.4　自动编写测试

这是每个人努力的方向——创造人工智能，将它应用到某个网站，让它自己计算怎么开展测试。我猜这对许多人事经理来说都是迫不及待的事，毕竟他们觉得这样就可以节省人力成本。但我认为实际情况会是完全不同的。

即便我们创造了这种奇妙的、能学习网站工作原理而且还能自动创建测试脚本的人工智能，它仍然需要接受训练。经过训练后，还需要对其进行检查，以确保培训是有效的。而我们的工作将从测试网站转变为测试人工智能是否在正确地测试网站。

推荐阅读 Angie Jones 的相关调研报告（参见其博客上的文章 "Test Automation For Machine Learning"），她是自动化测试领域中机器学习方面的领军人物之一。这份报告阐释了机器学习存在的问题，以及无法绝对可靠的原因。

也许有一天，我们可以自动编写测试，但要达到这一目标，仍需要一段时日来训练和验证人工智能。

10.5　总结

本章讲述了 Selenium 未来的发展方向，以及我们目前所处的阶段。阅读本章后，你将对机器学习/人工智能有一个基本的了解。

本章着重讲解了视觉测试及其各种利弊。同时还对 Applitools 进行了介绍，这是基于机器学习的一种激动人心的视觉测试实现。最后还讲述了一些目前可用的自我修复测试系统，展望了测试人员的角色可能在未来发生的转变。

附录 A
如何进一步完善 Selenium

A.1　如此惊艳的 Selenium——我们如何才能使它锦上添花

你可以通过多种方式来助力 Selenium 项目。但信不信由你，这绝不只需要核心编程的技巧。

你可以做的第一件要事就是找到 Selenium 的问题并发送报告。Selenium 开发人员做了大量的工作，但他们不是绝对正确的。需要你帮忙发现问题并指出缺陷，以便这些开发人员能够修复这些缺陷，从而使 Selenium 变得更好。

在 Selenium 中出现过许多 Bug，这些 Bug 的问题在于它们并不清晰，有的难以复现，甚至不可再现。报告缺陷时可以提供的最好的材料之一，就是能够重现问题的 Selenium 脚本。这为开发人员指明了查看问题的途径，并且对于调试也有很大帮助。这些脚本还可以构成测试的基础，以确保问题一旦修复后不会再出现。

话虽如此，你并不需要一个预先编写的脚本来说明问题。然而，你必须对所要报告的问题非常清楚。最糟糕的 Bug 是那些貌似有用但因为信息不足而无法复现的 Bug。如果一个开发人员花上一整天时间来研究一份粗劣的 Bug 报告，并因此感到沮丧，以至于他下一周都不想再多看一眼 Selenium 代码库了，每个人都遭受了损失。

最大的烦恼之一是人们不愿意提供 Selenium 代码，要知道，你所编写的 Selenium 代码既不特殊也不私密。几乎可以肯定的是，其他人之前已经编写过类似的代码了，并且他们很有可能在某些方面取得了进步。如果想修复问题，请将你的代码分享出来。

当你报告 Selenium 中的 Bug 时，请确保做到以下几点。

- 提出问题之前先调查。不要将时间浪费在那些一笔带过的 Bug 上，仅指出代码无法正常运行。请准确解释代码为什么不能正常运行，以及什么原因导致的 Bug。

- 记录正在使用的 Selenium 版本、绑定的语言、浏览器和操作系统。

- 补充尽可能多的资料。栈消息、屏幕截图和 HTML 代码都很好。这些东西为开发人员提供了更多信息，以便他们能够诊断出问题所在。

- 尝试创建一个能够重现问题的 Selenium 脚本（脚本越小越好）。

优秀的 Bug 报告意味着它所描述的问题易于重现，并且可以快速识别和修复这些问题。每个人都喜欢清晰明确的 Bug 报告。

A.2　前期准备事项

Selenium 有很多代码库可供查看、探索以及补充。为了获取本地副本，要做的第一件事情就是安装 Git。因为 Git 适用于所有主流操作系统，所以安装它应该是一个相对简单的过程。如果你不想只使用命令行，可能还需要了解以下客户端。有些人喜欢使用这些客户端，而其他人习惯于使用命令行。常用的 Git 客户端如下。

- TortoiseGit：请访问 Google 网站，并搜索相关内容。

- GitHub Windows 客户端：请访问 GitHub 官方网站，在页面最下方单击 GitHub Desktop 链接。

- GitHub Mac 客户端：请访问 GitHub 官方网站，在页面最下方单击 GitHub Desktop 链接。

一旦安装了 Git，就可以签出任何 Selenium 代码库了。当你刚开始接触这些代码库的时候，不必担心创建本地分支版本。只有在你提出拉取请求的时候，才需要这么做。现在所有 Selenium 代码库都存放在 GitHub 上（要了解更多相关信息，请访问 GitHub 官方网站，在搜索框输入"SeleniumHQ"进行搜索）。首先，签出一个独立代码库。我们现在就开始，从 Selenium 网站着手，使用以下代码签出代码库。

```
git clone https://github.com/SeleniumHQ/www.seleniumhq.org.git
```

为了使一切正常运行，还需要安装 Maven 和 Python（最低版本为 2.7.9，以确保绑定了 pip）。

然后，需要安装 Sphinx，代码如下。

```
pip install -U Sphinx
```

Sphinx 是一个文档生成器，Selenium 项目用它来生成 Selenium 网站。它会获取 reStructuredText 文件并将其转换为其他格式（在本例中为 HTML）。现在已准备好构建项目了。

```
mvn clean install
```

然后，以分步加载模式启动站点。

```
mvn jetty:run-exploded
```

此时你可以在本地浏览器上通过访问 http://localhost:8080/导航到 Selenium 网站。如果修改了某些内容，那么网页在当前的分步加载模式下将会自动进行更新。你需要做的仅是刷新浏览器。对比一下，你就会发现对于修改代码来说，分步加载模式非常方便。

A.3　协助文档工作

Selenium 是一个非常古老的项目，最初的工作始于 2004 年。因此，和其他大型的古老项目一样，多年以来它发生了非常大的变化，但是文档总是无法及时更新，并且也不够清晰。

如果浏览文档，你可能会遇到以下问题。

- 低级错误（如拼写错误、语法错误等）。
- 存在缺失——一些有用的功能没有记录下来。
- 文档老旧，要么不切实际，要么风马牛不相及。

文档需要不断更新，但没有足够的人手来做这个事情。因此，你可以考虑为 Selenium 项目做出贡献。文档大致分成两块。现有的 Selenium HQ 网站包含最近的文档（要了解更多相关信息，请访问 Selenium 官方网站，单击 Documentation 选项卡）。另外还有一个新的文档项目，它创建于 2013 年。创建它的初衷是希望从头开始编写文档（请访问 GitHub 官网，在搜索栏输入 Selenium 进行搜索，在搜索结果中选择 SeleniumHQ/selenium 并查看该项目，然后阅读 README.md，单击 Documentation 区域下的 New Handbook 链接，了解更多信息）。

> Selenium HQ 网站不仅仅有文档。别以为你所能做的仅限于提高文档的质量，也非常欢迎你对网站的其他任何方面提出改进意见。

在前面，我们创建了现有 Selenium HQ 网站的副本。希望你已经检查过并且试验了。如果我们想要进行下一步操作并开始做出贡献，则需要先将现有的副本变成一个复刻（fork）①，这个过程很简单。

首先，进入 GitHub 中的文档项目。然后，单击 **Fork** 按钮（见下图）。

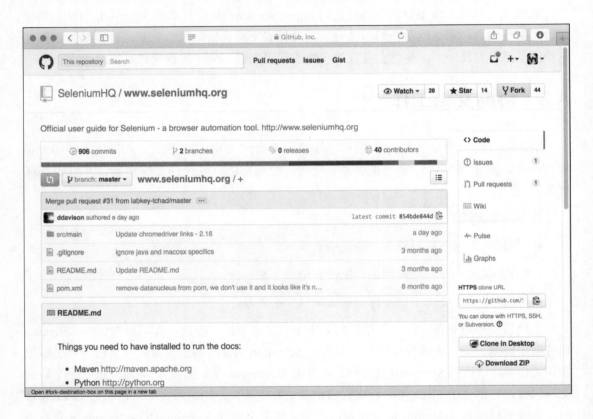

GitHub 会自动完成接下来的工作。结束后，它将加载网站的复刻版本（见下图）。

---

① fork 和 branch 在英文中都有分支的含义，但在 Git 中，fork 表示远端克隆，branch 分支。为避免混淆，按照 Git 中 fork 的实际意义，在本书中将 fork 翻译为复刻，将 branch 翻译为分支。——译者注

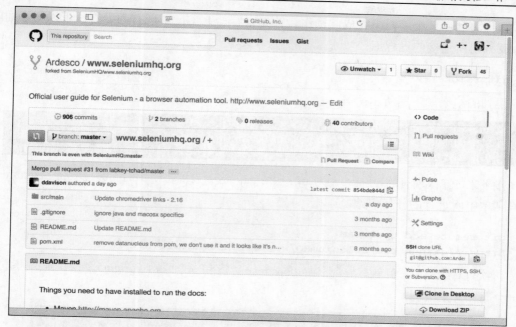

请注意在右侧生成了一个专属于你的副本 URL。接下来有两件事可做。

- 删除本地已有的文档副本，然后将你的复刻版本复制到本地。

- 更改 remote，使它指向 GitHub 上新建的复刻版本。

删除本地副本的操作很简单。直接进入最初执行 clone 命令的父目录，并执行以下命令。

```
rm -r www.seleniumhq.org
git clone <your personal clone url>
```

这样就可以复制 Selenium 网站的复刻版本。随后只需要按照下一节所示配置上游远程（remote）库即可。

使用 rm -r 或 rm -rf 命令时要非常小心。-r 代表递归（即它将删除你指定的目录，以及这个目录下的所有文件和目录）。-f 代表强制执行，也就是说，它将尽其所能地删除文件。如果不小心使用了高级权限并执行了此命令，那么它将会不费吹灰之力地误删一些内容，甚至是硬盘上的全部内容。

假设你进行了一些改动并且想保存这些修改，那么最简便的办法就是更改 remote。

我们将利用几个步骤来完成此操作。首先查看一下 Git 中现有的设置。可以用下面的命令罗列出所连接的远程库。

`git remote -v`

得到的结果如下图所示。

```
Kezef:www.seleniumhq.org fyre$ git remote -v
origin  https://github.com/SeleniumHQ/www.seleniumhq.org.git (fetch)
origin  https://github.com/SeleniumHQ/www.seleniumhq.org.git (push)
```

接下来，修改现有的 `remote` 为 `upstream`。这一设置将使我们能够拉取在 SelniumHQ 代码副本中所进行的任何修改。

`git remote add upstream`
`https://github.com/SeleniumHQ/www.seleniumhq.org.git`

再次查看远程库，目前有一个上游（upstream）库和一个原始（origin）库，它们均指向了同一个路径（见下图）。

```
Kezef:www.seleniumhq.org fyre$ git remote -v
origin  git@github.com:Ardesco/www.seleniumhq.org.git (fetch)
origin  git@github.com:Ardesco/www.seleniumhq.org.git (push)
upstream        https://github.com/SeleniumHQ/www.seleniumhq.org.git (fetch)
upstream        https://github.com/SeleniumHQ/www.seleniumhq.org.git (push)
```

现在，为了让复刻版本与 SeleniumHQ 的代码副本保持同步，只需要使用如下命令。

`git fetch upstream`
`git rebase upstream/master`

这一操作将从原始库下拉最新的代码，然后将其洐合（rebase）到你的当前分支上（在本例中为 `origin/master` 分支）。

到目前为止，我们已经用到了许多不同的 Git 命令，如果你之前没有使用过 Git，那可能会有点迷茫。在 Git-scm 官方网站上有一个很棒的教程，这个教程可以为你提供大部分基础知识。请访问 Git-scm 官方网站，单击 Reference Manual 链接，然后在 Guides 区域中单击 Tutorial。可能你还想要了解一下什么是洐合，请在百度中搜索 "Git Branching-Rebasing" 关键字。Git 是一个非常强大的版本控制系统，但是如果你不清楚可从哪里获得更多相关信息，则可能会觉得它很难搞懂。

最后一步是修改远程库，让它指向复刻版本。首先，复制复刻的 URL 副本。然后，执行以下命令。

```
git remote set-url origin
git@github.com:Ardesco/www.seleniumhq.org.git
```

现在你的远程库应该如下图所示。

```
Kezef:www.seleniumhq.org fyre$ git remote -v
origin    https://github.com/SeleniumHQ/www.seleniumhq.org.git (fetch)
origin    https://github.com/SeleniumHQ/www.seleniumhq.org.git (push)
upstream          https://github.com/SeleniumHQ/www.seleniumhq.org.git (fetch)
upstream          https://github.com/SeleniumHQ/www.seleniumhq.org.git (push)
```

一切就绪，可以着手修改文档了。 当你对所进行的修改感到满意后，就可以通过创建拉取请求将其提交给 Selenium 开发人员了。

> 始终为每一次的修改单独创建一个新的分支，这样做的好处很多。因为拉取请求并不仅仅针对一段静态代码段。你所请求的是拉入当前正在处理的整个分支，这意味着如果你在提出拉取请求后对此分支进行了任何修改，那么这些修改也将添加到拉取的列表中。使每一个拉取请求分别对应一个独立的分支，从而帮助你轻松隔离这些修改。

到目前为止，我们的焦点一直放在旧的文档站点上。前面提到过一个新的 Selenium 文档项目。如果你想补充文档，这里也许是最好的入手之处。为此，需要先复制新的文档项目（要了解更多信息，请访问 GitHub 官网）。

这个过程与复制 Selenium 网站的过程基本相同。复制完毕后，就可以着手修改文档了。为什么不现在就动手呢？我们更新文档并创建拉取请求。

A.4　代码改进

之前，我们已经对各种能够助力 Selenium 项目的方式有所了解了，其中最重要的方式是向 Selenium 添加代码。首先，复刻 Selenium 项目并将其签出到本地，这个过程显然与之前讲解的流程是一致的。一旦代码被签出，第一个挑战就是构建它。Selenium 有许多动态组件，而我们常常搞不清楚到底应该使用哪些。以下两个命令可能会对使用 Java 编码的人员有所帮助。

```
./go test_java_webdriver -trace
./go test_firefox - -trace
```

你想要构建的内容应基于正在处理的代码部分。在项目的根目录中有一个 Rakefile，假如浏览一下它，你将会看到多种可用的目标。

 我常试图运行一个 ./go 命令并期待一切顺利。如果失败，则说明这是 Selenium 中一段为多种操作系统编写的代码，你无法在本机运行所有内容。在这种情况下，专注于正在修改的那部分内容，剩下的交给 CI 来完成。

如果遇到困难或者有任何疑问，解决办法就是通过 irc.freenode.net 上的#selenium IRC 频道，与 Selenium 社区的各色人群进行交流。他们都很乐于助人，而且很可能他们之前也遇到过你所遇到的这些问题。

既然在本地我们已经构建好了 Selenium 项目，接下来就做点实实在在的事。添加一些缺失的内容并提交拉取请求。Selenium 团队创建过一份文档，用于帮助那些想要为项目做出贡献的人。请访问 GitHub 官方网站，在搜索框中输入"SeleniumHQ/selenium"进行搜索并查看项目，然后在项目页的搜索框中输入"CONTRIBUTING.md"，选择和搜索关键字完全匹配的那条搜索结果，然后单击进入。重点是要签署**贡献者许可协议（Contributor License Agreement）**。如果你不签署，Selenium 项目将不会接受你的代码。一旦签署后，就可以继续提出拉取请求了。

Selenium 有一个支持类，它可以将颜色从一种格式转换为另一种格式。它还有一个预定义的颜色列表，其详细信息请访问 W3C 官网，在右侧输入框中搜索"css3-color"，进入标题以"CSS Color Module Level"开头的页面。由于此列表已经创建好了，因此在 W3C 规范中加入了额外的颜色 rebeccapurple。我们只需要将它添加进支持包内的 Colors 枚举中即可。

第一步是创建一个新的本地分支。也就是说，当进行了修改并提出拉取请求时，可以切换到另一个分支并进行更多的修改，而不会影响当前的拉取请求。使用以下命令，就可以创建一个分支。

```
git checkout -b rebeccapurple
```

通常来说，在向 Selenium 代码库中添加修改时，我们将从编写一个失败测试着手。在这个测试中应使用即将实现的功能。然而，在此例中所进行的修改仅是向枚举中添加一个常量。因为这是一个很小的代码改动，所以我们预估它没有什么副作用，确定不需要更多的测试。可以直接从要添加的其他代码着手。

```
POWDERBLUE(new Color(176, 224, 230, 1d)),
PURPLE(new Color(128, 0, 128, 1d)),
REBECCAPURPLE(new Color(102, 51, 153, 1d)),
RED(new Color(255, 0, 0, 1d)),
ROSYBROWN(new Color(188, 143, 143, 1d)),
```

其他内容均已存在，我们将要添加的是 rebeccapurple。添加成功后，有必要测试一下以确保对任何内容没有影响。如果刚才的修改确实破坏了其他功能，会让人大吃一惊，但是无论如何请记得执行测试。

./go test_java_webdriver -trace

运行结果如下图所示。

接下来，需要将修改提交到本地仓库，命令如下。

git commit -m "Add rebeccapurple to the Colors enum"

现在已经准备就绪，可以提出拉取请求了，但在此之前还有一点额外的工作需要完成。我们要确保复刻版本与 Selenium 主存储库是同步的。为此，需要添加一个远程库，然后拉取从建立分支以来在 Selenium 主版本中进行的所有修改。首先，添加远程库。

git remote add upstream https://github.com/SeleniumHQ/selenium.git

然后，拉取 Selenium 主存储库上的最新代码并将其添加到分支中，代码如下。

```
git fetch upstream
git rebase upstream/master
```

本地分支上的代码和修改均已更新。接下来，将其推送到 GitHub 的复刻上。

```
git push origin rebeccapurple
```

我们准备好发出请求了。使用浏览器打开 GitHub 中的复刻，你将会看到一个 **Compare & pull request** 按钮（见下图）。

单击 Compare & pull request 按钮，系统会提示你对发起拉取请求的分支以及接受拉取请求的复刻进行确认（见下图）。

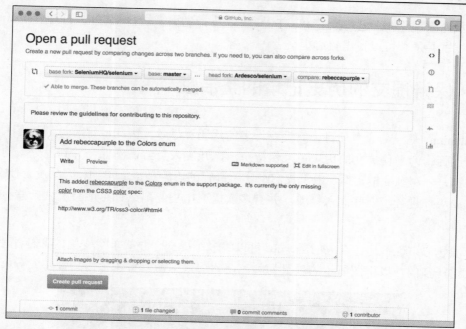

　　确认无误后，单击 **Create pull request** 按钮，拉取请求随之便创建成功。如下图所示，你将会看到一个概要，它展示了当前拉取请求的状态，同时 Travis CI 构建也将被触发。

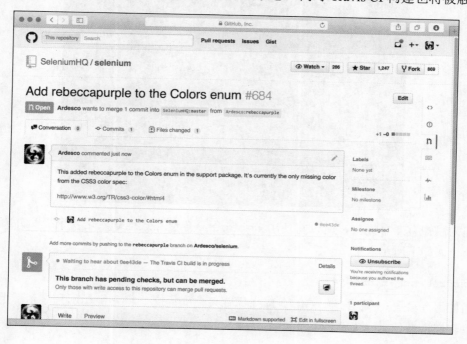

一旦完成，就准备好可以进行合并了。可以选择坐下来耐心等待，或打开#selenium IRC 频道，试试看是否可以找出核心提交者。

A.5　保持提交的历史记录的整洁性

Selenium 是一个大型项目，它拥有许多的代码贡献者。因此，每时每刻都有大量的提交正在进行。为了使提交的历史记录保持整洁，开发人员尝试确保合并到主分支的每个拉取请求都是一个独立的提交。由于我们刚才所进行的修改是很简单的，因此没有什么问题。但是，如果你进行了一些深入修改，并有多次提交历史，那么你可能会发现一些整理工作是必不可少的。

不要担心，这不是什么大问题。Git 可以将多个提交合并成单个变更。我们看看它是如何做到这一点的。以下图所示的项目为例，在此项目中需要将 4 个提交合并成一个。

因为已知有 4 个提交，所以将使用 rebase 命令交互式地修改这 4 个提交并将它们合并成一个，如下所示。

```
git rebase -i HEAD~4
```

当使用 rebase 命令时，Git 会选择你感兴趣的提交，将它们显示到显示屏上，并询问你用它们来做什么（见下图）。

TIP 此时你可能会要从网上找到一本 VI 参考手册 。如果你没用惯 VI，那确实很让人头疼。这里有一个相当不错的版本，请在百度中搜索 vi-vim-cheat-sheet.gif，查看域名为 Viemu 的那条搜索结果，然后单击中间的那张图片。

```
pick ad7ae7e Start of my great big change.
pick 498f31a It's all going well so far.
pick dd3ccdf Nearly done.
pick 0eea1e8 Final bit of tidying, everything works and all the tests pass

# Rebase 0e67b7b..0eea1e8 onto 0e67b7b (4 command(s))
#
# Commands:
# p, pick = use commit
# r, reword = use commit, but edit the commit message
# e, edit = use commit, but stop for amending
# s, squash = use commit, but meld into previous commit
# f, fixup = like "squash", but discard this commit's log message
# x, exec = run command (the rest of the line) using shell
#
# These lines can be re-ordered; they are executed from top to bottom.
#
# If you remove a line here THAT COMMIT WILL BE LOST.
#
# However, if you remove everything, the rebase will be aborted.
#
# Note that empty commits are commented out
```

现在需要使用 Git 将所有提交合并成一个。如下图所示，位于文件顶部的是原始提交，我们不更改这个提交。其他提交将合并到这个原始提交之中。

```
pick ad7ae7e Start of my great big change.
squash 498f31a It's all going well so far.
squash dd3ccdf Nearly done.
squash 0eea1e8 Final bit of tidying, everything works and all the tests pass

# Rebase 0e67b7b..0eea1e8 onto 0e67b7b (4 command(s))
#
# Commands:
# p, pick = use commit
# r, reword = use commit, but edit the commit message
# e, edit = use commit, but stop for amending
# s, squash = use commit, but meld into previous commit
# f, fixup = like "squash", but discard this commit's log message
# x, exec = run command (the rest of the line) using shell
#
# These lines can be re-ordered; they are executed from top to bottom.
#
# If you remove a line here THAT COMMIT WILL BE LOST.
#
# However, if you remove everything, the rebase will be aborted.
#
# Note that empty commits are commented out
```

现在，仅需保存这些修改。最简单的方法是按住 Shift 键再按两次 Z 键。然后，你将看到一个窗口（见下图），要求你为刚刚合并的提交指定一条提交消息。你可以选择将所有旧的提交消息合并成一条，或者使用一条全新的消息。

```
# This is a combination of 4 commits.
My change squashed into one commit.

# Please enter the commit message for your changes. Lines starting
# with '#' will be ignored, and an empty message aborts the commit.
#
# Date:        Thu Jun 18 20:44:16 2015 +0100
#
# rebase in progress; onto 0e67b7b
# You are currently editing a commit while rebasing branch 'master' on '0e67b7b'.
#
# Changes to be committed:
#        modified:   .idea/compiler.xml
#        modified:   .idea/misc.xml
#
# Untracked files:
#        .idea/shelf/
#        android/
#        node_modules/
#
```

同样，需要保存修改。按住 **Shift** 键并再按两次 **Z** 键。现在将所有修改合并为一个提交了（见下图）。可以通过再次检查 git log 来查看操作是否生效。

```
commit e6a1b1fa4e3b5aff87088ce240a1576d0c3dd0ab
Author: Mark Collin <mark.collin@lazeryattack.com>
Date:   Thu Jun 18 20:44:16 2015 +0100

    My change squashed into one commit.

commit 0e67b7b688b505173264d4ba552b110a1985475b
Author: Daniel Davison <daniel.jj.davison@gmail.com>
Date:   Thu Jun 18 10:51:56 2015 -0400

    fix broken tests
```

现在只有这一个修改了，将它推送到 GitHub，以便可以创建拉取请求，代码如下。

git push

如果你在合并历史记录之前就将这 4 个提交推送给 GitHub，则有可能会拒绝推送。原因是如果其他人也在使用你的存储库并且他们已经拉取了最新版本的代码，那么此时重写代码库的历史记录会导致一些问题。

在这里不必担心这个问题，因为没有其他人使用我们的分支。为了将代码推送到 GitHub，将强制执行 push 命令。

git push -f

此时代码已推送到 GitHub 上的分支了，我们已准备好发起下一个拉取请求了。

A.6　一切就绪，该你出场了

总而言之，提交过程非常简单。所以，我们为什么不现在就进行一些修改并提交拉取请求呢？Selenium 开发人员在 GitHub 上为 Bug 跟踪器添加了一个过滤项，用于识别那些看起来很简单的 Bug。

对于想给 Selenium 代码库做出贡献的人来说，这些 Bug 是很好的选择。但如果不确定从哪里着手，可以进入 GitHub 官方网站，在搜索框中输入 "SeleniumHQ/selenium" 进行搜索并进入该项目，然后单击 Issues，在 Issue 搜索框中输入 "is:open label:E-easy" 进行搜索。

附录 B
使用 JUnit

本附录将讲述从使用 TestNG 转到使用 JUnit 所需要进行的修改。这些修改是以本书前面产生的代码为基础的。假设你已经完成了第 8 章之前的所有示例。但事实上并不需要，你只需要了解第 2 章结尾处的基础实现的相关代码就可以了，它提供了一个基础的测试框架，如果测试失败，监听器会将抓取屏幕截图。

JUnit 实现有一些注意事项需要关注，我们将在修改代码时讨论它们。

B.1　从 TestNG 转到 JUnit

首先，需要对 pom.xml 进行一些修改以便使用 JUnit 替代 TestNG。我们将从 properties 代码块着手。

```
<properties>
    <project.build.sourceEncoding>UTF-8</project.build.sourceEncoding>
    <project.reporting.outputEncoding>UTF-
8</project.reporting.outputEncoding>
    <java.version>1.8</java.version>
    <!-- Dependency versions -->
    <selenium.version>3.12.0</selenium.version>
    <junit.version>4.12</junit.version>
    <assertj-core.version>3.10.0</assertj-core.version>
    <query.version>1.2.0</query.version>
    <commons-io.version>2.6</commons-io.version>
    <httpclient.version>4.5.5</httpclient.version>
    <!-- Plugin versions -->
    <driver-binary-downloader-maven-plugin.version>1.0.17</driver binary-
downloader-maven-plugin.version>
    <maven-compiler-plugin.version>3.7.0</maven-compiler-plugin.
```

```
version>
<maven-failsafe-plugin.version>2.21.0</maven-failsafe-plugin.
version>
<!-- Configurable variables -->
<threads>1</threads>
<browser>firefox</browser>
<overwrite.binaries>false</overwrite.binaries>
<headless>true</headless>
<remote>false</remote>
<seleniumGridURL/>
<platform/>
<browserVersion/>
<screenshotDirectory>${project.build.directory}
/screenshots</screenshotDirectory>
<proxyEnabled>false</proxyEnabled>
<proxyHost/>
<proxyPort/>
</properties>
```

然后，修改依赖项。移除 TestNG 依赖项，添加一个 JUnit 依赖项。

```
<dependency>
    <groupId>junit</groupId>
    <artifactId>junit</artifactId>
    <version>${junit.version}</version>
    <scope>test</scope>
</dependency>
```

对于 pom.xml，只需要修改 plugin 配置。

```
<plugin>
    <groupId>org.apache.maven.plugins</groupId>
    <artifactId>maven-failsafe-plugin</artifactId>
    <version>${maven-failsafe-plugin.version}</version>
    <configuration>
        <parallel>methods</parallel>
        <threadCount>${threads}</threadCount>
        <perCoreThreadCount>false</perCoreThreadCount>
        <properties>
            <property>
                <name>listener</name>
                <value>com.masteringselenium.
                listeners.ScreenshotListener</value>
            </property>
```

```
        </properties>
        <systemPropertyVariables>
            <browser>${browser}</browser>
            <headless>${headless}</headless>
            <remoteDriver>${remote}</remoteDriver>
            <gridURL>${seleniumGridURL}</gridURL>
            <desiredPlatform>${platform}</desiredPlatform>
            <desiredBrowserVersion>${browserVersion}
            </desiredBrowserVersion>
            <screenshotDirectory>${screenshotDirectory}
            </screenshotDirectory>
            <proxyEnabled>${proxyEnabled}</proxyEnabled>
            <proxyHost>${proxyHost}</proxyHost>
            <proxyPort>${proxyPort}</proxyPort>
            <!--Set properties passed in by the driver binary
            downloader-->
            <webdriver.chrome.driver>${webdriver.chrome.driver}
            </webdriver.chrome.driver>
            <webdriver.ie.driver>${webdriver.ie.driver}
            </webdriver.ie.driver>
            <webdriver.opera.driver>${webdriver.opera.driver}
            </webdriver.opera.driver>
            <webdriver.gecko.driver>${webdriver.gecko.driver}
            </webdriver.gecko.driver>
            <webdriver.edge.driver>${webdriver.edge.driver}
            </webdriver.edge.driver>
        </systemPropertyVariables>
    </configuration>
    <executions>
        <execution>
            <goals>
                <goal>integration-test</goal>
                <goal>verify</goal>
            </goals>
        </execution>
    </executions>
</plugin>
```

第一个改动是添加<perCoreThreadCount>false</perCoreThreadCount>配置。当与 JUnit 一起使用时，surefire 插件会将线程数应用于计算机中的每个 CPU 内核。我们要确保提供一个任意数字的浏览器总数，而不是假如 CPU 是 8 核的，就只用 8 个线程来启动浏览器。

第二个改动是指定 ScreenshotListener 类的位置。这里无法像 TestNG 中一样，通过在代码中使用注释应用它。因此，将使用 Maven Failsafe 插件配置块应用它。

现在需要对 DriverBase 类进行一些修改。

```java
package com.masteringselenium;

import com.masteringselenium.config.DriverFactory;
import net.lightbody.bmp.BrowserMobProxy;
import org.junit.After;
import org.junit.AfterClass;
import org.junit.BeforeClass;
import org.openqa.selenium.remote.RemoteWebDriver;

import java.net.MalformedURLException;
import java.util.ArrayList;
import java.util.Collections;
import java.util.List;

public class DriverBase {

    private static List<DriverFactory> webDriverThreadPool =
    Collections.synchronizedList(new ArrayList<DriverFactory>());
    private static ThreadLocal<DriverFactory> driverThread;

    @BeforeClass
    public static void instantiateDriverObject() {
        driverThread = new ThreadLocal<DriverFactory>() {
            @Override
            protected DriverFactory initialValue() {
                DriverFactory webDriverThread = new DriverFactory();
                webDriverThreadPool.add(webDriverThread);
                return webDriverThread;
            }
        };
    }

    public static RemoteWebDriver getBrowserMobProxyEnabledDriver()
    throws MalformedURLException {
        return driverThread.get().getDriver(true);
    }

    public static RemoteWebDriver getDriver() throws
```

```
MalformedURLException {
    return driverThread.get().getDriver();
}

public static BrowserMobProxy getBrowserMobProxy() {
    return driverThread.get().getBrowserMobProxy();
}

@After
public void clearCookies() {
    try {
        getDriver().manage().deleteAllCookies();
    } catch (Exception ex) {
        System.err.println("Unable to delete cookies: " + ex);
    }
}

@AfterClass
public static void closeDriverObjects() {
    for (DriverFactory webDriverThread : webDriverThreadPool) {
        webDriverThread.quitDriver();
    }
}
}
```

这里并没有太多的改动。我们已经将 TestNG 注释转换成了 JUnit 注释，并且删除了 @Listener，因为 JUnit 没有与之等价的注释。这意味着通过 IDE 运行测试时，不能获取失败时的屏幕截图。不过不用担心，使用 Maven 在命令行中运行此构建的做法仍然有效。当测试运行失败时，仍然可以在 CI 服务器上查看屏幕截图。

最后，需要修改 ScreenshotListener 类以使用 JUnit 而不是 TestNG。

```
package com.masteringselenium.listeners;

import org.junit.runner.notification.Failure;
import org.junit.runner.notification.RunListener;
import org.openqa.selenium.OutputType;
import org.openqa.selenium.TakesScreenshot;
import org.openqa.selenium.WebDriver;
import org.openqa.selenium.remote.Augmenter;

import java.io.File;
import java.io.FileOutputStream;
```

```java
import java.io.IOException;

import static com.masteringselenium.DriverBase.getDriver;

public class ScreenshotListener extends RunListener {

    private boolean createFile(File screenshot) {
        boolean fileCreated = false;
        if (screenshot.exists()) {
            fileCreated = true;
        } else {
            File parentDirectory = new File(screenshot.getParent());
            if (parentDirectory.exists() || parentDirectory.mkdirs()) {
                try {
                    fileCreated = screenshot.createNewFile();
                } catch (IOException errorCreatingScreenshot) {
                    errorCreatingScreenshot.printStackTrace();
                }
            }
        }

        return fileCreated;
    }

    private void writeScreenshotToFile(WebDriver driver, File
    screenshot) {
        try {
            FileOutputStream screenshotStream = new
            FileOutputStream(screenshot);
            screenshotStream.write(((TakesScreenshot)
            driver).getScreenshotAs(OutputType.BYTES));
            screenshotStream.close();
        } catch (IOException unableToWriteScreenshot) {
            System.err.println("Unable to write " +
            screenshot.getAbsolutePath());
            unableToWriteScreenshot.printStackTrace();
        }
    }

    @Override
    public void testFailure(Failure failure) {
        try {
            WebDriver driver = getDriver();
```

```
        String screenshotDirectory =
        System.getProperty("screenshotDirectory",
        "target/screenshots");
        String screenshotAbsolutePath = screenshotDirectory +
        File.separator + System.currentTimeMillis() + "_" +
        failure.getDescription().getMethodName() + ".png";
        File screenshot = new File(screenshotAbsolutePath);
        if (createFile(screenshot)) {
            try {
                writeScreenshotToFile(driver, screenshot);
            } catch (ClassCastException
        weNeedToAugmentOurDriverObject) {
                writeScreenshotToFile(new
                Augmenter().augment(driver), screenshot);
            }
            System.out.println("Written screenshot to " +
            screenshotAbsolutePath);
        } else {
            System.err.println("Unable to create " +
            screenshotAbsolutePath);
        }
    } catch (Exception ex) {
        System.err.println("Unable to capture screenshot: " +
        ex.getCause());
    }
    }
}
```

同样，这里的改动也很小。现在扩展的是 RunListener，它是 JUnit 的一部分，而不是 TestNG 提供的 TestListenerAdaptor。需要重写的类名已经发生改变，而且传入了不同的变量。这意味着需要对代码稍做修改，以确定哪些测试失败了。

剩下的最后一件事情是修改测试中导入的内容。使用 JUnit @Test 注释，而不是 TestNG @Test 注释。为此，首先找到以下所有实例。

```
import org.testng.annotations.Test;
```

然后，用以下内容来替换这些实例。

```
import org.junit.Test;
```

现在尝试再次运行测试。在终端执行以下操作来检查一切是否仍然正常。

mvn clean verify

检查多线程的情况下是否仍然正常。

```
mvn clean verify -Dthreads=2
```

一切似乎都正常，我们现在拥有一个有效的 JUnit 实现了。

然而，之前提到过会有一些注意事项。遗憾的是，它们并不是很明显。因为 JUnit 没有像 TestNG 的 @BeforeSuite 的概念，所以使用 @BeforeClass 注释来替代。当你只有一个测试类时，它看起来与 @BeforeSuite 的工作方式没有什么不同，但是，事实并非如此。当使用开始套件时，可以在运行任何测试之前配置线程池，然后在运行完所有测试之后将其清理干净。当使用 JUnit 实现时，在每个类运行之前配置线程池，然后在每个类运行之后清理它。这是一个微小的差异，但它的确会导致浏览器启动/关闭时间的增加。

演示此问题最简单的方法是添加另一个测试类。复制现有类并为其指定一个略微不同的名称。完成后，调整测试以使用略微不同的条件进行搜索。现在再次尝试运行以下代码。

```
mvn clean verify -Dthreads=2
```

你会注意到，这次打开了两个浏览器窗口，第一个类中的测试运行后，会关闭所有浏览器窗口。然后再次打开浏览器并运行第二个类中的测试。你可以为每个测试类添加更多测试，以确信在同一个类中是会重用浏览器的。

B.2　总结

本章借鉴了最初的 TestNG Selenium 实现，并研究了如何修改它以支持 JUnit。在本章结束时，你将拥有一个有效的 JUnit 实现，其功能与 TestNG 实现非常相似。

附录 C
Appium 简介

本附录将讲述如何构建一个基本的 Appium 实现，这个实现与本书其他部分创建的 Selenium 实现非常相似。这应该能为你提供一个出发点，用于开始从 Selenium 自动化延伸到 Appium 自动化。

C.1　创建 Appium 框架

我们将以类似于 Selenium 框架的方式构造 Appium 框架。将会使用一个可供测试继承的基础方法、一些熟悉的配置类以及一个非常类似的 pom.xml 来保存依赖项。先从 pom.xml 文件开始。

```xml
<?xml version="1.0" encoding="UTF-8"?>
<project xmlns="http://maven.apache.org/POM/4.0.0"
        xmlns:xsi="http://www.w3.org/2001/XMLSchema-instance"
        xsi:schemaLocation="http://maven.apache.org/POM/4.0.0
        http://maven.apache.org/xsd/maven-4.0.0.xsd">

    <groupId>com.masteringselenium.demo</groupId>
    <artifactId>mastering-selenium-appium</artifactId>
    <version>DEV-SNAPSHOT</version>
    <modelVersion>4.0.0</modelVersion>

    <name>Mastering Selenium with Appium</name>
    <description>A basic Appium POM file</description>
    <url>http://www.epubit.com</url>

    <properties>
        <project.build.sourceEncoding>UTF-
```

```xml
            8</project.build.sourceEncoding>
            <project.reporting.outputEncoding>UTF-
            8</project.reporting.outputEncoding>
            <java.version>1.8</java.version>
            <!-- Dependency versions -->
            <appium-java.version>6.1.0</appium-java.version>
            <selenium.version>3.12.0</selenium.version>
            <testng.version>6.14.3</testng.version>
            <assertj-core.version>3.10.0</assertj-core.version>
            <query.version>1.2.0</query.version>
            <!-- Plugin versions -->
            <maven-compiler-plugin.version>3.7.0
            </maven-compiler-plugin.version>
            <!-- Configurable variables -->
            <threads>1</threads>
            <remote>false</remote>
            <enableDebugMode>false</enableDebugMode>
            <appiumServerURL/>
            <screenshotDirectory>${project.build.directory}
            /screenshots</screenshotDirectory>
        </properties>
        <build>
            <plugins>
                <plugin>
                    <groupId>org.apache.maven.plugins</groupId>
                    <artifactId>maven-compiler-plugin</artifactId>
                    <configuration>
                        <source>${java.version}</source>
                        <target>${java.version}</target>
                    </configuration>
                    <version>${maven-compiler-plugin.version}</version>
                </plugin>
            </plugins>
        </build>

        <dependencies>
            <dependency>
                <groupId>io.appium</groupId>
                <artifactId>java-client</artifactId>
                <version>${appium-java.version}</version>
                <scope>test</scope>
            </dependency>
            <dependency>
                <groupId>org.seleniumhq.selenium</groupId>
                <artifactId>selenium-java</artifactId>
```

```xml
            <version>${selenium.version}</version>
            <scope>test</scope>
        </dependency>
        <dependency>
            <groupId>org.testng</groupId>
            <artifactId>testng</artifactId>
            <version>${testng.version}</version>
            <scope>test</scope>
        </dependency>
        <dependency>
            <groupId>org.assertj</groupId>
            <artifactId>assertj-core</artifactId>
            <version>${assertj-core.version}</version>
            <scope>test</scope>
        </dependency>
        <dependency>
            <groupId>com.lazerycode.selenium</groupId>
            <artifactId>query</artifactId>
            <version>${query.version}</version>
            <scope>test</scope>
        </dependency>
    </dependencies>
</project>
```

它看起来和 Selenium 中的 POM 文件非常相似,拥有一系列将会在框架中使用的库的依赖项。请注意,其中的大多数依赖项也同时存在于 Selenium 框架中,只有 Appium 是全新的依赖项。接下来需要为 Maven 项目创建以下标准的目录结构。

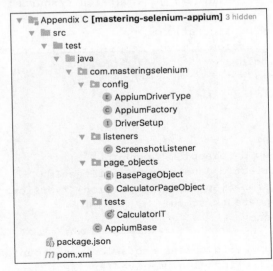

开始编写配置代码。首先，创建一个名为 DriverSetup 的接口。

```
package com.masteringselenium.config;

import io.appium.java_client.AppiumDriver;
import io.appium.java_client.android.Activity;
import org.openqa.selenium.remote.DesiredCapabilities;

import java.net.URL;

public interface DriverSetup {
    DriverSetup createAppiumObject(URL appiumServerLocation,
    DesiredCapabilities capabilities);

    DriverSetup setActivity(Activity activity);

    AppiumDriver getAppiumDriver();
}
```

这里定义了 3 个方法，每种 Appium 驱动程序都需要实现这 3 个方法。接下来创建 AppiumDriverType 类。

```
package com.masteringselenium.config;

import io.appium.java_client.AppiumDriver;
import io.appium.java_client.android.Activity;
import io.appium.java_client.android.AndroidDriver;
import io.appium.java_client.remote.AndroidMobileCapabilityType;
import io.appium.java_client.remote.AutomationName;
import io.appium.java_client.remote.MobileCapabilityType;
import org.openqa.selenium.Platform;
import org.openqa.selenium.remote.DesiredCapabilities;

import java.net.URL;

public enum AppiumDriverType implements DriverSetup {

    ANDROID {
        public AppiumDriverType createAppiumObject(URL
        appiumServerLocation, DesiredCapabilities desiredCapabilities)
        {
            capabilities = desiredCapabilities;
            serverLocation = appiumServerLocation;
            capabilities.setCapability(MobileCapabilityType.
```

```
            PLATFORM_NAME, Platform.ANDROID);
        capabilities.setCapability(MobileCapabilityType
        .AUTOMATION_NAME, AutomationName.APPIUM);
        capabilities.setCapability(MobileCapabilityType.
        DEVICE_NAME, "Android Device");

        if (ENABLE_DEBUG_MODE) {
            capabilities.setCapability(MobileCapabilityType.
            NEW_COMMAND_TIMEOUT, "3600");
        }
        return this;

    }
    public AppiumDriver getAppiumDriver() {
        return new AndroidDriver(serverLocation, capabilities);
    }
};

private static final boolean ENABLE_DEBUG_MODE =
Boolean.getBoolean("enableDebugMode");
DesiredCapabilities capabilities;
URL serverLocation;

public AppiumDriverType setActivity(Activity activity) {
    capabilities.setCapability(AndroidMobileCapabilityType
    .APP_PACKAGE, activity.getAppPackage());
    capabilities.setCapability(AndroidMobileCapabilityType
    .APP_ACTIVITY, activity.getAppActivity());

    return this;
    }
}
```

　　在这个例子中使用的是 Android 系统。如果需要二手的 Android 手机，很容易买到相对强大的三星手机，这是练习 Android 脚本的理想选择。另外，设置起来也不麻烦，因为无须考虑创建 Apple 开发者账户。看看之前的代码。首先是一些需要长期设置的通用功能。PLATFORM_NAME 设置 Appium 期望的设备类型，AUTOMATION_NAME 用于设置 Appium 运行测试时使用的方法（对于 Android 系统，可用的选项有 APPIUM、ESPRESSO 和 SELENDROID 等）。

　　如果个别实现不适用，则可以随时切换到另一个实现，看看是否会好转。最后对设备名称进行设置。这是 Selenium 的要求，名称内容不限，只要设置就行。

然后，对一个名为 ENABLE_DEBUG_MODE 的布尔标记进行检查。默认情况下，如果 Appium 服务器在 15s 内没有收到任何命令，就会触发超时并自动关闭。当你在一行一行地查看代码并试着分析问题的根源时，可能想把这个时间设得长一点。上述代码会将命令超时时间更新为 5min，这些时间足以在调试时停下思考一番了。

最后是 Android 特有的一些代码。可以让 Appium 在设备上安装软件包，但是这可能会非常耗时。如果知道已安装的软件包，还可以指定要启动的活动。这个方法在稍后才会使用。

现在需要创建 AppiumFactory 类。

```
package com.masteringselenium.config;

import io.appium.java_client.AppiumDriver;
import io.appium.java_client.android.Activity;
import io.appium.java_client.remote.MobileCapabilityType;
import org.openqa.selenium.Platform;
import org.openqa.selenium.remote.DesiredCapabilities;

import java.net.MalformedURLException;
import java.net.URL;
import java.util.Optional;

import static com.masteringselenium.config.AppiumDriverType.ANDROID;

public class AppiumFactory {
    private AppiumDriver driver;
    private AppiumDriverType selectedDriverConfiguration;
    private Activity currentActivity;

    private static final boolean USE_SELENIUM_GRID =
    Boolean.getBoolean("useSeleniumGrid");
    private static final String DEFAULT_SERVER_LOCATION =
    "http://127.0.0.1:4723/wd/hub";
    private static String APPIUM_SERVER_LOCATION =
    System.getProperty("appiumServerLocation",
    DEFAULT_SERVER_LOCATION);

        public AppiumFactory() {
            AppiumDriverType driverType = ANDROID;
            String appiumConfig = System.getProperty("appiumConfig",
            driverType.toString()).toUpperCase();
```

```
        if (null == APPIUM_SERVER_LOCATION ||
        APPIUM_SERVER_LOCATION.trim().isEmpty()) {
            APPIUM_SERVER_LOCATION = DEFAULT_SERVER_LOCATION;
        }
        try {
            driverType = AppiumDriverType.valueOf(appiumConfig);
        } catch (IllegalArgumentException ignored) {
            System.err.println("Unknown driver specified,
            defaulting to '" + driverType + "'...");
        } catch (NullPointerException ignored) {
            System.err.println("No driver specified,
            defaulting to '" + driverType + "'...");
        }
        selectedDriverConfiguration = driverType;
    }

    public AppiumDriver getDriver() throws Exception {
        return getDriver(currentActivity);
    }

    public AppiumDriver getDriver(Activity desiredActivity)
    throws Exception {
        if (null != currentActivity &&
        !currentActivity.equals(desiredActivity)) {
            quitDriver();
        }
        if (null == driver) {
            currentActivity = desiredActivity;
            instantiateWebDriver(selectedDriverConfiguration);
        }

        return driver;
    }

    public void quitDriver() {
        if (null != driver) {
            driver.quit();
            driver = null;
            currentActivity = null;
        }
    }

    private void instantiateWebDriver(AppiumDriverType
```

```java
appiumDriverType) throws MalformedURLException {
System.out.println("Current Appium Config Selection: " +
selectedDriverConfiguration);
System.out.println("Current Appium Server Location: " +
APPIUM_SERVER_LOCATION);
System.out.println("Connecting to Selenium Grid: " +
USE_SELENIUM_GRID);

DesiredCapabilities desiredCapabilities = new
DesiredCapabilities();
if (Boolean.getBoolean("enableDebugMode")) {
    desiredCapabilities.setCapability(MobileCapabilityType
    .NEW_COMMAND_TIMEOUT, "3600");
}
Optional.ofNullable(System.getProperty("device_id", null))
        .ifPresent(deviceID -> desiredCapabilities.
        setCapability(MobileCapabilityType.UDID, deviceID));
if (USE_SELENIUM_GRID) {
    URL seleniumGridURL = new
    URL(System.getProperty("gridURL"));
    String desiredVersion =
    System.getProperty("desiredVersion");
    String desiredPlatform =
    System.getProperty("desiredPlatform");

    if (null != desiredPlatform && !desiredPlatform.isEmpty())
    {
        desiredCapabilities.setPlatform
        (Platform.valueOf(desiredPlatform.toUpperCase()));
    }

    if (null != desiredVersion && !desiredVersion.isEmpty())
    {
        desiredCapabilities.setVersion(desiredVersion);
    }

    desiredCapabilities.setBrowserName
    (selectedDriverConfiguration.toString());
    driver = new AppiumDriver(seleniumGridURL,
    desiredCapabilities);
} else {
    driver = appiumDriverType.createAppiumObject(new
    URL(APPIUM_SERVER_LOCATION), desiredCapabilities)
```

```
                    .setActivity(currentActivity)
                    .getAppiumDriver();
            }
        }
    }
```

这与之前使用的驱动程序工厂（driver factory）非常相似。在实例化 `AppiumFactory` 时，它会寻找一个名为 `appiumConfig` 的环境变量。如果找到了，就会尝试将其转换为 `AppiumDriverType` 对象。在本例中只定义过一种类型，即 Android 类型。如果以后要扩展实现，让它能支持不同的设备，这就会非常有用。在实例化期间要做的另外一件重要事情是确定 Appium 服务器的位置。对此还应进行一些错误检查，确保至少能在本地默认端口上运行 Appium 实例。

然后还有两个 `getDriver()` 方法。其中一个支持启动指定的活动（如 Calculator 应用程序），或者切换活动；另外一个会返回已经在使用的驱动对象。接下来还有一个与 `quitDriver()` 方法非常相似的方法，它用于关闭所有的内容。最后还使用了 `instantiateWebDriver()` 方法，该方法会判断应该连接到 Selenium-Grid 还是本地 Appium 服务器，然后会实例化驱动程序对象。

因为我们仍然想在测试失败时获取屏幕截图，所以要进行的下一项设置是创建 `ScreenshotListener` 类。

```
package com.masteringselenium.listeners;

import org.openqa.selenium.OutputType;
import org.openqa.selenium.TakesScreenshot;
import org.openqa.selenium.WebDriver;
import org.openqa.selenium.remote.Augmenter;
import org.testng.ITestResult;
import org.testng.TestListenerAdapter;

import java.io.File;
import java.io.FileOutputStream;
import java.io.IOException;

import static com.masteringselenium.AppiumBase.getDriver;

public class ScreenshotListener extends TestListenerAdapter {

    private static boolean createFile(File screenshot) {
        boolean fileCreated = false;
```

```java
            if (screenshot.exists()) {
                fileCreated = true;
            } else {
                File parentDirectory = new File(screenshot.getParent());
                if (parentDirectory.exists() || parentDirectory.mkdirs()) {
                    try {
                        fileCreated = screenshot.createNewFile();
                    } catch (IOException errorCreatingScreenshot) {
                        errorCreatingScreenshot.printStackTrace();
                    }
                }
            }


        return fileCreated;
    }

    private static void writeScreenshotToFile(WebDriver driver,
    File screenshot) {
        try {
            FileOutputStream screenshotStream = new
            FileOutputStream(screenshot);
            screenshotStream.write(((TakesScreenshot)
            driver).getScreenshotAs(OutputType.BYTES));
            screenshotStream.close();
        } catch (IOException unableToWriteScreenshot) {
            System.err.println("Unable to write " +
            screenshot.getAbsolutePath());
            unableToWriteScreenshot.printStackTrace();
        }
    }

    public static void takeScreenshot(WebDriver driver,
    String filename) {
        String screenshotDirectory =
        System.getProperty("screenshotDirectory",
        "build/screenshots");
        String screenshotAbsolutePath = screenshotDirectory +
        File.separator + System.currentTimeMillis() + "_" +
        filename + ".png";
        File screenshot = new File(screenshotAbsolutePath);
        if (createFile(screenshot)) {
            try {
```

```
                writeScreenshotToFile(driver, screenshot);
            } catch (ClassCastException weNeedToAugmentOurDriverObject)
            {
                writeScreenshotToFile(new Augmenter().augment(driver),
                screenshot);
            }
            System.out.println("Written screenshot to " +
            screenshotAbsolutePath);
        } else {
            System.err.println("Unable to create " +
            screenshotAbsolutePath);
        }
    }

    @Override
    public void onTestFailure(ITestResult failingTest) {
        try {
            takeScreenshot(getDriver(), failingTest.getName());
        } catch (Exception ex) {
            System.err.println("Unable to capture screenshot...");
            ex.printStackTrace();
        }
    }
}
```

这是一个标准的 TestNG 监听器，几乎与之前使用的监听器完全相同。它们的功能也完全一样，当测试失败时它会截图，这样就可以看到失败时设备上的内容。

既然所有的配置都已设置完毕，接下来就可以创建 AppiumBase 文件了。

```
package com.masteringselenium;

import com.masteringselenium.config.AppiumFactory;
import com.masteringselenium.listeners.ScreenshotListener;
import io.appium.java_client.AppiumDriver;
import io.appium.java_client.android.Activity;
import org.testng.annotations.AfterSuite;
import org.testng.annotations.BeforeSuite;
import org.testng.annotations.Listeners;

import java.util.ArrayList;
import java.util.Collections;
import java.util.List;
```

```
@Listeners(ScreenshotListener.class)
public class AppiumBase {

    private static List<AppiumFactory> webDriverThreadPool =
    Collections.synchronizedList(new ArrayList<AppiumFactory>());
    private static ThreadLocal<AppiumFactory> appiumFactory;

    @BeforeSuite
    public static void instantiateDriverObject() {
        appiumFactory = new ThreadLocal<AppiumFactory>() {
            @Override
            protected AppiumFactory initialValue() {
                AppiumFactory appiumFactory = new AppiumFactory();
                webDriverThreadPool.add(appiumFactory);
                return appiumFactory;
            }
        };
    }

    public static AppiumDriver getDriver() throws Exception {
        return appiumFactory.get().getDriver();
    }

    public static AppiumDriver getDriver(Activity desiredActivity)
    throws Exception {
        return appiumFactory.get().getDriver(desiredActivity);
    }

    @AfterSuite(alwaysRun = true)
    public static void closeDriverObjects() {
        for (AppiumFactory appiumFactory : webDriverThreadPool) {
            appiumFactory.quitDriver();
        }
    }
}
```

这看起来就像是之前的 DriverBase 文件。它拥有相同的线程池、相同的清理方法以及相同的 getDriver() 方法。它还拥有一个新的方法，即第二个 getDriver() 方法，之前已经提到过，它支持切换到指定的活动。

现在已经具备了编写基本测试所需的一切。

C.2　对 Android 计算器进行自动化

接下来将编写一个基本的自动化脚本，它能够用 Android 内置的计算器执行一些求和操作。要做的第一件事是配置 BasePageObject 类，之后所有的页面对象都可以继承这个类，就像 Selenium 框架中的那样。

```
package com.masteringselenium.page_objects;

import com.masteringselenium.AppiumBase;
import io.appium.java_client.AppiumDriver;
import io.appium.java_client.TouchAction;
import org.openqa.selenium.support.ui.WebDriverWait;

public abstract class BasePageObject {

    AppiumDriver driver;
    WebDriverWait webDriverWait;
    TouchAction touchAction;

    BasePageObject() {
    try {
    this.driver = AppiumBase.getDriver();
        } catch (Exception ignored) {
        //This will be be thrown when the test starts
        //if it cannot connect to a RemoteWebDriver Instance
        }

        this.webDriverWait = new WebDriverWait(driver, 30, 250);
        this.touchAction = new TouchAction(driver);
    }
}
```

这将给页面对象提供一种简易的方式来获取 AppiumDriver 实例，同时还提供了两个可能会多次使用的对象——WebDriverWait 对象和 TouchAction 对象。下一项任务是创建 CalculatorPageObject，但要做到这一点，还需要检查设备上的计算器对象。为此，需要下载 Appium 桌面应用程序。访问 GitHub 官方网站，在搜索框中输入"appium/appium-desktop"进行搜索并查看项目，然后单击 Release 标签。同时还需要安装 ADB，它有助于对设备进行查询以获取软件包的名称。要获取 ADB，可以访问 Android Developer 官网，搜索 Android Debug Bridge。

一旦安装了这些软件包，就可以启动下图所示的 Appium 桌面了。

首先，单击 Start Server v1.8.1 按钮，出现如下界面。

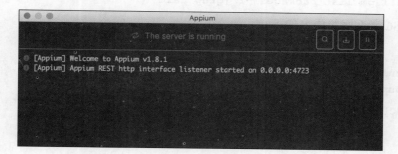

然后，单击左上角的放大镜图标，弹出如下界面。

为了启动调试会话,要配置 DesiredCapabilities。通过生成 DesiredCapabilities 的 JSON 表示方式可以实现这一点。为此, 现在需要用 USB 数据线将 Android 设备连接到计算机上, 并查明安装的是哪种计算器软件包。三星设备捆绑了自己的计算器应用程序, 所以如果你没有使用三星设备, 则可能会找到一个不同的软件包。

> 在使用 ADB 命令之前, 请不要忘记将测试设备设置为开发模式。如果它没有处于开发模式, 就会忽略这些命令。要打开此模式, 通常要选择"**设置**" → "**关于设备**" → "**版本号**", 然后连续单击版本号连续 7 次。对于不同的设备, 开发模式的启动方式可能会略有不同。

然后, 在终端中输入以下命令。

```
adb shell pm list packages -f |grep calc
```

在三星 S6 上返回的内容如下。

```
package:/system/privapp/
SecCalculator_N/SecCalculator_N.apk=com.sec.android.
app.popupcalculator
```

现在准备用这些信息来配置 DesiredCapabilities。

```
{
    "platformName": "Android",
    "deviceName": "Samsung S6",
    "appPackage": "com.sec.android.app.popupcalculator",
    "appActivity": ".Calculator"
}
```

因为我们使用的是 Android 设备, 所以也使用 Android 的 platformName。由于 deviceName 可以随意设置, 因此把它设置成了当前连接的设备名称。appPackage 是通过 ADB 命令找出的内容, 而在 Android 中, 计算器应用程序的默认 appActivity 是 .calculator。将上述代码复制到 JSON Representation 区域后, 应该看到如下界面。

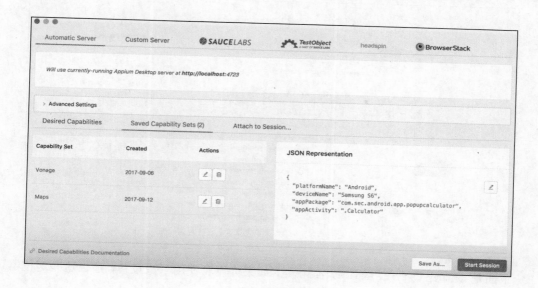

现在单击 **Start Session** 按钮，Appium 将启动计算器应用程序，并在以下会话窗口中加载一个视图，显示出当前设备中的内容。

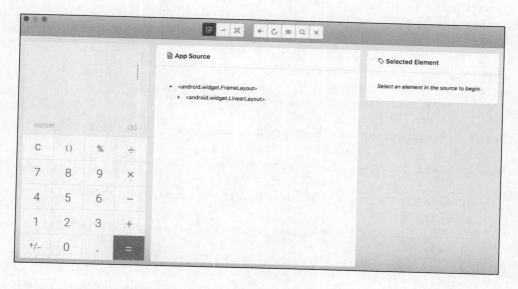

现在可以在屏幕上选取元素，然后获取定位器信息（见下图）。我们将会用这些信息来建立页面对象。

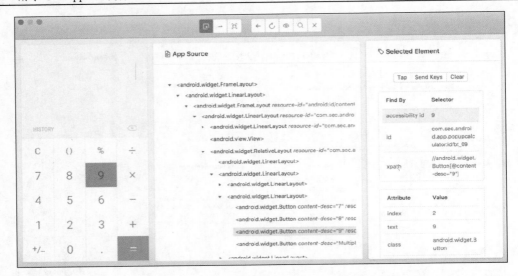

下面是 CalculatorPageObject 类，如果你没有使用三星设备，那么这些定位器可能会稍有不同，但一般来说页面对象应该是极其相似的。

```java
package com.masteringselenium.page_objects;

import com.lazerycode.selenium.util.Query;
import io.appium.java_client.MobileBy;
import io.appium.java_client.touch.offset.ElementOption;

import java.util.Collections;
import java.util.HashMap;
import java.util.Map;

import static io.appium.java_client.touch.TapOptions.tapOptions;

public class CalculatorPageObject extends BasePageObject {

    private Query one = new Query(MobileBy.AccessibilityId("1"),
    driver);
    private Query two = new Query(MobileBy.AccessibilityId("2"),
    driver);
    private Query three = new Query(MobileBy.AccessibilityId("3"),
    driver);
    private Query four = new Query(MobileBy.AccessibilityId("4"),
    driver);
    private Query five = new Query(MobileBy.AccessibilityId("5"),
    driver);
```

```
private Query six = new Query(MobileBy.AccessibilityId("6"),
driver);
private Query seven = new Query(MobileBy.AccessibilityId("7"),
driver);
private Query eight = new Query(MobileBy.AccessibilityId("8"),
driver);
private Query nine = new Query(MobileBy.AccessibilityId("9"),
driver);
private Query zero = new Query(MobileBy.AccessibilityId("0"),
driver);
private Query addButton = new
Query(MobileBy.AccessibilityId("Plus"), driver);
private Query subtractButton = new
Query(MobileBy.AccessibilityId("Minus"), driver);
private Query equalsButton = new
 Query(MobileBy.AccessibilityId("Equal"), driver);
private Query result = new
Query(MobileBy.id("com.sec.android.app.popupcalculator:id
/txtCalc"), driver);

private final Map<Character, Query> NUMBERS =
Collections.unmodifiableMap(
       new HashMap<Character, Query>() {{
           put('1', one);
           put('2', two);
           put('3', three);
           put('4', four);
           put('5', five);
           put('6', six);
           put('7', seven);
           put('8', eight);
           put('9', nine);
           put('0', zero);
      }});

public CalculatorPageObject enterNumber(String number) {
    for (Character digit : number.toCharArray()) {
        touchAction.tap(tapOptions()
        .withElement(ElementOption.element(NUMBERS.
        get(digit).findMobileElement()))).perform();
    }

    return this;
```

```
    }

    public CalculatorPageObject add() {
        touchAction.tap(tapOptions().withElement
        (ElementOption.element(addButton.findMobileElement())))
        .perform();

        return this;
    }

    public CalculatorPageObject subtract() {
        touchAction.tap(tapOptions().withElement
        (ElementOption.element(subtractButton.findMobileElement())))
        .perform();

        return this;
    }

    public String equals() {
        touchAction.tap(tapOptions().withElement
        (ElementOption.element(equalsButton.findMobileElement())))
        .perform();

        return result.findMobileElement().getText();
    }
}
```

这又是一段简单明了的代码。代码顶部有一系列 Query 元素，可用于定位屏幕上的元素。然后是一个方法，它会获取一个表示数字的字符串，然后将其转换为一系列轻触事件。接着还有一些方法，用于触发一些单独的按钮，如加号和减号。最后是一个 equals 方法，它会触发等于按钮，然后获取当前屏幕上显示的值。如果此时你还处于检查器会话中，则可以退出会话，然后返回正在运行的 Appium 服务器，我们马上就会用它来运行测试。

不过在运行测试之前还要编写测试。既然现在有页面对象了，测试代码编写起来就会非常简单。测试代码如下。

```
package com.masteringselenium.tests;

import com.masteringselenium.AppiumBase;
import com.masteringselenium.page_objects.CalculatorPageObject;
import io.appium.java_client.android.Activity;
```

```
import org.testng.annotations.BeforeMethod;
import org.testng.annotations.Test;

import static org.assertj.core.api.AssertionsForClassTypes.assertThat;

public class CalculatorIT extends AppiumBase {

    @BeforeMethod
    public void setCorrectActivity() throws Exception {
        String appPackage = "com.sec.android.app.popupcalculator";
        String appActivity = ".Calculator";
        getDriver(new Activity(appPackage, appActivity));
    }

    @Test
    public void AddNumbersTogether() {
        CalculatorPageObject calculatorPageObject = new
        CalculatorPageObject();

        String result = calculatorPageObject.enterNumber("100")
                .add()
                .enterNumber("27")
                .equals();

        assertThat(result).isEqualTo("127");
    }
}
```

测试分为两部分。首先，在测试开始运行之前，会在@beforemethod 中调用计算器活动。也可以把它放到测试中，但把它放到测试外的好处是，如果有多个测试，可以让它们在同一个活动中运行。

测试的内容是不言自明的。输入一个数字，轻触加号，然后输入另一个数字，再轻触等号。最后比较轻触等号后返回的值，确保运算结果正确。

恭喜你刚刚完成了首个 Appium 测试。

C.3 通过 Maven 运行测试

现在已有一个能在 IntelliJ 中正常运行的测试，但还没有在 POM 文件中进行配置，以通过 Maven 运行测试。创建一个 Maven 配置文件，让它支持测试。首先，需要添加一个属性，用于定义 mavenfailsafe-plugin 的版本。

```
<maven-failsafe-plugin.version>2.21.0</maven-failsafe-plugin.version>
```

然后，需要添加一个新的配置文件。

```
<profiles>
    <profile>
        <id>appiumAlreadyRunning</id>
        <activation>
            <property>
                <name>!invokeAppium</name>
            </property>
        </activation>
        <build>
            <plugins>
                <plugin>
                    <groupId>org.apache.maven.plugins</groupId>
                    <artifactId>maven-failsafe-plugin</artifactId>
                    <version>${maven-failsafe-plugin.version}</version>
                    <configuration>
                        <systemPropertyVariables>
                            <appiumServerLocation>${appiumServerURL}
                            </appiumServerLocation>
                            <enableDebugMode>${enableDebugMode}
                            </enableDebugMode>
                            <screenshotDirectory>
                            ${project.build.directory}
                            /screenshots</screenshotDirectory>
                            <remoteDriver>${remote}</remoteDriver>
                            <appiumConfig>${appiumConfig}
                            </appiumConfig>
                        </systemPropertyVariables>
                    </configuration>
                    <executions>
                        <execution>
                            <goals>
                                <goal>integration-test</goal>
                                <goal>verify</goal>
                            </goals>
                        </execution>
                    </executions>
                </plugin>
            </plugins>
```

```
                </build>
            </profile>
        </profiles>
```

这个配置文件与 Selenium 框架中的 `maven-failsafe-plugin` 设置非常相似，但这次使用`<activation>`的方式稍有区别。这里会查找是否设置过一个名为 `invokeAppium` 的属性。如果没有，就会运行这个配置文件。这也意味着默认情况下都会运行这个配置文件。本附录后续部分会对这种`<activation>`使用方式进行说明。现在可以通过 Maven 来运行测试了。

首先，需要启动 Appium 服务器（如果还没有启动）。然后，在命令行上输入以下内容。

```
mvn clean verify
```

Maven 会启动，接着它会连接到之前启动的 Appium 服务器上。接下来，Maven 成功地完成测试。如果你亲自启动和停止 Appium 服务器，这个想法非常不错，但这个系统并没有做完所有的事情，还可以进一步完善。

C.4　通过 Maven 启动和停止 Appium

当测试运行时，我们希望也能启动或停止所有相关的内容，因此将会添加另一个配置文件以及一系列其他插件。首先，需要在`<properties>`代码段中添加一些属性，为接下来的新配置文件准备好这些新的插件。

```
<appium-maven-plugin.version>0.2.0</appium-maven-plugin.version>
<maven-compiler-plugin.version>3.7.0</maven-compiler-plugin.version>
<frontend-maven-plugin.nodeVersion>v7.4.0</frontend-maven-
plugin.nodeVersion>
<frontend-maven-plugin.npmVersion>4.1.1</frontend-maven-plugin.npmVersion>
<port-allocator-maven-plugin.version>1.2</port-allocator-maven-plugin.
version>
```

然后是新的配置文件，这个配置文件非常庞大。

```
<profile>
    <id>startAndStopAppium</id>
    <activation>
        <property>
            <name>invokeAppium</name>
        </property>
    </activation>
```

```xml
<build>
    <plugins>
        <plugin>
            <groupId>com.github.eirslett</groupId>
            <artifactId>frontend-maven-plugin</artifactId>
            <version>1.5</version>
            <executions>
                <execution>
                    <id>install node and npm</id>
                    <phase>process-resources</phase>
                    <goals>
                        <goal>install-node-and-npm</goal>
                    </goals>
                    <configuration>
                        <nodeVersion>${frontend-maven-
                        plugin.nodeVersion}</nodeVersion>
                        <npmVersion>${frontend-maven-
                        plugin.npmVersion}</npmVersion>
                    </configuration>
                </execution>
                <execution>
                    <id>npm install</id>
                    <phase>process-resources</phase>
                    <goals>
                        <goal>npm</goal>
                    </goals>
                    <configuration>
                        <arguments>install</arguments>
                    </configuration>
                </execution>
            </executions>
        </plugin>
        <plugin>
            <groupId>org.sonatype.plugins</groupId>
            <artifactId>port-allocator-maven-plugin</artifactId>
            <version>${port-allocator-maven-plugin.version}
            </version>
            <executions>
                <execution>
                    <phase>validate</phase>
                    <goals>
                        <goal>allocate-ports</goal>
                    </goals>
```

```xml
                    <configuration>
                        <ports>
                            <port>
                                <name>appium.port</name>
                            </port>
                        </ports>
                    </configuration>
                </execution>
            </executions>
        </plugin>
        <plugin>
            <groupId>org.apache.maven.plugins</groupId>
            <artifactId>maven-failsafe-plugin</artifactId>
            <version>${maven-failsafe-plugin.version}</version>
            <configuration>
                <systemPropertyVariables>
                    <appiumServerLocation>http://localhost:
                    ${appium.port}/wd/hub</appiumServerLocation>
                    <enableDebugMode>${enableDebugMode}
                    </enableDebugMode>
                    <screenshotDirectory>${project.build.directory}
                    /screenshots</screenshotDirectory>
                    <remoteDriver>${remote}</remoteDriver>
                    <appiumConfig>${appiumConfig}</appiumConfig>
                </systemPropertyVariables>
            </configuration>
            <executions>
                <execution>
                    <goals>
                        <goal>integration-test</goal>
                        <goal>verify</goal>
                    </goals>
                </execution>
            </executions>
        </plugin>
        <plugin>
            <groupId>com.lazerycode.appium</groupId>
            <artifactId>appium-maven-plugin</artifactId>
            <version>${appium-maven-plugin.version}</version>
            <configuration>
                <nodeDefaultLocation>
                ${basedir}/node</nodeDefaultLocation>
                <appiumLocation>${basedir}
```

```
                    /node_modules/appium</appiumLocation>
                    <appiumPort>${appium.port}</appiumPort>
                </configuration>
                <executions>
                    <execution>
                        <id>start appium</id>
                        <phase>pre-integration-test</phase>
                        <goals>
                            <goal>start</goal>
                        </goals>
                    </execution>
                    <execution>
                        <id>stop appium</id>
                        <phase>post-integration-test</phase>
                        <goals>
                            <goal>stop</goal>
                        </goals>
                    </execution>
                </executions>
            </plugin>
        </plugins>
    </build>
</profile>
```

在调用该配置文件时，需要注意的第一件事是 `activation` 代码段中设置过一个名为 `invokeAppium` 的属性。在运行 Appium 测试时，这是用来确保使用这个配置文件还是之前那个配置文件的方法。这两种配置文件无法同时使用。

接下来是 `frontend-maven-plugin`，它用来安装单个 Node 及 npm 工具，npm 工具只会作为项目构建的一部分来使用。然后，使用 npm 来下载 Appium 服务器。同时这需要在项目根目录中有 `package.json` 文件，用来指定要下载的 Appium 版本。

```json
{
    "name": "mastering-selenium-appium",
    "private": false,
    "license": "Apache 2",
    "version": "0.0.0",
    "description": "Download appium for automated tests",
    "devDependencies": {
        "appium": "1.8.1",
        "deviceconsole":"1.0.1"
    },
    "scripts": {
```

```
        "prestart": "npm install",
        "pretest": "npm install"
    }
}
```

下一个已经配置好的插件是 `port-allocator-maven-plugin`。它支持搜索目前尚未使用的端口，这样便能确保在启动 Appium 服务器时不会用到已经占用的端口。然后是 `failsafe-maven-plugin` 插件的配置，这与上一个配置文件中的配置非常相似，但是这次需要确保传递的是 Appium 服务器实例将会用到的定制端口，而服务器实例已经作为构建的一部分启动了。最后是 `appiam-maven-plugin` 插件的配置。该插件的任务非常简单，它会在 `integration-test` 阶段之前启动 Appium，然后在这个阶段结束后关闭。

现在万事俱备，只需要下载并启动 Appium，运行测试，再关闭 Appium 服务器。可以使用以下命令来实现上述所有操作。

```
mvn clean verify -PstartAndStopAppium
```

第一次运行时可能会比较慢，因为必须下载 Node 并安装 Appium，但是一旦完成首次下载，就可以在今后运行测试时重用。

C.5 总结

本附录讲述了如何创建一个基本的 Appium 测试框架，它的形式与本书其他章节中构建的 Selenium 框架非常相似。我们使用了 Appium 桌面应用程序来查找页面对象所需的定位器，同时使用了 ADB 查找 Appium 测试会用到的软件包名称。最后，本附录介绍了如何对 pom.xml 进行配置，将 Appium 的下载和启动作为标准 Maven 构建的一部分。